住房和城乡建设行业专业人员知识丛书

试验员专业知识

《住房和城乡建设行业专业人员知识丛书》编委会　编

中国环境出版集团·北京

图书在版编目（CIP）数据

试验员专业知识/《住房和城乡建设行业专业人员知识丛书》编委会编. —北京：中国环境出版集团，2019.4
（住房和城乡建设行业专业人员知识丛书）
ISBN 978-7-5111-3991-7

Ⅰ. ①试…　Ⅱ. ①住…　Ⅲ. ①建筑材料—材料试验—基本知识　Ⅳ. ①TU502

中国版本图书馆 CIP 数据核字（2019）第 093989 号

出 版 人　武德凯
责任编辑　张于嫣
责任校对　任　丽
封面设计　彭　杉

出版发行　中国环境出版集团
（100062　北京市东城区广渠门内大街 16 号）
网　址：http：//www.cesp.com.cn
电子邮箱：bjgl@cesp.com.cn
联系电话：010-67112765（编辑管理部）
010-67112739（第三分社）
发行热线：010-67125803，010-67113405（传真）
印　　刷　北京中科印刷有限公司
经　　销　各地新华书店
版　　次　2019 年 4 月第 1 版
印　　次　2019 年 4 月第 1 次印刷
开　　本　787×1092　1/16
印　　张　18.5
字　　数　458 千字
定　　价　55.00 元

《试验员专业知识》编写组

主　　编：赵文莲

副 主 编：齐富贵

主　　审：王显谊

参加编写：于泽东　孔庆龙　王　湘　刘成龙

前　言

为了深入推进房屋建筑与市政基础设施工程现场施工专业人员（以下简称专业人员）队伍建设，更好地指导、服务于专业人员培训及人才评价工作，重庆市建设岗位培训中心组织编写了《住房和城乡建设行业专业人员知识丛书》，丛书紧扣现场施工专业人员职业能力标准，结合建设行业改革发展的新形势和新要求，坚持与施工现场专业人员的定位相结合、与现行的国家标准和行业标准相结合、与建设类“双证制”院校的专业设置相融合，力求体现科学性、针对性、实用性。

本书作为《住房和城乡建设行业专业人员知识丛书》中的一本，坚持以“职业素质”为基础、以“职业能力”为本位、以“实用易懂”为导向的编写思路，围绕与试验员岗位能力要求相关的现行国家、行业及地方标准规范、技术指南等，重点对试验员的知识点和能力点进行介绍，帮助读者学习基本的试验员专业知识与技能，能够胜任参与协助现场施工管理的基本工作。

本书共 8 章，内容包括：试验员岗位职责要求、相关管理规定和标准、试验检测基础知识、试验计划与试验方案的编制、常用工程原材料的取样与性能检测、施工过程主要检测项目的取样与送检、工程实体质量检测、工程建设信息化管理在试验检测中的应用。本书与《通用知识》一书配套使用。

本书编写的具体分工是：主编由中冶建工集团有限公司高级工程师赵文莲担任，副主编由中冶建工集团有限公司高级工程师齐富贵担任，中冶建工集团于泽东和孔庆龙、重庆中科建筑工程质量检测有限公司王湘、重庆市建设工程质量监督总站刘成龙参与编写。第一章、第二章、第三章由赵文莲编写；第四章、第七章由齐富贵编写；第五章由于泽东、孔庆龙合编；第六章由于泽东、孔庆龙、王湘合编；第八章由王湘编写。

本书由王显谊任主审。

本书可作为施工现场专业人员岗位培训教材、“双证制”院校教学的参考用书，以及建筑类工程技术人员工作参考书。

限于编写时间之仓促，囿于编者之水平，书中难免有不足之处，恳请广大同仁和读者批评指正。

目　录

第一章　试验员岗位职责要求

第一节　试验员的主要工作职责

一、试验员的规定

试验员主要是指建筑工程施工现场的试验员。现场试验员是指在工程施工现场，从事施工试验设施的配置、见证取样、送检、验收收集归档等工作的专业人员。

二、试验员的主要工作职责

1. 试验计划准备职责

①负责工程项目试验计划的编制。

②参与编制工程检验与试验方案。

③参与制定工程检验与试验管理制度。

2. 试验评价控制职责

①负责工程项目各种进场材料的取样、试件制作。

②负责组织检测试验，记录质量评定情况。

3. 试验过程控制职责

①参与图纸会审、施工组织设计的编制。

②负责调整试验计划、试验资源需求计划。

③参与试验工作的组织与协调，合理分配试验资源。

④参与试验过程中的技术鉴定、成本控制及成本核算工作。

⑤负责按照项目和取样名称建立原始取样台账，做好原始记录。

⑥参与安全和重要使用功能试验检测。

4. 质量安全环境管理职责

①负责试验工作的质量、环境与职业健康安全过程控制。

②参与试验过程中的技术鉴定和质量评估。

③参与质量、环境与职业健康安全问题的调查，提出整改措施并监督落实。

5. 试验检测资料处理职责

①负责编写试验日志、试验记录等相关试验资料。

②负责汇总、整理和移交试验资料。

第二节　试验员的职业道德

一、职业道德的概念

职业道德是指从事一定职业的人在职业生活中应当遵循的具有职业特征的道德要求和行为准则，它既是从业人员在进行职业活动时应遵循的行为规范，又是从业人员对社会所应承担的道德和义务。不同的职业人员在特定的职业活动中形成了特殊的职业关系、职业利益、职业活动范围和方式，由此形成了不同职业人员的道德规范。

二、试验员职业道德内容

1）热爱检测工作，有强烈的事业心和高度的社会责任感，认真贯彻执行国家、地方、部门的有关文件、政策法令、纪律，严格按照有关标准规范、方法及设计要求进行各个试验项目的取样送检工作，并对取样样品的真实性负责。严格执行业主、监理及项目下发的有关文件和指令，服从项目领导的工作安排。

2）不受任何行政、商业、财务和其他压力的影响，遵守国家的法律、法规，依据现行有效的检测方法，使用先进的仪器设备，独立公正地开展试验工作，确保试验结果的客观公正性和科学性。

3）诚实守信、恪尽职守，不伪造检测数据和出具虚假报告，不在与检测工作相关的机构兼职，坚决抵制“吃、拿、卡、要”腐败、受贿等不良行为的发生，维护工程项目的利益和良好的声誉。

4）当出现不合格报告时，应及时向项目负责人或技术负责人汇报，并提出合适的处理意见。

5）保护项目的技术、专利和商业机密，不泄露项目的试验数据。

第二章　相关管理规定和标准

第一节　建设工程检测的基本规定

一、建设工程检测范围的规定

建设工程检测分为材料、设备进场检测，施工过程质量检测试验和工程实体质量与使用功能检测 3 个部分。

1. 材料、设备进场检测

1）材料、设备的进场检测内容包括材料性能复试和设备性能测试。

2）进场材料性能复试与设备性能测试的项目和主要检测参数，应依据国家现行相关标准、设计文件和合同要求确定。常用建筑材料进场复试项目、主要检测参数和取样依据可按表 2-1 的规定确定。

3）对不能在施工现场抽取试样或不适于送检的大型构配件及设备等，可由监理单位与施工单位等协商在供货方提供的检测场所进行检测。

2. 施工过程质量检测试验

1）施工过程质量检测试验项目和主要检测试验参数应依据国家现行相关标准、设计文件、合同要求和施工质量控制的需要确定。

2）施工过程质量检测试验的主要内容应包括土方回填、地基与基础、基坑支护、结构工程、装饰装修 5 类。施工过程质量检测试验项目、主要检测试验参数和取样依据可按表 2-2 的规定确定。

3）施工工艺参数检测试验项目应由施工单位根据工艺特点及现场施工条件确定，检测试验任务可由企业试验室承担。

3. 工程实体质量与使用功能检测

1）工程实体质量与使用功能检测项目应依据国家现行相关标准、设计文件及合同要求确定。

2）工程实体质量与使用功能检测的主要内容应包括实体质量及使用功能 2 类。工程实体质量与使用功能检测项目、主要检测参数和取样依据可按表 2-3 的规定确定。

表 2-1 常用建筑材料进场复试项目、主要检测参数和取样依据

序号	类别	名称（复试项目）	主要检测参数	取样依据
1	混凝土组成材料	通用硅酸盐水泥	胶砂强度	《通用硅酸盐水泥》（GB 175—2007）
			安定性	
			凝结时间	
		砌筑水泥	安定性	《砌筑水泥》（GB/T 3183—2017）
			强度	
		天然砂	筛分析	《普通混凝土用砂、石质量及检验方法标准》（JGJ 52—2006） 《建设用砂》（GB/T 14684—2011）
			含泥量	
			泥块含量	
		人工砂	筛分析	
			石粉含量（含亚甲蓝试验）	
		石	筛分析	《普通混凝土用砂、石质量及检验方法标准》（JGJ 52—2006） 《建设用卵石、碎石》（GB/T 14685—2011）
			含泥量	
			泥块含量	
		轻集料	颗粒级配（筛分析）	《轻集料及其试验方法 第1部分：轻集料》（GB/T 17431.1—2010） 《轻集料及其试验方法 第2部分：轻集料试验方法》（GB/T 17431.2—2010）
			堆积密度	
			筒压强度（或强度标号）	
			吸水率	
		粉煤灰	细度	《粉煤灰混凝土应用技术规范》（GB/T 50146—2014）
			烧失量	
			需水量（同一供灰单位，1次/月）	
			三氧化硫含量（同一供灰单位，1次/季）	
		普通减水剂 高效减水剂	pH值	《混凝土外加剂》（GB 8076—2008）
			密度（或细度）	
			减水率	
		早强减水剂	密度（或细度）	《混凝土外加剂》（GB 8076—2008）
			钢筋锈蚀	
			减水率	
			1d和3d抗压强度	
		缓凝减水剂 缓凝高效减水剂	pH值	《混凝土外加剂》（GB 8076—2008）
			密度（或细度）	
			混凝土凝结时间	
			减水率	
		引气减水剂	pH值	《混凝土外加剂》（GB 8076—2008）
			密度（或细度）	
			减水率	
			含气量	

续表

序号	类别	名称（复试项目）	主要检测参数	取样依据
1	混凝土组成材料	早强剂	钢筋锈蚀	《混凝土外加剂》（GB 8076—2008）
			密度（或细度）	
			1d 和 3d 抗压强度	
		缓凝剂	pH 值	《混凝土外加剂》（GB 8076—2008）
			密度（或细度）	
			混凝土凝结时间	
		泵送剂	pH 值	《混凝土外加剂》（GB 8076—2008）
			密度（或细度）	
			坍落度 1h 经时变化量	
		防冻剂	钢筋锈蚀	《混凝土防冻剂》（JC 475—2004）
			密度（或细度）	
			R_{-7} 和 R_{+28} 抗压强度比	
		膨胀剂	限制膨胀率	《混凝土膨胀剂》（GB 23439—2017）
		引气剂	pH 值	《混凝土外加剂》（GB 8076—2008）
			密度（或细度）	
			含气量	
		防水剂	pH 值	《砂浆、混凝土防水剂》（JC 474—2008）
			密度（或细度）	
			钢筋锈蚀	
		速凝剂	密度（或细度）	《喷射混凝土用速凝剂》（JC 477—2005）
			1d 抗压强度	
			凝结时间	
2	钢材	热轧光圆钢筋	拉伸（屈服强度、抗拉强度、断后伸长率）	《钢筋混凝土用钢 第 1 部分：热轧光圆钢筋》（GB 1499.1—2008）
			弯曲性能	
		热轧带肋钢筋	拉伸（屈服强度、抗拉强度、断后伸长率或最大力下的总伸长率）	《钢筋混凝土用钢 第 2 部分：热轧带肋钢筋》（GB/T 1499.2—2018）
			弯曲或反向弯曲	
		碳素结构钢 低合金高强度结构钢	拉伸（屈服强度、抗拉强度、断后伸长率）	《钢及钢产品 力学性能试验取样位置及试样制备》（GB/T 2975—2018） 《碳素结构钢》（GB/T 700—2006） 《低合金高强度结构钢》（GB/T 1591—2018）
			弯曲	
			冲击	
		钢筋混凝土用余热处理钢筋	拉伸（屈服强度、抗拉强度、断后伸长率）	《钢筋混凝土用余热处理钢筋》（GB 13014—2013）
			冷弯	
		冷轧带肋钢筋	拉伸（抗拉强度、伸长率）	《冷轧带肋钢筋混凝土结构技术规程》（JGJ 95—2011）
			弯曲或反复弯曲	

续表

序号	类别	名称（复试项目）	主要检测参数	取样依据
2	钢材	冷轧扭钢筋	拉伸（抗拉强度、伸长率）	《冷轧扭钢筋混凝土构件技术规程》（JGJ 115—2006）
			冷弯	
		预应力混凝土用钢绞线	最大力	《预应力混凝土用钢绞线》（GB/T 5224—2014）
			规定非比例延伸力	
			最大力下的总伸长率	
3	钢结构连接件及防火涂料	扭剪型高强度螺栓连接副	预拉力	《钢结构工程施工质量验收规范》（GB 50205—2001）《钢结构用扭剪型高强螺栓连接副》（GB/T 3632—2008）
		高强度大六角头螺栓连接副	扭矩系数	《钢结构工程施工质量验收规范》（GB 50205—2001）《钢结构用高强度大六角头螺栓、大六角螺母、垫圈技术条件》（GB/T 1231—2006）
		螺栓球节点钢网架高强度螺栓	拉力载荷	《钢结构工程施工质量验收规范》（GB 50205—2001）
		高强度螺栓连接摩擦面	抗滑移系数	《钢结构工程施工质量验收规范》（GB 50205—2001）
		防火涂料	黏结强度	《钢结构工程施工质量验收规范》（GB 50205—2001）
			抗压强度	
4	防水材料	铝箔面石油沥青防水卷材	拉力	《铝箔面石油沥青防水卷材》（JC/T 504—2007）
			柔度	
			耐热度	
		改性沥青聚乙烯胎防水卷材	拉力	《改性沥青聚乙烯胎防水卷材》（GB 18967—2009）
			断裂伸长率	
			低温柔性	
			耐热度（地下工程除外）	
			不透水性	
		弹性体改性沥青防水卷材	拉力	《弹性体改性沥青防水卷材》（GB 18242—2008）
			延伸率（G 类除外）	
			低温柔性	
			不透水性	
			耐热性（地下工程除外）	
		塑性体改性沥青防水卷材	拉力	《塑性体改性沥青防水卷材》（GB 18243—2008）
			延伸率（G 类除外）	
			低温柔性	
			不透水性	
			耐热性（地下工程除外）	

续表

序号	类别	名称（复试项目）	主要检测参数	取样依据
4	防水材料	自黏聚合物改性沥青防水卷材	拉力	《自黏聚合物改性沥青防水卷材》（GB 23441—2009）
			最大拉力时的延伸率	
			沥青断裂时的延伸率（适用于N类）	
			低温柔性	
			不透水性	
			耐热度（地下工程除外）	
		高分子防水片材	断裂拉伸强度	《高分子防水材料 第1部分：片材》（GB 18173.1—2012）
			扯断伸长率	
			不透水性	
			低温弯折性	
		聚氯乙烯防水卷材	拉力（适合于L、W类）	《聚氯乙烯防水卷材》（GB 12952—2011）
			拉伸强度（适合于N类）	
			断裂伸长率	
			不透水性	
			低温弯折性	
		氯化聚乙烯防水卷材	拉力（适合于L、W类）	《氯化聚乙烯防水卷材》（GB 12953—2003）
			拉伸强度（适合于N类）	
			断裂伸长率	
			不透水性	
			低温弯折性	
		水乳型沥青防水涂料	固体含量	《水乳型沥青防水涂料》（JC/T 408—2005）
			不透水性	
			低温柔度	
			耐热度	
			断裂伸长率	
		聚氨酯防水涂料	固体含量	《聚氨酯防水涂料》（GB/T 19250—2013）
			断裂伸长率	
			拉伸强度	
			低温弯折性	
			不透水性	
		聚合物乳液建筑防水涂料	固体含量	《聚合物乳液建筑防水涂料》（JC/T 864—2008）
			断裂延伸率	

续表

序号	类别	名称（复试项目）	主要检测参数	取样依据
4	防水材料	聚合物乳液建筑防水涂料	拉伸强度	《聚合物乳液建筑防水涂料》（JC/T 864—2008）
			不透水性	
			低温柔性	
		聚合物水泥防水涂料	固体含量	《聚合物水泥防水涂料》（GB/T 23445—2009）
			断裂伸长率（无处理）	
			拉伸强度（无处理）	
			低温柔性（适用于Ⅰ型）	
			不透水性	
		止水带	拉伸强度	《高分子防水材料 第2部分：止水带》（GB 18173.2—2014）
			扯断伸长率	
			撕裂强度	
		制品型膨胀橡胶	拉伸强度	《高分子防水材料 第3部分：遇水膨胀橡胶》（GB/T 18173.3—2014）
			扯断伸长率	
			体积膨胀倍率	
		腻子型膨胀橡胶	高温流淌性	《高分子防水材料 第3部分：遇水膨胀橡胶》（GB/T 18173.3—2014）
			低温试验	
			体积膨胀倍率	
		建筑用硅硐结构密封胶	拉伸黏结强度	《建筑用硅硐结构密封胶》（GB 16776—2005）
		水泥基渗透结晶型防水材料	抗折强度	《水泥基渗透结晶型防水材料》（GB 18445—2012）
			湿基面黏结强度	
			抗渗压力	
5	砖及砌块	烧结普通砖	抗压强度	《烧结普通砖》（GB 5101—2017）
		烧结多孔砖和多孔砌块		《烧结多孔砖和多孔砌块》（GB 13544—2011）
		烧结空心砖和空心砌块	抗压强度	《烧结空心砖和空心砌块》（GB 13545—2014）
		蒸压灰砂空心砖		《蒸压灰砂空心砖》（JC/T 637—1996）
		粉煤灰砖		《粉煤灰砖》（JC 239—2001）
		蒸压灰砂砖	抗折强度	《蒸压灰砂砖》（GB 11945—1999）
		粉煤灰砌块	抗压强度	《粉煤灰砖》（JC 239—2001）
		普通混凝土小型空心砌块		《普通混凝土小型空心砌块》（GB 8239—1997）

续表

序号	类别	名称（复试项目）	主要检测参数	取样依据
5	砖及砌块	轻集料混凝土小型空心砌块	强度等级	《轻集料混凝土小型空心砌块》（GB/T 15229—2011）
			密度等级	
		蒸压加气混凝土砌块	立方体抗压强度	《蒸压加气混凝土砌块》（GB 11968—2006）
			干密度	
6	装饰装修材料	人造木板、饰面人造木板	游离甲醛释放量或游离甲醛含量	《室内装饰装修材料　人造板及其制品中甲醛释放限量》（GB 18580—2017）
		室内花岗石	放射性	《天然花岗石建筑板材》（GB/T 18601—2009）
		外墙陶瓷面砖	吸水率	《陶瓷砖》（GB/T 4100—2015）
			抗冻性（适用于寒冷地区）	
7	幕墙材料	石材	弯曲强度	《建筑装饰装修工程质量验收规范》（GB 50210—2018）
			冻融循环后压缩强度（适用于寒冷地区）	
		铝塑复合板	180º 剥离强度	《建筑幕墙用铝塑复合板》（GB/T 17748—2016）
		玻璃	传热系数	《建筑节能工程施工质量验收规范》（GB 50411—2007）
			遮阳系数	
			可见光透射比	
			中空玻璃露点	
		双组分硅酮结构胶	相容性	《建筑装饰装修工程质量验收规范》（GB 50210—2018）
			拉伸黏结性（标准条件下）	
		幕墙样板	气密性能（当幕墙面积大于 3 000m^2 或建筑外墙面积的 50% 时，应制作幕墙样板）	《建筑节能工程施工质量验收规范》（GB 50411—2007）
			水密性能	
			抗风压性能	
		隔热型材	抗拉强度	《建筑节能工程施工质量验收规范》（GB 50411—2007）
			抗剪强度	
8	节能材料	建筑外门窗	气密性能	《建筑装饰装修工程质量验收规范》（GB 50210—2018） 《建筑节能工程施工质量验收规范》（GB 50411—2007）
			水密性能	
			抗风压性能	

续表

<table>
<tr><th>序号</th><th>类别</th><th>名称
（复试项目）</th><th colspan="2">主要检测参数</th><th>取样依据</th></tr>
<tr><td rowspan="22">8</td><td rowspan="22">节能材料</td><td rowspan="4">建筑外门窗</td><td colspan="2">传热系数（适用于严寒、寒冷和夏热冬冷地区）</td><td></td></tr>
<tr><td colspan="2">中空玻璃露点</td><td rowspan="3"></td></tr>
<tr><td>玻璃遮阳系数</td><td rowspan="2">适用于夏热冬冷和夏热冬暖地区</td></tr>
<tr><td>可见光透射比</td></tr>
<tr><td rowspan="3">绝热用模塑聚苯乙烯泡沫塑料（适用于墙体及屋面）</td><td colspan="2">表观密度</td><td rowspan="3">《建筑节能工程施工质量验收规范》（GB 50411—2007）</td></tr>
<tr><td colspan="2">压缩强度</td></tr>
<tr><td colspan="2">导热系数</td></tr>
<tr><td rowspan="2">绝热用挤塑聚苯乙烯泡沫塑料（适用于墙体及屋面）</td><td colspan="2">压缩强度</td><td rowspan="2">《建筑节能工程施工质量验收规范》（GB 50411—2007）</td></tr>
<tr><td colspan="2">导热系数</td></tr>
<tr><td rowspan="3">胶粉聚苯颗粒（适用于墙体及屋面）</td><td colspan="2">导热系数</td><td rowspan="3">《建筑节能工程施工质量验收规范》（GB 50411—2007）</td></tr>
<tr><td colspan="2">干表观密度</td></tr>
<tr><td colspan="2">抗压强度</td></tr>
<tr><td>胶黏材料（适用于墙体）</td><td colspan="2">拉伸黏结强度</td><td>《建筑节能工程施工质量验收规范》（GB 50411—2007）
《外墙外保温工程技术规程》（JGJ 144—2008）</td></tr>
<tr><td>瓷砖胶黏剂（适用于墙体）</td><td colspan="2">拉伸黏结强度</td><td>《建筑节能工程施工质量验收规范》（GB 50411—2007）
《陶瓷墙地砖胶黏剂》（JC/T 547—2017）</td></tr>
<tr><td rowspan="2">耐碱型玻纤网格布（适用于墙体）</td><td colspan="2">断裂强力（经向、纬向）</td><td rowspan="2">《建筑节能工程施工质量验收规范》（GB 50411—2007）
《外墙外保温工程技术规程》（JGJ 144—2008）</td></tr>
<tr><td colspan="2">耐碱强力保留率（经向、纬向）</td></tr>
<tr><td rowspan="2">保温板钢丝网架（适用于墙体）</td><td colspan="2">焊点抗拉力</td><td rowspan="2">《建筑节能工程施工质量验收规范》（GB 50411—2007）</td></tr>
<tr><td colspan="2">抗腐蚀性能（镀锌层质量或镀锌层均匀性）</td></tr>
<tr><td rowspan="3">保温砂浆（适用于屋面、地面）</td><td colspan="2">导热系数</td><td rowspan="3">《建筑节能工程施工质量验收规范》（GB 50411—2007）
《建筑保温砂浆》（GB/T 20473—2006）</td></tr>
<tr><td colspan="2">干密度</td></tr>
<tr><td colspan="2">抗压强度</td></tr>
<tr><td>抹面胶浆、抗裂砂浆（适用于抹面）</td><td colspan="2">拉伸黏结强度</td><td>《建筑节能工程施工质量验收规范》（GB 50411—2007）
《外墙外保温工程技术规程》（JGJ 144—2008）</td></tr>
</table>

续表

序号	类别	名称（复试项目）	主要检测参数	取样依据
8	节能材料	岩棉、矿渣棉、玻璃棉、橡塑材料（适用采暖）	导热系数	《建筑节能工程施工质量验收规范》（GB 50411—2007）
			密度	
			吸水率	
		散热器	单位散热量	《建筑节能工程施工质量验收规范》（GB 50411—2007）
			金属热强度	
		风机盘管机组	供冷量	《建筑节能工程施工质量验收规范》（GB 50411—2007）
			供热量	
			风量	
			出口静压	
			噪声	
			功率	
		电线、电缆（适用低压配电系统）	截面	《建筑节能工程施工质量验收规范》（GB 50411—2007）
			每芯导体电阻值	

表 2-2 施工过程质量检测试验项目、主要检测试验参数和取样依据

序号	类别	检测试验项目		主要检测参数	取样依据	备注
1	土方	土工击实		最大干密度	《土工试验方法标准》（GB/T 50123—1999）	
				最优含水率		
		压实度		压实系数*	《建筑地基基础设计规范》（GB 50007—2011）	
2	地基与基础	换填地基、复合地基		压实系数*或承载力	《建筑地基处理技术规范》（JGJ 79—2012） 《建筑地基基础工程施工质量验收规范》（GB 50202—2018）	
		加固地基、复合地基		承载力		
		桩基		承载力	《建筑基桩检测技术规范》（JGJ 106—2014）	
				桩身完整性		钢桩除外
3	基坑支护	土钉墙		土钉抗拔力	《建筑基坑支护技术规程》（JGJ 120—2012）	
		水泥土墙		墙身完整性		
				墙体强度		设计有要求时
		锚杆、锚索		锁定力		
4	结构工程	钢筋连接	机械连接工艺检验*	抗拉强度 残余变形	《钢筋机械连接技术规程》（JGJ 107—2016）	
			机械连接现场检验	抗拉强度		
			钢筋焊接工艺检验*	抗拉强度	《钢筋焊接及验收规程》（JGJ 18—2012）	
				弯曲		适用于闪光对焊、气压焊
			闪光对焊	抗拉强度		
				弯曲		

续表

序号	类别	检测试验项目		主要检测参数	取样依据	备注
4	结构工程	钢筋连接	气压焊	抗拉强度		
				弯曲		适用于水平连接筋
			电弧焊、电渣压力焊、预埋件钢筋T形接头	抗拉强度		
			网片焊接	抗剪力		热轧带肋钢筋
				抗拉强度		冷轧带肋钢筋
				抗剪力		
		混凝土	混凝土配合比设计	工作性	《普通混凝土配合比设计规程》（JGJ 55—2011）	指工作度、坍落度和坍落扩展度等
				强度等级		
			混凝土性能	标准养护试件强度	《混凝土结构工程施工质量验收规范》（GB 50204—2015） 《混凝土外加剂应用技术规范》（GB 50119—2013） 《建筑工程冬期施工规程》（JGJ/T 104—2011）	
				同条件试件强度*（受冻临界、拆模、张拉、放张和临时负荷等）		同条件养护28 d转标准养护28 d试件强度和受冻临界强度试件按照冬期施工相关要求增设，其他同条件试件根据施工需要留置
				同条件养护28 d转标准养护28 d试件强度		
				抗渗性能	《地下防水工程质量验收规范》（GB 50208—2011） 《混凝土结构工程施工质量验收规范》（GB 50204—2015）	有抗渗要求时
		砌筑砂浆	砂浆配合比设计	强度等级	《砌筑砂浆配合比设计规程》（JGJ/T 98—2010）	
				稠度		
			砂浆力学性能	标准养护试件强度	《砌体结构工程施工质量验收规范》（GB 50203—2011）	
				同条件养护试件强度		冬期施工时增设
		钢结构	网架结构焊接球节点、螺栓球节点	承载力	《钢结构工程施工质量验收规范》（GB 50205—2001）	安全等级一级，$L\geq40$m且设计有要求时
			焊缝质量	焊缝探伤		
		后锚固（植筋、锚栓）		抗拔承载力	《混凝土结构后锚固技术规程》（JGJ 145—2013）	
5	装饰装修	饰面砖粘贴		黏结强度	《建筑工程饰面砖黏结强度检验标准》（JGJ/T 110—2017）	

注：带有“*”标志的检测试验项目或检测试验参数可由企业试验室试验，其他检测试验项目或检测试验参数的检测应符合相关规定。

表 2-3　工程实体质量与使用功能检测项目、主要检测参数和取样依据

<table>
<tr><th>序号</th><th>类别</th><th>检测项目</th><th>主要检测参数</th><th>取样依据</th></tr>
<tr><td rowspan="4">1</td><td rowspan="4">实体质量</td><td rowspan="2">混凝土结构</td><td>钢筋保护层厚度</td><td rowspan="2">《混凝土结构工程施工质量验收规范》（GB 50204—2015）</td></tr>
<tr><td>结构实体检验用同条件养护试件强度</td></tr>
<tr><td rowspan="2">围护结构</td><td>外窗气密性能（适用于严寒、寒冷、夏热冬冷地区）</td><td rowspan="2">《建筑节能工程施工质量验收规范》（GB 50411—2007）</td></tr>
<tr><td>外墙节能构造</td></tr>
<tr><td rowspan="14">2</td><td rowspan="14">使用功能</td><td rowspan="5">室内环境污染物</td><td>氡</td><td rowspan="5">《民用建筑工程室内环境污染控制规范》（GB 50325—2010）（2013 年版）</td></tr>
<tr><td>甲醛</td></tr>
<tr><td>苯</td></tr>
<tr><td>氨</td></tr>
<tr><td>TVOC</td></tr>
<tr><td rowspan="9">系统节能性能</td><td>室内温度</td><td rowspan="9">《建筑节能工程施工质量验收规范》（GB 50411—2007）</td></tr>
<tr><td>供热系统室外管网的水力平衡度</td></tr>
<tr><td>供热系统的补水率</td></tr>
<tr><td>室外管网的热输送效率</td></tr>
<tr><td>各风口的风量</td></tr>
<tr><td>通风与空调系统的总风量</td></tr>
<tr><td>空调机组的水流量</td></tr>
<tr><td>空调系统冷热水、冷却水总流量</td></tr>
<tr><td>平均照度与照明功率密度</td></tr>
</table>

二、建设工程见证取样的规定

1. 见证人员和见证取样的定义

（1）见证人员

见证人员是指具备相关检测专业知识，受建设单位或监理单位委派，对检测试件的取样、制作、送检及现场工程实体检测过程真实性、规范性进行见证的技术人员。

（2）见证取样

见证取样是指在见证人员见证下，由取样单位的取样人员，对工程中涉及结构安全的试块、试件和建筑材料在现场取样、制作，并送至有资格的检测单位进行检测的活动。

2. 见证取样和送检项目

①用于承重结构的混凝土试块。

②用于承重墙体的砌筑砂浆试块。

③用于承重结构的钢筋及连接接头试件。

④用于承重墙的砖和混凝土小型砌块。

⑤用于拌制混凝土和砌筑砂浆的水泥。

⑥用于承重结构的混凝土中使用的掺加剂。

⑦地下、屋面、厕浴间使用的防水材料。

⑧国家规定必须实行见证取样和送检的其他试块、试件和材料。

3. 见证取样和送检的规定及要求

1）涉及结构安全的试块、试件和材料，见证取样和送检的比例不得低于应取数量的30%。对规定必须实行见证取样和送检的试块、试件和材料，必须100%实行见证取样和送检。

2）见证人员应由建设单位或该工程的监理单位具备建筑施工试验知识的专业技术人员担任，由建设单位或监理单位授权开展见证取样和送检工作，并应由建设单位或该工程的监理单位将见证人员授权书以书面的形式通知施工单位、检测单位和负责该项工程的质量监督机构。

3）每单位工程见证取样人员不可少于2人。

4）因故更换或增加见证人员时应及时办理变更备案手续。

5）检测机构首次接受工程项目见证取样和送检的委托时，应要求见证人员出示其单位出具的见证人员书面通知书（授权书），同时按时间顺序建立见证人员年度台账，对无见证人员书面通知书（授权书）的工程项目，不得以见证取样和送检的方式进行收样。

6）见证人员和取样人员对试样的代表性和真实性负责。

4. 见证取样和送检程序

1）建设单位到质监站办理质量监督手续时，应当提供负责本工程现场见证取样和送检工作的单位和人员名单，并同时书面通知施工单位和检测单位。

2）施工单位在现场进行原材料取样和现场试件制作时，必须有见证人员在场见证。见证人员有责任对试样进行监护，并和施工方人员一起将试样送至检测单位。

3）检测单位在接受试样时，见证人应当出示见证人员证书，并在送检单位填写的试验委托单上签字。

4）检测单位在出具的试验报告中，应当注明见证单位及见证人员，并在检测报告上加盖见证取样送检检测专用章。当发现不合格的试样时，应当同时通知送检单位、质监站、见证单位及见证人员。

三、施工现场试验室的基本要求

建筑工程施工现场应配备满足检测试验需要的试验人员、仪器设备、设施及相关标准。建立健全检测试验管理制度，施工项目技术负责人应组织检查检测试验管理制度的执行情况。

1. 施工现场检测试验管理制度

检测试验管理制度应包括以下内容：

①岗位职责。

②现场试样制取及养护管理制度。

③仪器设备管理制度。

④现场检测试验安全管理制度。

⑤检测试验报告管理制度。

2. 施工现场试验室的基本条件要求

单位工程建筑面积超过 10 000 m² 或造价超过 1 000 万元人民币时，可设立现场试验站。其基本条件应符合：

1）现场试验人员：根据工程规模和试验工作的需要配备，宜为 1～3 人。现场试验人员应掌握相关标准，并经过技术培训、考核。

2）仪器设备：根据试验项目确定。一般应配备：天平、台（案）称、温度计、湿度计、混凝土振动台、试模、坍落度筒、砂浆稠度仪、钢直（卷）尺、环刀、烘箱等。配置的仪器、设备应建立管理台账，按有关规定进行计量检定或校准，并保持状态完好。

3）设施：工作间（操作间）面积不宜小于 15 m²，温度和湿度应满足检测试验工作的要求；对混凝土结构工程，宜设混凝土标准养护室，不具备条件时可采用养护箱或养护池。温度和湿度应符合有关规定。

第二节　工程建设检测委托的基本规定

一、工程质量检测机构资质及业务范围的规定

1. 工程质量检测机构资质

工程质量检测机构是指依法取得检测资质证书，开展质量检测，并承担相应法律责任，具有独立法人资格的技术服务型中介机构。

检测机构资质按其检测能力和业务范围分为见证取样检测资质和专项检测资质。其中的专项检测资质包括地基基础工程检测、主体结构工程检测、钢结构工程检测、建筑幕墙工程检测、建筑门窗检测、室内环境质量检测、建筑节能检测、市政道路工程检测、市政桥梁工程检测、建筑智能检测、建筑制品检测、建筑机具和安全生产用品检测、建设工程质量鉴定。检测机构可以同时取得见证取样检测资质和专项检测资质。

申请重庆市工程质量检测机构资质标准的基本条件为：

①独立法人。

②注册资本：见证取样检测机构不少于 80 万元人民币，专项检测机构不少于 100 万元人民币，同时申请专项检测资质和见证取样资质的检测机构不少于 160 万元人民币。

③所申请资质的项目及参数已通过计量认证。

④检测机构的技术负责人和质量负责人具有专业技术高级职称，8 年以上从事质量检测、设计、施工、监理的技术管理工作经历，且取得了检测人员岗位证书。

⑤经市建设主管部门考核合格，取得检测人员岗位证书的检测人员不可少于 10 人（边远区县不可少于 6 人），且取得检测人员岗位证书的检测人员与所开展的检测项目相适应。

⑥有符合开展检测工作所需的仪器、设备和工作场所。

⑦有健全的技术管理和质量保证体系。

各类检测资质除满足以上基本条件外，还需达到表 2-4 的人员要求。

表 2-4　检测资质对检测人员的要求

检测资质类别	检测人员
见证取样检测	取得见证取样检测人员岗位证且从事检测工作 3 年以上、具有中级及以上技术职称的不得少于 3 人（边远区县不得少于 2 人）
地基基础工程	从事工程桩检测工作 3 年以上，并具有中级及以上技术职称的不得少于 4 人。其中应至少 1 人具备注册岩土工程师资格
主体结构工程	从事结构工程检测工作 3 年以上，并具有中级及以上技术职称的不得少于 4 人。其中应至少 1 人具备二级注册结构工程师资格
钢结构工程	从事钢结构连接检测、钢网架结构变形检测工作 3 年以上，并具有中级及以上技术职称的不得少于 4 人。其中应至少 1 人具备二级注册结构工程师资格
建筑幕墙工程	从事建筑幕墙检测工作 3 年以上，并具有中级及以上技术职称的不得少于 4 人
建设工程鉴定	应同时具有见证取样检测、地基基础工程检测、主体结构工程现场检测、钢结构工程检测资质，并至少 1 人应具备一级注册结构工程师资格
建筑门窗 室内环境质量 建筑节能 市政道路工程 市政桥梁工程 建筑智能 建筑制品 建筑机具和安全生产用品	检测人员中从事对应专项检测工作 3 年以上，并具有中级及以上技术职称或相应职业资格的不得少于 3 人（偏远区县不得少于 2 人）

2. 工程质量检测机构业务范围

检测机构应在建设主管部门核定的资质许可范围内开展业务，不得无证或超越资质范围承揽业务；不得转包检测业务或违法分包检测业务；不得涂改、倒卖、出租、出借，或者以其他形式非法转让资质证书。表 2-5 是检测机构检测业务范围。

表 2-5　检测机构检测业务范围

检测资质类别	检测项目
见证取样检测	水泥、砂、石、轻集料、掺合料、砌墙砖和砌块检测
	钢材、钢筋（含焊接与机械连接）力学性能检测
	普通混凝土、抗渗混凝土、砂浆检测
	防水材料检测
	天然石材检测
	土工检测及岩石单轴抗压强度检测
	混凝土预制构件检测
地基基础工程检测	地基承载力检测
	桩的承载力检测
	桩的完整性检测
	锚杆锁定力检测

续表

检测资质类别	检测项目
主体结构工程现场检测	混凝土、砂浆、砌体强度现场检测
	钢筋保护层厚度检测
	混凝土预制构件结构性能检测
	后埋置件的力学性能检测
建筑幕墙工程检测	建筑幕墙的气密性、水密性、风压变形性能、层间变位性能检测
	硅酮结构胶相容性检测
钢结构工程检测	钢结构焊接质量无损检测
	钢结构防腐及防火涂装检测
	钢结构节点、机械连接用坚固标准件及高强螺栓力学性能检测
	钢网架结构的变形检测
建筑门窗检测	建筑门窗气密性、水密性、抗风压性能检测
室内环境质量检测	土壤氡浓度检测
	室内空气中氡、甲醛、苯、氨及 TVOC 浓度检测
建筑节能检测	建筑外窗（门）传热系数、气密性检测
	建筑外墙保温系统传热系数、耐候性检测
	建筑材料保温导热系数检测
市政道路工程检测	路基路面弯沉检测
	无机结合稳定材料检测
	路基路面质量检测
	沥青和沥青混合料检测
市政桥梁工程检测	桥梁动力荷载试验
	桥梁荷载静力试验
建筑智能检测	建筑设备监控系统检测
	综合布线系统检测
	安全防范系统检测
	火灾自动报警及消防联动系统检测
	电源及接地系统检测
建筑制品检测	混凝土和钢筋混凝土排水管检测
	水电管材、线材检测
	通风管检测
建筑机具和安全生产用品	混凝土和砂浆搅拌机检测
	安全帽检测
	安全网检测
建设工程质量鉴定	建设工程结构可靠性鉴定

二、工程建设委托第三方质量检测的规定

《建设工程质量检测管理办法》(中华人民共和国建设部令　第141号)第十二条明确规定质量检测业务应由工程项目建设单位委托具有相应资质的检测机构进行检测。委托方与被委托方应当签订书面合同。

第三章　试验检测基础知识

第一节　法定计量单位的基本知识

一、国家法定计量单位的概念

1. 法定计量单位的定义及意义

法定计量单位是政府以法令的形式，明确规定在全国范围内使用的计量单位。国务院于1984年2月27日发布了“关于在我国统一实行法定计量单位的命令”，同时要求逐步废除国家非法定计量单位。

我国《计量法》明确规定：“国家采用国际单位制。国际单位制计量单位和国家选定的其他计量单位，为国家法定计量单位。”国际单位制是我国法定计量单位的主体，我国的法定计量单位将随着国际单位制的变化而变化。国际单位制用符号SI表示。

国家实行法定计量单位，对我国国民经济和文化教育事业的发展、推动科学进步和扩大国际交流都有重要的意义。

2. 法定计量单位的构成

我国的法定计量单位包括：

1）国际单位制的基本单位（7个），见表3-1。

表3-1　国际单位制的基本单位

量的名称	单位名称	单位符号
长度	米	m
质量	千克（公斤）	kg
时间	秒	s
电流	安［培］	A
热力学温度	开［尔文］	K
物质的量	摩［尔］	mol
发光强度	坎［德拉］	cd

2）国际单位制的辅助单位（2个），见表3-2。

表 3-2　国际单位制的辅助单位

量的名称	单位名称	单位符号
［平面］角	弧度	rad
立体角	球面度	sr

3）国际单位制中具有专门名称的导出单位（19 个），见表 3-3。

表 3-3　国际单位制中具有专门名称的导出单位

量的名称	单位名称	单位符号	其他表示方法
频率	赫［兹］	Hz	S^{-1}
力，重力	牛［顿］	N	kg • m/s^2
压力，压强，应力	帕［斯卡］	Pa	N/m^2
能［量］，功，热量	焦［耳］	J	N • m
功率，辐［射能］通量	瓦［特］	W	J/s
电荷［量］	库［仑］	C	A • s
电压，电动势，电位，（电势）	伏［特］	V	W/A
电容	法［拉］	F	C/V
电阻	欧［姆］	Ω	V/A
电导	西［门子］	S	Ω^{-1}
磁通［量］	韦［伯］	Wb	V • s
磁通［量］密度，磁感应强度	特［斯拉］	T	Wb/m^2
电感	亨［利］	H	Wb/A
摄氏温度	摄氏度	℃	
光通量	流［明］	lm	cd • sr
［光］照度	勒［克斯］	lx	lm/m^2
［放射性］活度	贝可［勒尔］	Bq	s^{-1}
吸收剂量	戈［瑞］	Gy	J/kg
剂量当量	希［沃特］	Sv	J/kg

4）国家选定的非国际单位制单位（16 个），见表 3-4。

表 3-4　国家选定的非国际单位制单位

量的名称	单位名称	单位符号	换算关系和说明
时间	分 ［小］时 天（日）	min h d	1 min=60 s 1 h=60 min=3 600 s 1 d=24 h=86 400 s
［平面］角	［角］秒 ［角］分 度	″ ′ °	1″=（π/648 000）rad （π 为圆周率） 1′=60″=（π/10 800）rad 1°=60′=（π/180）rad
旋转速度	转每分	r/min	1 r/min=（1/60）s^{-1}
长度	海里	n mile	1 n mile=1 852 m （只用于航程）

续表

量的名称	单位名称	单位符号	换算关系和说明
速度	节	kn	1 kn=1 n mile/h=（1 852/3 600）m/s（只用于航程）
质量	吨 原子质量单位	t u	1 t=10^3 kg 1 u≈1.660 540×10^{-27} kg
体积	升	L，(l)	1 L=1 dm^3=10^{-3} m^3
能	电子伏	eV	1 eV≈1.602 177×10^{-19}J
级差	分贝	dB	
线密度	特［克斯］	tex	1 tex=1 g/km
面积	公顷	hm^2	1 hm^2=10 000 m^2

5）由以上单位构成的组合形成的单位。

6）由词头和以上单位所构成的十进倍数和分数单位（20 个），见表 3-5。

表 3-5　用于构成十进倍数和分数单位的词头

所表示的因数	词头名称	词头符号	所表示的因数	词头名称	词头符号
10^{24}	尧［它］	Y	10^{-1}	分	d
10^{21}	泽［它］	Z	10^{-2}	厘	c
10^{18}	艾［可萨］	E	10^{-3}	毫	m
10^{15}	拍［它］	P	10^{-6}	微	μ
10^{12}	太［拉］	T	10^{-9}	纳［诺］	n
10^{9}	吉［咖］	G	10^{-12}	皮［可］	p
10^{6}	兆	M	10^{-15}	飞［母拖］	f
10^{3}	千	k	10^{-18}	阿［托］	a
10^{2}	百	h	10^{-21}	仄［普托］	z
10^{1}	十	da	10^{-24}	幺［科托］	y

注：①周、月、年为一般常用时间单位。

②［］内的字在不致混淆的情况下是可以省略的。

③（）内的字为前者的同义语。

④角度单位度、分、秒的符号不处于数字后时，应加括弧。

⑤升的符号中，小写字母 l 为备用符号。

⑥r 为“转”的符号。

⑦在人民生活和贸易中，“质量”习惯称为“重量”。

⑧“公里”为“千米”的俗称，符号为 km。

⑨$10^4$ 称为万，10^8 称为亿，10^{12} 称为万亿，这类数词的使用不受词头名称的影响，但不应与词头混淆。

3. 法定计量单位的名称

1）计量单位的名称，一般是指它的中文名称，用于叙述文字和口述中，不得用于公式、数据表、图、刻度盘等处。

2）组合单位的中文名称与其符号表示的顺序一致，符号中的乘号没有对应的名称，除号的对应名称为“每”字，不论分母中有几个单位，“每”字只出现一次。例如，质量热容的单位符号是 J/(kg・K)，其单位名称是“焦耳每千克开尔文”而不是“每千克开尔文焦耳”或“焦耳每千克每开尔文”。

3）乘方形式的单位名称，其顺序应是指数名称在前，单位名称在后。相应的指数名称由数字加“次方”二字而成。例如，截面二次矩的单位符号为 m^4，其名称为“四次方米”而不是“米的四次方”。

$℃^{-1}$ 的名称为“每摄氏度”，而不是“负一次方摄氏度”。

s^{-1} 的名称为“每秒”。

4）如果长度 2 次和 3 次幂表示面积和体积时，则相应的指数名称为“平方”和“立方”并置于长度单位之前，否则仍为“二次方”或“三次方”。例如，体积单位符号 m^3 的名称是“立方米”，而截面系数单位符号 m^3 的名称是“三次方米”。

5）书写组合单位名称时，不加任何表示乘或除的符号或其他符号。例如，电阻率单位符号 Ω · m 的名称是“欧姆米”而不是“欧姆 · 米”“欧姆－米”“[欧姆][米]”等。又如，密度单位符号 kg/m^3 的名称是“千克每立方米”而不是“千克/立方米”。

4. 法定计量单位的符号

1）计量单位的符号分为单位符号（即国际通用符号）和单位的中文符号（即单位名称的简称）。中文符号只在小学、初中教科书和普通书刊中有必要时使用。

2）单位符号一般用正体小写字母书写，但是以人名命名的单位符号，第一个字母必须正体大写。例如，时间单位“秒”的符号是 s，压强单位“帕斯卡”的符号是 Pa。“升”的符号 l，可以用大写字母 L。

3）词头符号的字母当其表示的因数小于 10^6 时，一律用小写体，大于或等于 10^6 时用大写体。

4）当组合单位是由两个或两个以上的单位相乘而构成时，其组合单位的写法可采用下列形式之一：N · m；Nm。

当用单位相除的方法构成组合单位时，其符号可采用下列形式之一：m/s；$m \cdot s^{-1}$；$\frac{m}{s}$。

除加括号避免混淆外，单位符号中的斜线（/）不得超过一条。在复杂的情况下，也可以使用负指数。

5）由两个或两个以上单位相乘所构成的组合单位，其中文符号形式为两个单位符号之间加居中圆点，例如，牛 · 米。

单位相除构成的组合单位，其中文符号可采用下列形式之一：米/秒；米 · $秒^{-1}$；$\frac{米}{秒}$。

6）单位符号应写在全部数值之后，并与数值间留适当的空隙。

7）SI 词头符号一律用正体字母，SI 词头符号与单位符号之间，不得留空隙。

8）单位名称和单位符号都必须作为一个整体使用，不得拆开。如摄氏度的单位符号为℃。20 摄氏度不得写成或读成摄氏 20 度或 20 度，也不得写成 20° C，只能写成 20℃。

二、建筑工程相关的法定计量单位

与建筑工程相关的法定计量单位见表 3-6～表 3-10。

表 3-6 常用的基本计量单位

量的名称	单位名称	单位符号
长度	米	m
质量	千克（公斤）	kg
时间	秒	s
热力学温度	开（尔文）	K

表 3-7 常用的包括辅助单位在内的具有专门名称的导出单位

量的名称	单位名称	符号
[平面] 角	弧度	rad
立体角	球面度	r
频率	赫 [兹]	Hz
力	牛 [顿]	N
压力，压强，应力	帕 [斯卡]	Pa
能 [量]，功，热量	焦 [耳]	J
功率，辐 [射能] 通量	瓦	W
摄氏温度	摄氏度	℃

表 3-8 常用的国家选定的非国际单位制单位

量的名称	单位名称	单位符号
时间	分 [小] 时 日，(天)	min h d
[平面] 角	度 [角] 分 [角] 秒	° ′ ″
体积	升	L，(l)
质量	吨	t
旋转速度	转每分	r/min

表 3-9 常用的词头

所表示的因数	词头名称	词头符号
10^9	吉 [咖]	G
10^6	兆	M
10^3	千	k
10^2	百	h
10^1	十	da
10^{-1}	分	d
10^{-2}	厘	c
10^{-3}	毫	m
10^{-6}	微	μ
10^{-9}	纳 [诺]	n

表 3-10 常用的组合形式的单位

量的名称	单位名称	单位符号
面积	平方米	m^2
体积、容积	立方米	m^3
面积矩、抵抗矩	三次方米	m^3
惯性矩	四次方米	m^4
速度	米每秒	m/s
加速度	米每二次方秒	m/s^2
线密度	千克每米	kg/m
面密度	千克每平方米	kg/m^2
密度	千克每立方米	kg/m^3
动量	千克米每秒	kg・m/s
动量矩	千克二次方米每秒	$kg \cdot m^2/s$
转动惯量	千克二次方米	$kg \cdot m^2$
角速度	弧度每秒	rad/s
角加速度	弧度每二次方秒	rad/s^2
线分布力	牛顿每米	N/m
面分布力	牛顿每平方米	N/m^2
体分布力、重度	牛顿每立方米	N/m^3
力矩、弯矩、扭矩	牛顿米	N・m
双弯矩	牛顿二次方米	$N \cdot m^2$

第二节　数理统计的基本知识

一、常用统计工具的种类

在质量管理中常用的统计分析工具有：调查表、分层法、控制图、因果图、直方图、排列图、散布图。

1. 调查表

调查表是收集和记录数据的一种形式，它便于按统一的方式获得数据并进行分析。调查表是统计工具中最简单、最常用的工具。

调查表的形式因调查的目的、内容不同而不同，调查表种类大致分为以下几种：

①不合格项目调查表。

②缺陷位置调查表。

③工序分布调查表。

④不合格原因调查表。

2. 分层法

分层法就是把性质相同的问题点，在同一条件下收集的数据归纳在一起，以便进行比较分析的一种方法。

数据分层可根据实际情况按多种方式进行。例如，按作业人员分层，按不同时间、不同班次进行分层，按使用设备的种类进行分层，按原材料的进场时间、原材料成分进行分层，按检查手段、使用条件进行分层，按不同缺陷项目进行分层等。分层法常与调查表结合使用。

3. 控制图

控制图是对过程质量特性进行测定、记录、评估，从而监察过程是否处于控制状态的一种用统计方法设计的图，图上有 3 条平行于横轴的直线：中心线（CL）、上控制线（UCL）和下控制线（LCL），并有按时间顺序抽取的样本统计量数值的描点序列。UCL、CL、LCL 统称为控制线，如图 3-1 所示。若控制图中的描点落在 UCL 与 LCL 之外或描点在 UCL 和 LCL 之间的排列不随机，则表明过程异常。控制图能直接监视生产过程中的动态质量，具有稳定生产、保证质量、积极预防的作用。

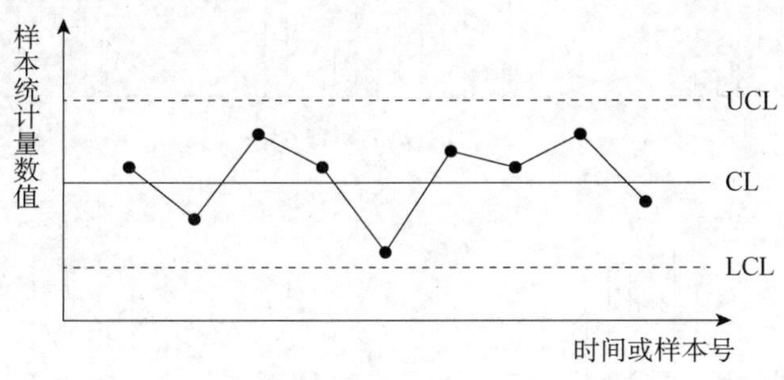

图 3-1　控制图

控制图分计量值控制图（包括单值控制图、平均数和极差控制图、中位数和极差控制图）和计数值控制图（包括不合格品数控制图、不合格品率控制图、缺陷数控制图等、单位缺陷数控制图等）两类。

4. 因果图

因果图是用于考虑并展示已知结果与潜在原因之间关系的一种工具。许多潜在的原因可归纳成原因与子原因，形成类似鱼刺的样子，因此该工具又称鱼刺图，如图 3-2 所示。

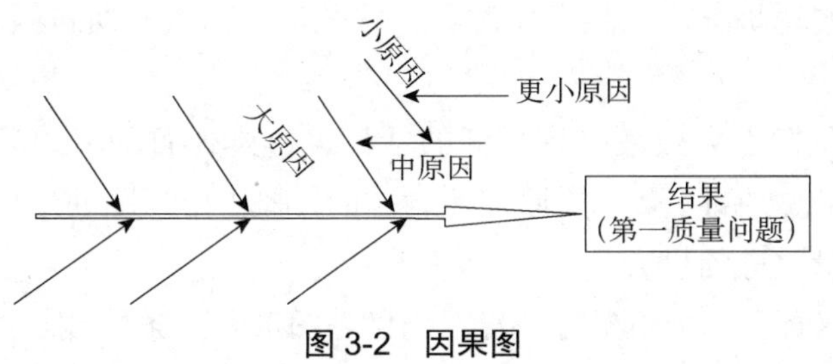

图 3-2　因果图

因果图的应用方法是从已产生问题的结果开始。首先找出影响质量特性的大原因，然后找出影响大原因的中原因，再找出影响中原因的小原因，依次类推，直到找到能够采取措施予以改进的最终原因为止。

5. 直方图

直方图是一种几何形图表，它是根据从生产过程中收集来的质量数据分布情况，画成以组距为底边、以频数为高度的一系列连接起来的直方型矩形图。图 3-3 中（a）～（e）是直方图常见的 5 种形态。正常型是指过程处于稳定的图型，它的形状是中间高、两边低，左右近似对称，若直方图偏离正态分布，呈离岛型、双峰型、折齿型、陡壁型时，则表明过程异常，存在特殊原因的波动。例如，出现离岛型表明过程中有异常情况发生，可能是原料发生了变化、测量有误等原因造成的；出现双峰型可能是由两位人员操作或使用两台测量仪器造成的；出现折齿型是由于作图时数据分组太多，测量仪器误差过大或观测数据不准确等造成，此时应重新收集和整理数据；出现陡壁型表示过程能力不够。

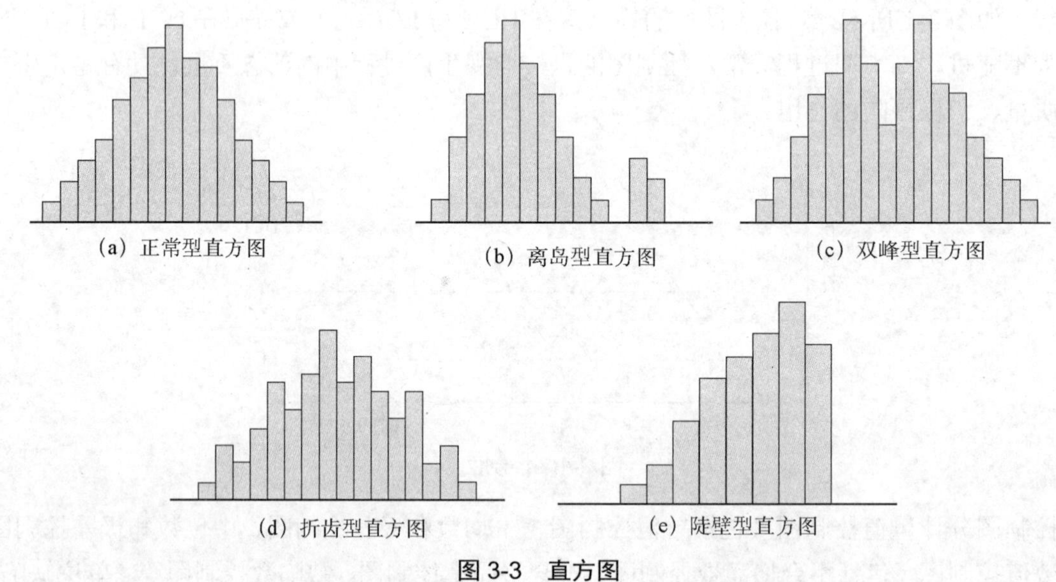

图 3-3 直方图

制作直方图的目的就是通过观察图的形状，判断生产过程是否稳定，预测生产过程的质量。其主要作用有：

①显示质量的波动状况。

②较直观地传递有关过程质量状况的信息。

③通过研究质量波动状况，就能掌握过程的状况，从而找到质量改进的方法。

6. 排列图

排列图是为了对从发生频数最高到最低的项目进行排列而采用的简单图示技术。排列图是根据“关键的少数和次要的多数”的原理而制作的，制作排列图的作用是查找影响质量的主要原因，识别进行质量改进的机会。

排列图由两个纵坐标、一个横坐标、若干个直方图形和一条曲线组成。其中左边的纵坐标表示频数，右边的纵坐标表示频率，横坐标表示影响质量的各种因素。若干个直方图形分别表示质量影响因素的项目，直方图形的高度则表示影响因素的大小程度，按大小顺序由左向右排列，曲线表示各影响因素大小的累计百分数，排列图如图 3-4 所示。

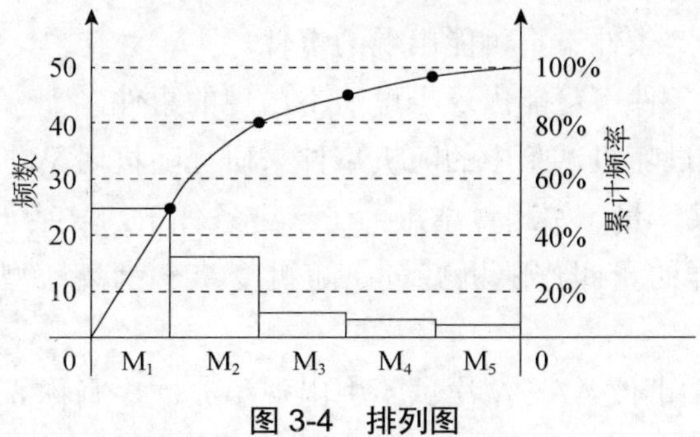

图 3-4　排列图

7. 散布图

散布图法是用来分析两变量之间统计相关关系的一种方法。

散布图是取一个直角坐标，其横轴表示 X 变量的测定值，纵轴表示 Y 变量的测定值，将各组 X 测定值与 Y 测定值的交点全部绘出，即成为散布图。图 3-5 的（a）～（f）表示散布图的 6 种关系图型。

散布图的用途是：

①验证两个变量间的相关关系。

②掌握要因对特性的影响程度。

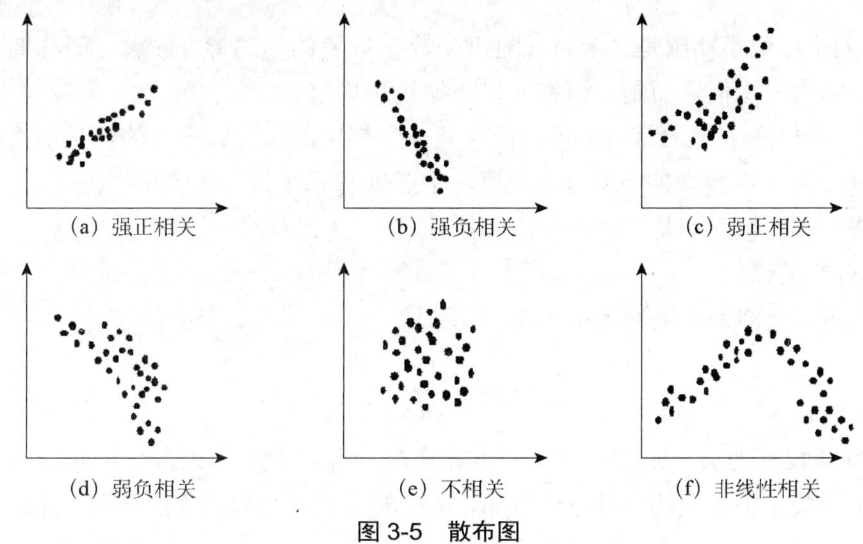

图 3-5　散布图

二、统计技术、抽样技术及误差的基本概念

1. 统计技术基本概念

（1）随机变量的基本概念

1）事件和随机事件：观察或试验的一种结果，称为一个事件。例如，抛掷一枚硬币，可能出现正面朝上的与反面朝上的两种情况，这两种可能性中的每一种都称为事件。事件可以分为确定性事件和不确定性事件两类。

在概率统计中，把客观世界可能出现的事件分为最典型的 3 种情况：

①必然事件：在一定条件下必然出现的事件。

②不可能事件：在一定条件下不可能出现的事件。

③随机事件：在一定条件下可能出现也可能不出现的事件。

概率与数理统计是通过随机试验中的随机事件来研究随机现象的。

2）随机变量：如果某一量（如测量结果）在一定条件下，取某一值或在某一范围内取值是一个随机事件，则这样的量叫作随机变量。随机变量分为离散型随机变量和连续型随机变量。

3）事件的概率：如果事件 A 在 N 次试验中出现了 n 次，则称 n 为事件 A 在这 N 次试验中出现的频数，n/N 则称为事件 A 在这 N 次试验中出现的频率。当 N 充分大时，频率 n/N 稳定趋于某一个常数 p，此常数称为事件 A 的概率，记为 P（A）$=p$。概率是用以度量随机事件 A 出现可能性大小的数值。随机事件的概率 P（A）为 $0\leqslant P$（A）$\leqslant 1$。

4）分布函数：设 X 为随机变量，x 是任意实数，函数 $F(x)=P\{X\leqslant x\}$ 称为 X 的分布函数。

分布函数主要研究随机变量在某一区间取值的概率情况。

（2）随机变量的数字特征

随机变量的分布规律或概率密度能完整地描述随机变量的统计规律性，所谓随机变量的数字特征就是描述随机变量的某种特征（如平均值、偏离程度）的量，这些特征量有数学期望、方差等。

1）数学期望：数学期望是一个表征随机变量 X 取值的平均特性的数，简称期望或均值。它不是简单的算术平均值，而是以概率为权的加权平均值。

2）方差：随机变量 X 的每一个可能值对其数学期望的偏差的平方的数学期望称为方差。它描述了随机变量 X 对数学期望的分散程度。方差的算术平方根称为标准差。

（3）正态分布的概念和特征

1）正态分布的概念。

若随机变量 x 概率密度函数为：

$$f(x)=\frac{1}{\sqrt{2\pi}\sigma}e^{-\frac{(x-\mu)^2}{2\sigma^2}}$$

则称 X 服从均数为 μ、标准差为 σ 的正态分布，常用 $N(\mu,\sigma)$表示。正态分布是人们考察自然科学和工程技术中得到的一种连续分布，是对大量实践经验抽象的结果。当 $\mu=0$，$\sigma=1$ 时，正态分布就成为标准正态分布。标准正态分布函数为：

$$f(x)=\frac{1}{\sqrt{2\pi}}e^{-\frac{x^2}{2}}$$

2）正态分布的特征。

服从正态分布的变量的频数分布由 μ、σ 决定。μ 是正态分布的位置参数，描述正态分布的集中趋势位置。由图 3-6（a）可见，正态分布曲线在 $x=\mu$ 处具有极大值，曲线不仅是单峰的，而且对于 $x=\mu$ 直线是对称的。由图 3-6（b）可见，正态分布的中心是在 $x=\mu$ 处，μ 值的大小决定了曲线在 x 轴上的位置。σ 描述正态分布资料数据分布的离散程度，也称正态分布的形状参数。由图 3-6（c）可见，在相同 μ 值下，σ 值越大，数据分布越分散，曲线越扁平；反之

σ 值越小，数据分布越集中，曲线越瘦高。图 3-6（d）对两条不同 μ 和不同 σ 的正态分布曲线进行了比较。

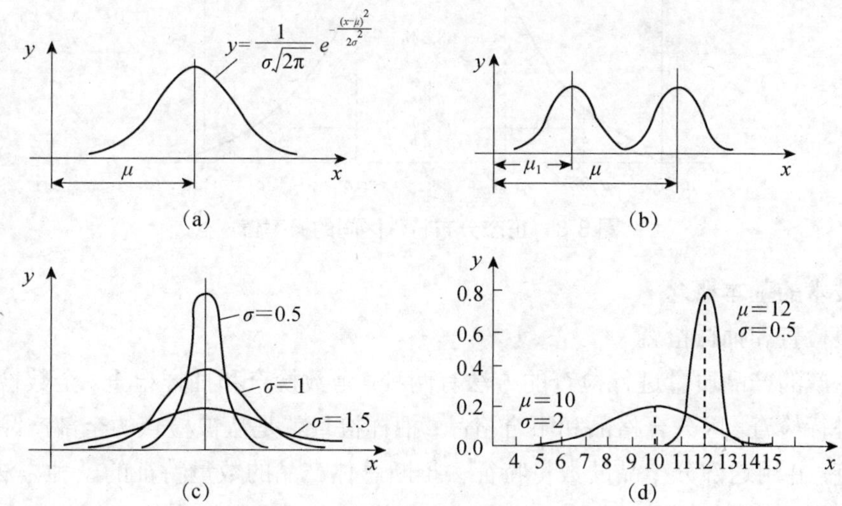

图 3-6　正态分布

正态分布曲线的主要特征，如图 3-7 所示。

①单峰性，即曲线在均值处具有极大值。

②对称性，即曲线以均数为中心左右对称。

③有一条水平渐近线，即曲线两头将无限接近于横轴。

④在对称轴左右两边曲线上离对称轴等距离的某处，各有一个拐点。

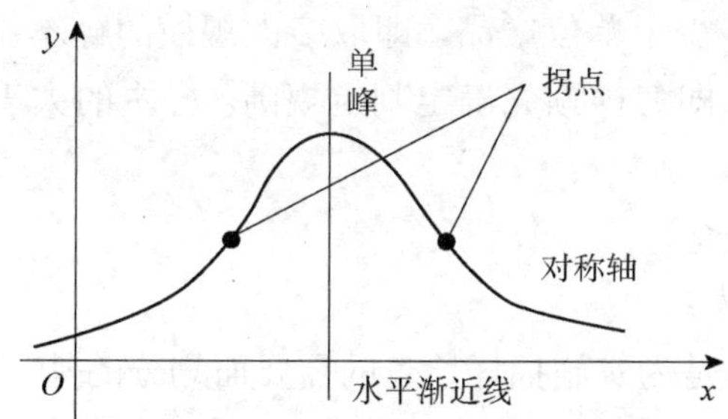

图 3-7　正态分布曲线

正态分布在 3 个特殊区间的概率值如图 3-8 所示。

$$P(\mu-\sigma\leqslant X\leqslant\mu+\sigma)=0.682\,7$$

$$P(\mu-2\sigma\leqslant X\leqslant\mu+2\sigma)=0.954\,5$$

$$P(\mu-3\sigma\leqslant X\leqslant\mu+3\sigma)=0.997\,3$$

从图 3-8 中可以得知：若随机变量 X 服从正态分布 $N(\mu,\sigma)$，则 X 落在（$\mu-3\sigma$，$\mu+3\sigma$）内的概率约为 0.997 3，落在（$\mu-3\sigma$，$\mu+3\sigma$）之外的概率约为 0.002 7，一般称后者为小概率事件，并认为在一次试验中，小概率事件几乎不可能发生。因此，服从正态分布 $N(\mu,\sigma)$ 的随机变量 X 通常只取（μ-3σ，μ+3σ）之间的值，简称 3σ 原则。

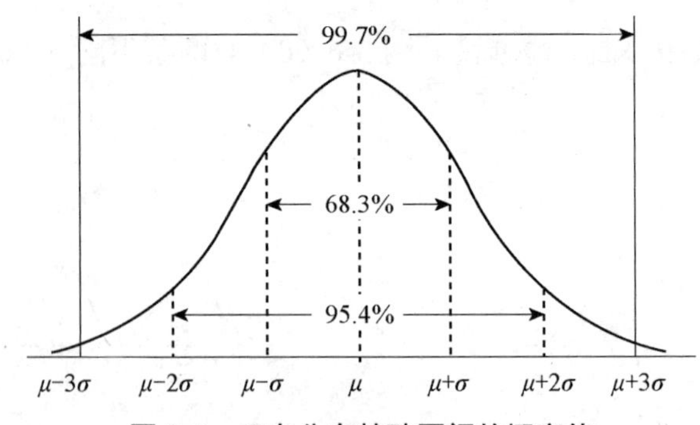

图 3-8　正态分布特殊区间的概率值

2. 抽样技术的基本概念

（1）全数检查和抽样检查

对批量生产的产品质量进行检查的方法有两种：全数检查和抽样检查。全数检查就是对全部产品逐个进行检查，区分合格品和不合格品；抽样检查就是从被检查的全部产品中抽取部分产品进行检查，并用这部分产品的数量特征去推断总体产品的数量特征的一种方法。其中被检查对象的全部产品称为“总体”，从总体中抽取出来，实际进行检查的那部分对象所构成的群体称为“样本”。

由于抽样检查只是从总体中抽取部分样本进行检验，所以抽样检查的错判是不可避免的，即有可能把合格批错判为不合格，把不合格批错判为合格。因此，供方和需方都要承担错判的风险，这是抽样检查的缺陷。抽样检查与全数检查相比，其明显的优势是经济性，只要合理设计抽样方案，就可以将抽样检查的错判风险控制在可接受的范围内。

抽样检查所要研究的问题包括 3 个方面：一是如何从批中抽取样品，即采用什么样的抽样方式；二是从批中抽取多少个单位产品，即取多大规模的样本；三是如何根据样本的质量数据来判定产品是否合格，即怎样预先确定判定规则。样本的大小和判定规则即构成了抽样方案。

（2）抽样检查的基本概念

1）单位产品、批和样本：

①单位产品：单位产品是为实施抽样检查的需要而划分的基本单位。

②批：为实施抽样检查汇集起来的单位产品，称为检验批（或批），它是抽样检查和判定的对象。一个批通常是由在基本稳定的生产条件下，在同一生产周期内生产出来的同形式、同等级、同规格以及同成分的单位产品构成。该批包含的单位产品数称为批量，通常用符号 N 表示。

③样本：从批中抽取用于检查的单位产品，称为样本单位，有时也称样品。样本单位的全体，称为样本。样本中所包含的样本单位数，称为样本大小，通常用符号 n 表示。

2）不合格与不合格品：

①不合格：单位产品的任何一个质量特性不满足规定要求，即为不合格。

②不合格品：具有一个或一个以上不合格的单位产品，称为不合格品。

3）单位产品的质量及其特性：单位产品的质量是以其质量特性表示的，简单的产品可能只有一项特性，大多数产品具有多项特性。质量特性可分为计量值和计数值两类，计数值又可分为计点值和计件值。

计量值在数轴上是连续分布的，用连续的量值来表示产品的质量特性。当单位产品的质量特性是用某类缺陷的个数度量时，即称为计点的表示方法。某些质量特性不能定量地度量，只能简单地分成合格和不合格，或者分成若干等级，这时就称为计件的表示方法。

在产品质量检验中，首先按技术标准对有关项目分别进行检查，然后对各项质量特性按标准分别进行判定，最后对单位产品的质量做出判定。确定单位产品是合格品还是不合格品的检查，称为“计件检查”，只计算不合格数，不必确定单位产品是否合格的检查，称为“计点检查”，两者统称为“计数检查”。用计量值表示的质量特性，在不符合规定时也判为不合格，因此也可以用计数检查的方法。“计量检查”是对质量特性的计量值进行检查和统计，故对所涉及的质量特性应予分别检查和统计。

4）批的质量：批的质量是根据其所含的单位产品的质量统计出来的。根据不同的统计方法，批的质量可以用不同的方式表示。

对于计件检查，可以用单位产品不合格率的百分数 p 来表示，即

$$p=\frac{\text{批中不合格品总数}D}{\text{批量}N}\times 100\%$$

对于计点检查，可以用单位产品不合格的百分数 p 表示，即

$$p=\frac{\text{批中不合格总数}D}{\text{批量}N}\times 100\%$$

对于计点检查，当 N 足够大时，可以用批的平均值 μ 和标准差 σ 表示，即

$$\mu=\frac{\sum_{i=1}^{N}x_i}{N}\qquad \sigma=\sqrt{\frac{\sum_{i=1}^{N}\left(x_i-\mu\right)^2}{N-1}}$$

式中，x——某一个质量特性的数值；

x_i——i 个单位产品质量特性的数值。

对每个质量特性应予分别计算。

5）样本的质量：样本的质量是根据各样本单位的质量统计出来的，而样本单位是从批中抽取的用于检查的单件产品。因此，样本质量的表示和判定方法与单位产品批量是相似的。

（3）抽样方法

样本的质量能否正确反映检验批的质量，主要是看抽取的样本是否具有代表性。样本是由抽样方法决定的，正确的抽样方法应具备抽样的代表性和随机性。代表性反映样本与批质量的接近程度，随机性反映检查批中单位产品质量被抽入样本纯属偶然，即由随机因素决定。

1）简单随机抽样：从总体中抽取 n 个抽样单元构成样本，使 n 个抽样单元所有的可能组合都有相等被抽到概率的抽样，称为简单随机抽样。操作时将抽样单元或单位产品按自然数从“1”开始顺序编号，根据获得的随机数抽取相应编号单位产品，随机数用随机数骰子法、随机数表法、伪随机数法、扑克牌法获得。

2）分层随机抽样：将总体划分为若干个称为层的子总体，样本由各层抽样样本组成，若

每个层中的抽样都是简单随机抽样，则称为分层随机抽样。

在总体或批量 N 较小的或者总体各组成部分比较均匀的情况下，简单随机抽样的优势比较明显。然而当总体单元数 N 比较大，特别是总体的各组成部分单元之间差异较大时，采用简单随机抽样方法获得的样本对总体的代表性不强，此时宜采用分层抽样。为使分层样本的代表性更好，在对每层样本量进行分配时，一般采用比例抽样，即要求每层的样本量与层的大小（层中单位产品数）基本上成比例，这个比例也就是每层样本量对总样本量的比例。

3）系统随机抽样：系统随机抽样也称机械随机抽样或等距随机抽样，即将总体中的抽样单位按某种次序排序，然后按一定间隔来随机抽取样本单位的抽样方法。它的代表性在一般情况下比较好，但在产品质量波动周期与抽样间隔正好相当时，抽到的样本单位可能都是质量好的或是质量差的产品，显然此时代表性较差。

4）整群随机抽样：将总体按一定标准划分成若干群，然后随机地抽取若干群，并由抽中的群中的所有产品组成样本的方法，称为整群随机抽样。

3. 误差的基本概念

（1）测量误差和相对误差

1）测量误差：测量结果与被测量的真值之间的差值称为测量误差，简称误差。测量误差有时也称绝对误差。

2）相对误差：测量误差除以被测量的真值所得的商，称为相对误差，通常用百分数表示。

当被测量的大小相近时，通常用测量误差进行测量水平的比较。当被测量值相差较大时，用相对误差才能进行有效的比较。例如，测量标称值为 10 mm 的甲棒长度时，得到的实测值为 10.2 mm，其测量误差为 0.2 mm、相对误差为 2%；测量标称值为 100 mm 的乙棒长度时，得到的实测值为 100.2 mm，其测量误差为 0.2 mm、相对误差为 0.2%。它们的测量误差虽然相同，但它们的相对误差却相差 10 倍，从上述数据可知乙棒的测量水平要高于甲棒的测量水平。

（2）随机误差和系统误差

1）随机误差：是测量结果与在重复性条件下，对同一被测量进行无限多次测量所得结果的平均值之差，称为随机误差。

重复性条件是指在尽量相同的条件下，包括测量方法、人员、仪器、环境等，以及尽量短的时间间隔内完成重复测量的任务。随机误差是由多种因素的起伏或微小差异综合在一起，以不可预知的方式影响测量结果，就个体而言是不确定的，但对其总体却服从一定的统计规律，因此，可以用统计方法分析其对检测结果的影响。随机误差的统计规律性主要有对称性、有界性和单峰性。

①对称性：是指绝对值相等出现的正误差和负误差的概率大致相等，即测得值是以它们的算术平均值为中心而对称分布的。由于所有误差的代数和趋近于零，故随机误差又具有抵偿性，这是随机误差最为本质的特性。

②有界性：是指测得值误差的绝对值不会超过某一界限。

③单峰性：是指绝对值小的误差出现的概率比绝对值大的误差出现的概率大。

2）系统误差：在重复条件下，对同一被测量进行无限多次测量所得结果的平均值与被测量的真值之差，称为系统误差。

系统误差对测量结果的影响称为“系统效应”。该效应的大小若已识别并可定量表述，则可通过估计的修正值予以补偿。为了尽可能消除系统误差，测量仪器须经常用计量标准或标准物质进行调整或校准。

（3）修正值和偏差

1）修正值和修正因子：用代数方法与未修正测量结果相加，以补偿其系统误差的值，称为修正值。修正值等于负的系统误差。

在量值溯源和量值传递中，常采用这种加修正值的办法。用高一个等级的计量标准来校准或检定测量仪器，其主要内容之一就是要获得准确的修正值。系统误差可以用适当的修正值来估计并予以补偿。

为补偿系统误差而与未修正测量结果相乘的数字因子，称为修正因子。

2）偏差：一个值减去其参考值的差，称为偏差。

这里的一个值是指测量得到的值，参考值是指设定值、应有值或标称值。

三、常规检验项目质量数据特征值的基本概念

1. 描述数据集中趋势的特征值

（1）平均值

平均值是一组数据之和除以数据的个数所得的商，也称算术平均值。

设一组数据为$x_1, x_2, \cdots, x_n$，该组数据平均值$\bar{x}$的计算公式为

$$\bar{x}=\frac{1}{n}\left(x_1+x_2+\cdots+x_n\right)=\frac{1}{n}\sum_{i=1}^{n}x_i$$

在统计中算术平均值常用于表示统计对象的一般水平，它是描述数据集中程度的一个统计量。

（2）中位数

将一组数据$x_1, x_2, \cdots, x_n$，按数值大小次序排序，以排在数列中间的一个数表示该组数据的平均水平，称为中位数。当n为奇数时，数列正中的数即为中位数；当n为偶数时，取数列中间的两个数的算术平均值作为中位数。用$\tilde{x}$表示中位数，则

$$\tilde{x}=x_{\frac{n+1}{2}}\text{（为奇数）}$$

$$\tilde{x}=\frac{1}{2}\left(x_{\frac{n}{2}}+x_{1+\frac{n}{2}}\right)\text{（}n\text{为偶数）}$$

中位数是通过排序得到的，它不受最大、最小两个极端数值的影响。部分数据的变动对中位数没有影响，当一组数据中的个别数据变动较大时，常用它来描述这组数据的集中趋势。

2. 描述数据离散趋势的特征值

（1）极差

一组数据中最大数值与最小数值之差，称为极差。

在统计中常用极差来刻画一组数据的离散程度，以及反映变量分布的变异范围和离散幅

度，在总体中任何两个单位的标准值之差都不能超过极差。同时，它能体现一组数据波动的范围。极差越大，离散程度越大，反之，离散程度越小。

（2）标准差

总体各单位标准值与其平均数离差平方的算术平均数的平方根，即方差的算术平方根，称为标准差。它表示数据的离散程度，标准差小说明分布集中度高，离散程度小，均值对总体的代表性好。标准差的计算公式：

1）总体标准差计算公式：

$$\sigma=\sqrt{\frac{1}{n}\sum_{i=1}^{n}\left(x_i-\mu\right)^2}$$

式中，σ——总体标准差；

n——总体个数；

μ——总体的算术平均值。

2）样本标准差计算公式：

$$s=\sqrt{\frac{1}{n-1}\sum_{i=1}^{n}\left(x_i-\overline{x}\right)^2}$$

式中，s——样本标准差；

n——样本个数；

$\overline{x}$——样本的算术平均值。

（3）变异系数

标准差是表示数据绝对波动大小的指标，当测量较大的量值，绝对误差一般较大；测量较小的量值，绝对误差一般较小。因此要考虑相对波动的大小，需要用平均值的百分率来表示标准差。标准差与平均值的比值，称为变异系数，用百分率表示。计算公式为：

$$Cv=\frac{s}{\overline{x}}\times100\%$$

式中，Cv——变异系数，%；

s——标准差；

$\overline{x}$——算术平均值。

变异系数通常可以进行多个总体的对比，通过离散系数大小的比较可以说明不同总体平均指标（一般来说是平均数）的代表性或稳定性大小。一般来说，变异系数越小，说明平均指标的代表性越好；变异系数越大，平均指标的代表性越差。

四、试验数值修约的基础知识

1. 有效数字

（1）（末）的概念

所谓（末），指的是任何一个数最末一位数字所对应的单位量值。例如，用分度值为 0.1 mm 的卡尺测量某物体的长度为 19.8 mm，最末一位的量值是 0.8 mm，即为最末一位数字 8 与其所对应的单位量值 0.1 mm 的乘积，故 19.8 mm 的（末）为 0.1 mm。

（2）有效数字的概念

人们在日常生活中接触的数有准确数和近似数。对于任何数，截取一定位数后所得的数即是近似数。同样，根据误差公理，测量总是存在误差，测量结果只能是一个接近于真值的估计值，其数字也是近似数。当近似数的绝对误差的模小于0.5（末）时，从左边的第一个非零数字算起，直到最末一位数字为止的所有数字，称为有效数字。

例：将圆周率 π=3.141 59…截取到百分位，可得到近似数3.14，则此时引起的误差绝对值=$|3.14-3.141\,59\cdots|$=0.001 59…

近似数3.14的（末）为0.01，因0.5（末）=0.5×0.01=0.005＞0.001 5…，故3.14是3位有效数字。

测量结果的有效位数同测量所用仪器的最小刻度值（末）密切相关，不同的有效位数代表不同的精度。例如，19.8 mm比19.80 mm的检测精度低。所以，数字右边的“0”不能随意取舍，因为这些“0”都是有效数字。

2. 近似数运算

（1）加、减运算

以参与运算各数中（末）最大的数为准，其余的数均比它多保留一位，多余位数应舍去。计算结果的（末）应与参与运算的数中（末）最大的那个数相同。若计算结果尚需参与下一步运算，则可多保留一位。

例：17.5 mm+9.841 mm−20.049 2 mm

取17.5 mm+9.84 mm−20.05 mm=7.29 mm≈7.3 mm

计算结果为7.3 mm。若需参与下一步运算，则取7.29 mm。

（2）乘、除（或乘方、开方）运算

以参与运算各数中有效数字位数最少的那个数为准，其余数的有效数字均比它多保留一位。计算结果的有效数字位数，应与参与运算的数中有效位数最少的那个数相同。若计算结果尚需参与下一步运算，则有效数字可多取一位。

例：1.1 m×2.142 m×0.050 00 m

取1.1 m×2.14 m×0.050 0 m=0.117 7 m^3≈0.12 m^3

计算结果为0.12 m^3。若需参与下一步运算，则取0.118 m^3。

3. 数值修约

（1）数值修约基本概念

对某一拟修约数，按照一定的规则，选取一个其值为修约间隔整数倍的数（称为修约数）来代替拟修约数，这一过程称为数值修约。

修约间隔又称修约区间或化整间隔，是确定修约保留位数的一种方式。修约间隔一般以$k\times10^n$（n=1，2，5；n为正、负数）的形式表示。修约间隔一经确定，修约数只能是修约间隔的整数倍。

（2）数值修约规则

1）如果为修约间隔整数倍的一系列数中，只有一个数最接近拟修约数，则该数就是修约数。

例如，将2.150 01按0.1修约间隔进行修约。

与拟修约数 2.150 01 邻近的为修约间隔 0.1 整数倍的数有 2.2 和 2.3，而 2.3 最接近拟修约数，所以 2.3 就是修约数。

又如：将 2.150 01 修约至十分位的 0.2 个单位。

修约间隔为 0.02，与拟修约数 2.150 01 邻近的为修约间隔 0.02 整数倍的数有 2.14（107 倍）和 2.16（108 倍），2.16 最接近拟修约数，故 2.16 是修约数。

同理：将 2.150 001 按“5”间隔修约至十分位。

修约间隔为 0.5，与拟修约数 2.150 01 邻近的为修约间隔 0.5 整数倍的数有 2.0 和 2.5，2.0 最接近拟修约数，故 2.0 是修约数。

2）如果在修约间隔整数倍的一系列数中，有连续的两个数同等地接近拟修约数，则这两个数中，只有为修约间隔偶数倍的那个数才是修约数。

例如：要求将 550 按 100 修约间隔修约，此时邻近的数有 500（5 倍）和 600（6 倍），它们同等地接近拟修约数 550，因 600 是修约间隔 100 的偶数倍，所以修约数是 600。

又如：要求将 5.50 按 0.2 修约间隔修约，此时邻近的数有 5.4（27 倍）和 5.6（28 倍），它们同等地接近 5.50，因 5.6 是修约间隔 0.2 的偶数倍，所以修约数是 5.6。

同理，将 2.025 按“5”间隔修约到 3 位有效数字时，修约数是 2.00 而不是 2.05，因为 2.05 是修约间隔 0.05 的奇数倍（41 倍），而 2.00 是修约间隔 0.05 的偶数倍（40 倍）。

3）负数修约时，先按它的绝对值修约，然后在修约值前面加上负号。

4）不允许对同一个数进行连续修约。

例如：修约 97.46，修约间隔为 1。

正确的做法：97.46→97。

错误的做法：97.46→97.5→98。

又如：修约 15.454，修约间隔为 1。

正确的做法：15.4546→15。

错误的做法：15.4546→15.455→15.46→15.5→16。

第三节 常用试验仪器、设备的基本知识

一、常用试验设备仪器的性能、用途

1. 试验用搅拌机

（1）水泥胶砂搅拌机

水泥胶砂搅拌机由搅拌锅和搅拌叶片及相应的机构组成。搅拌锅可以随意挪动，但可以很方便地固定在锅座上，而且搅拌时也不会有明显地晃动和转动；搅拌叶片呈扇形，搅拌时顺时针自转外沿锅周边逆时针公转，并具有高低两种速度，属行星式搅拌机。

1）用途：水泥胶砂搅拌机主要用于水泥的强度检测试验。

2）主要技术指标：

①搅拌叶片高速与低速时的自转和公转速度应符合表 3-11 的要求。

表 3-11　搅拌叶片高速与低速时的自转和公转转速

速度挡	自转/（r/min）	公转/（r/min）
低速	140±5	62±5
高速	285±10	125±10

②胶砂搅拌机的工作程序分手动和自动两种。

自动控制程序为：低速 30 s±1 s，再低速 30 s±1 s、同时自动开始加砂并在 20～30 s 内全部加完，高速 30 s±1 s，停 90 s±1 s，高速 60 s±1 s。

手动控制具有高、停、低三档速度及加砂功能控制扭，并与自动互锁。

③搅拌锅：

a. 搅拌锅应耐锈蚀。搅拌锅的形状和基本尺寸如图 3-9 所示。

b. 搅拌锅深度：180 mm±2 mm。

c. 搅拌锅内径：202 mm±1 mm。

d. 搅拌锅壁厚：1.5 mm±0.1 mm。

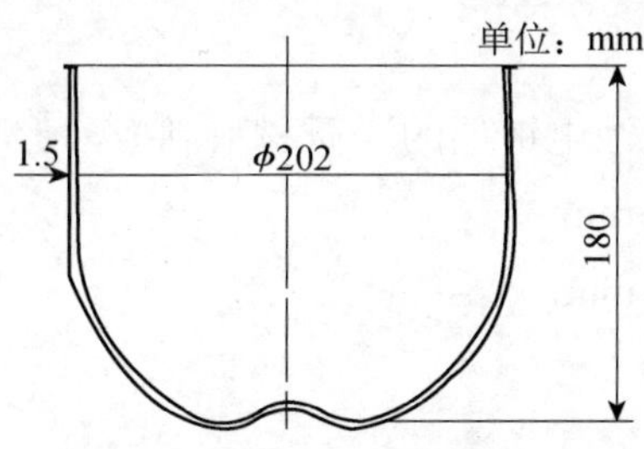

图 3-9　搅拌锅的形状和基本尺寸

④搅拌叶片：

a. 搅拌叶片由铸钢或不锈钢制造。搅拌叶片的形状和基本尺寸如图 3-10 所示。

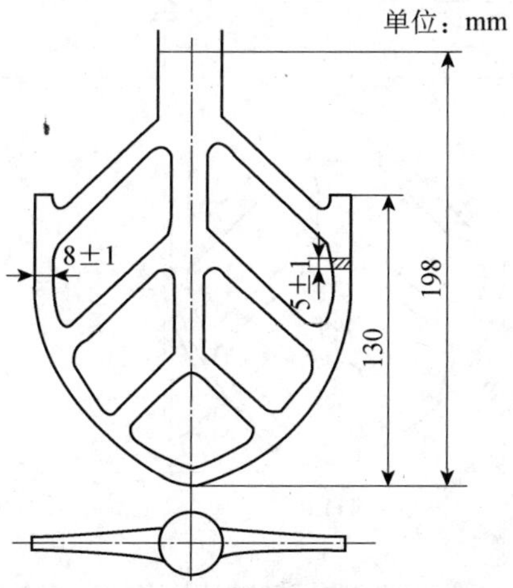

图 3-10　搅拌叶片的形状和基本尺寸

b. 搅拌叶片轴外径为ϕ27.0 mm±0.5 mm；与搅拌叶片传动轴联接螺纹为M18×1.5～6H；定位孔直径为$\phi 15_{0}^{-0.027}$ mm，深度≥18 mm。

c. 搅拌叶片总长：198 mm±1 mm；搅拌有效长度：130 mm±2 mm；搅拌叶片总宽：135.0～135.5 mm；搅拌叶片翅宽：8 mm±1 mm；搅拌叶片翅厚：5 mm±1 mm。

d. 搅拌叶片与锅底、锅壁的工作间隙为3 mm±1 mm。

e. 在机头醒目位置标有搅拌叶片公转方向的标志。搅拌叶片自转方向为顺时针，公转方向为逆时针。

（2）水泥净浆搅拌机

水泥净浆搅拌机主要由搅拌锅、搅拌叶片、传动机构和控制系统组成。搅拌叶片在搅拌锅内做旋转方向相反的公转和自转，并可在竖直方向调节。搅拌锅可以升降，传动结构保证搅拌叶片按规定的方向和速度运转，控制系统具有按程序自动控制与手动控制两种功能。

1）用途：主要用于水泥标准稠度用水量、凝结时间、安定性检测试验。

2）主要技术指标：

①搅拌叶片高速与低速时的自转和公转速度应符合表3-11的要求。

②搅拌机拌和一次的自动控制程序：

慢速120 s±3 s，停拌15 s±1 s、快速120 s±3 s。

③搅拌锅：

a. 搅拌锅由不锈钢或带有耐蚀电镀层的镁质材料制成，形状和基本尺寸如图3-11所示。

b. 搅拌锅深度：139 mm±2 mm。

c. 搅拌锅内径：160 mm±1 mm。

d. 搅拌锅壁厚：≥0.8 mm。

④搅拌叶：

a. 搅拌叶片由铸钢或不锈钢制造，形状和基本尺寸如图3-11所示。

单位：mm

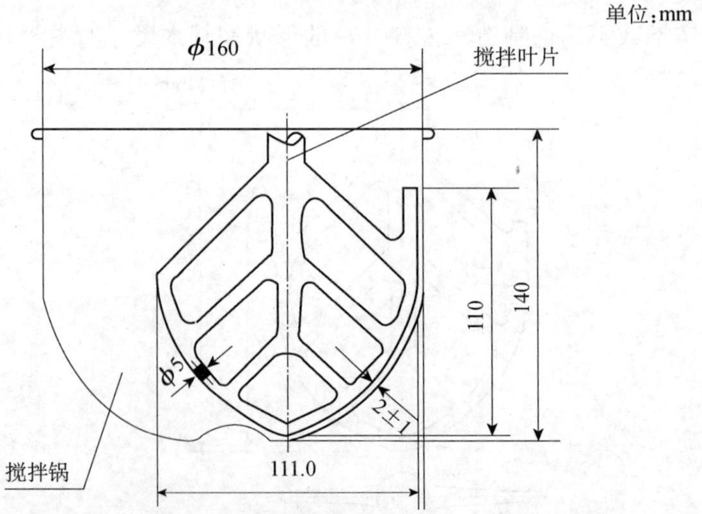

图3-11　搅拌锅和搅拌叶片的形状和基本尺寸

b. 搅拌叶片轴外径为ϕ20.0 mm±0.5 mm；与搅拌叶片传动轴连接螺纹为 M16×1～7H－L；定位孔直径为$\phi 15_{0}^{-0.027}$ mm，深度≥32 mm。孔直径为$\phi 12_{0}^{+0.043}$ mm。

c. 搅拌叶片总长：165 mm±1 mm；搅拌有效长度：110 mm±2 mm；搅拌叶片总宽：111.0～112.5mm；搅拌叶片翅外沿直径：$\phi 5_{0}^{+1.5}$ mm。

d. 搅拌叶片与锅底、锅壁的工作间隙为2 mm±1 mm。

e. 在机头醒目位置标有搅拌叶片公转方向的标志。搅拌叶片自转方向为顺时针，公转方向为逆时针。

（3）混凝土试验用搅拌机

混凝土搅拌机由电机、减速箱、电气控制系统、搅拌筒、搅拌叶和底座支架等组成，主要用于混凝土配合比试验。按公称容量分类，可分为：30 型、60 型、100 型，分别表示公称容量为 30 L、60 L、100 L。按构造型式分类，可分为：自落式搅拌机、单卧轴强制式搅拌机、双卧轴强制式搅拌机、旋杯强制式搅拌机。

为提高混凝土试验搅拌效率和确保拌合物的匀质性，新购或更换混凝土试验用搅拌机时，应优先选择双卧轴强制式搅拌机。双卧轴强制式搅拌机结构示意图如图 3-12 所示。

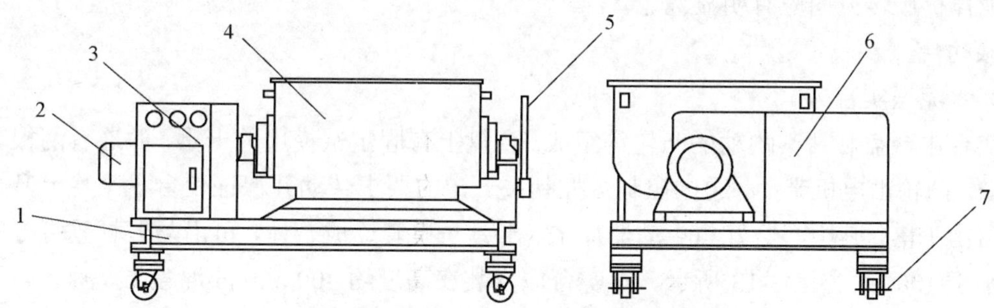

图 3-12　双卧轴强制式搅拌机结构示意图

1.底座支架；2.电机；3.控制器；4.搅拌筒；5.卸料手柄；6.减速箱；7.万向轮

搅拌机的主要技术指标：

①搅拌能力：

a. 自落式搅拌机搅拌 90 s 内、其余强制式搅拌机搅拌 60 s 内应将混凝土混合料搅拌成匀质混凝土。匀质混凝土颜色应一致，且同一盘不同部位的混凝土拌合物中砂浆的堆积密度的相对误差应小于 0.8%，单位体积混凝土拌合物中粗骨料质量相对误差应小于 5%。

b. 搅拌过程中不应溢料和漏料。

c. 搅拌机应卸料干净，残留量不应大于 1.5%。

d. 搅拌混凝土拌合物时，应具有搅拌干物料的能力，且搅拌中不卡石子，持续时间应大于 45s。

e. 搅拌公称容量 110%的混凝土混合料时，搅拌机应正常工作。

②结构与制造：

a. 自落式搅拌机的转速应为 35 r/min±1 r/min。单卧轴强制式搅拌机的转速应为 47 r/min±1 r/min。双卧轴强制式搅拌机的转速应为 55 r/min±1 r/min。旋杯强制式搅拌机主搅拌叶转速及筒体转速应为 35 r/min±1 r/min。

b. 空载运转时，搅拌机应运转正常，搅拌筒应稳固无晃动，减速机和电机应无异常声响。

c. 搅拌机进料口距地面的高度不宜大于 1.1 m。

d. 搅拌机移动应灵活，工作时应具有良好的稳定性，且应具备防尘装置，搅拌时无粉尘污染。

e. 强制式搅拌机的叶片和侧向刮板应能调整或更换。

f. 强制式搅拌机的叶片和侧向刮板与搅拌筒内壁的最大间隙不应大于 2 mm。

g. 自落式搅拌机筒壁厚度不应小于 5 mm，强制式搅拌机筒壁厚度不应小于 8 mm。搅拌叶和侧刮板的厚度不应小于 10 mm。

h. 传动系统及液压系统应密封严密，不漏洞。

③安全性：

a. 搅拌机传动部位应有防护罩。

b. 电气控制系统应安全可靠，电气控制箱应具有防水、防振和防尘措施，安装牢固，走线分明，绝缘可靠。箱体机体接地保护应可靠，线间和线对地绝缘电阻值应大于 2 MΩ。

c. 搅拌机旋转方向应有明显标志。

2. 振动台

（1）水泥振实台

振实台由台盘和使其跳动的凸轮等组成。台盘上有固定试模用的卡具，并连有两根起稳定作用的臂，凸轮由电机带动，通过控制器控制按一定的要求转动并保证使台盘平稳上升至一定高度后自由下落，其中心恰好与止动器撞击。卡具与模套连成一体，可沿与臂杆垂直方向向上转动不小于 100°。如图 3-13 所示。振实台应安装在高度约 400 mm 的混凝土基座上。

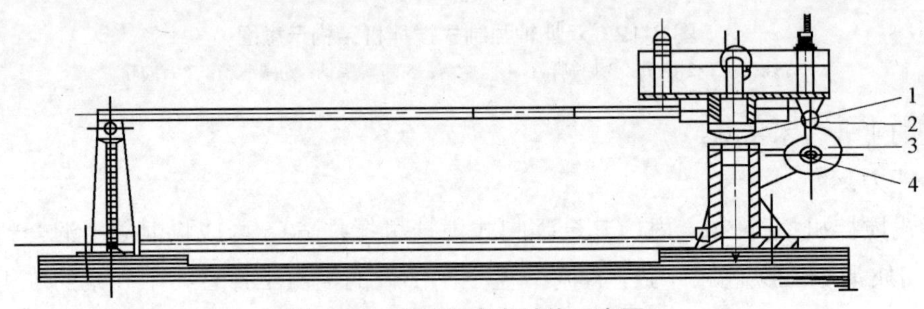

图 3-13　水泥振实台结构示意图

1. 突头 2. 随动轮 3. 凸轮 4. 止动器

1）用途：用于成型水泥胶砂强度试件。

2）主要技术指标：

①振实台的振幅：15.0 mm±0.3 mm。

②振动频率：60 次/60 s±2 s。

③台盘（包括臂杆、模套和卡具）的总质量：13.75 kg±0.25 kg，并将实测数据标识在台盘的侧面。

④两根臂杆及其十字拉肋的总质量：2.25 kg±0.25 kg。

⑤台盘中心到臂杆轴中心的距离：800 mm±1 mm。

（2）混凝土试验用振动台

振动台主要由悬挂式单轴激振器、弹簧、台面、支架和控制系统组成，如图 3-14 所示，主要用于试验室、施工现场混凝土试件成型。振动台按台面尺寸大小可分为 600 mm×300 mm、800 mm×600 mm、1 000 mm×1 000 mm 三种规格。

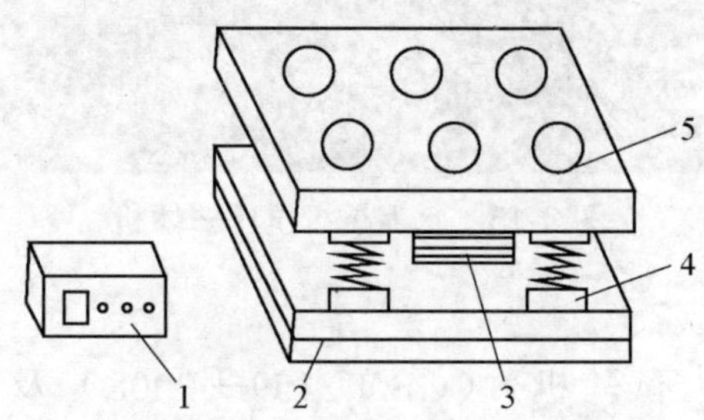

图 3-14　振动台结构示意图

1. 控制系统；2. 支架；3. 悬挂式单轴激振器；4. 弹簧；5. 台面

1）用途：主要用于混凝土试件成型。

2）主要技术要求：

①振动台的台面尺寸偏差不应大于±5 mm；台面应平整，其平整误差不应大于 0.3 mm。

②振动台应产生垂直方向上的简谐振动。在空载条件下，振动台面中心点的垂直振幅应为 0.5 mm±0.02 mm；台面振幅的均匀度不应大于±10%。

③振动台的侧向下水平振幅不应大于 0.1 mm。

④振动台在空载条件下，频率为 5 Hz，其偏差不应大于±2 Hz。

⑤振动台面宜具有固定混凝土试模的装置，可采用电磁铁或机械等方式固定。固定装置应牢固可靠，保证混凝土试模在振动成型过程中无松动、无位移、无损伤。

⑥振动台在启动、工作、停机时均应平稳、正常、无异常声响。在空载条件下，振动台的启动时间不应大于 2 s，停机后的余振时间不应大于 5 s。

3. 材料力学性能试验机

（1）水泥抗折抗压试验机

水泥强度试验设备有抗折强度试验机、抗压强度试验机、抗折抗压一体机。水泥抗折抗压一体试验机，如图 3-15 所示，具有结构紧凑，操作简单等优点，深受检测机构的欢迎。

1）用途：主要用于水泥胶砂强度试验。

2）主要技术参数：

①示值相对误差不得大于±1%。

②抗压试验加载速率应满足（2 400±200）N/s 的要求，抗折试验加荷速率应满足（50±10）N/s 的要求。

（2）液压式压力试验机

1）用途：主要用于混凝土、砖等建筑材料的抗压强度试验，也可用于其他材料的力学性能试验。

图 3-15　水泥抗折抗压一体机

2）主要性能：

①应符合《液压式压力试验机》（GB/T 3159—2008）及《试验机通用技术要求》（GB/T 2611—2007）中的技术要求。

②测量精度为±1%；试件破坏荷载应大于压力试验机全量程的 20%且小于压力试验机全量程的 80%。

③应有加荷速度的指示装置或加荷速度的控制装置，并能均匀、连续地加压。

（3）万能试验机

万能试验机也称作拉力试验机，主要用于钢材等金属材料的拉伸、压缩、弯曲及剪切试验，也可做木材、塑料、水泥及混凝土等的压缩、弯曲、剪切等试验。

试验室用得较多的万能试验机主要有电子万能试验机和液压式万能试验机。电子万能试验机主要采用伺服电机作为动力源，丝杠、丝母作为执行部件，实现试验机移动横梁的速度控制；液压式万能试验机，采用高压液压源为动力源，采用手动阀、伺服阀或比例阀作为控制元件进行控制。电子万能试验机一般用于非金属材料的试验；液压式万能试验机有 10 t、30 t、60 t、100 t 等多种规格，一般用于荷载比较大的试验，如建筑钢材试验。

液压式万能试验机的主要技术要求：

1）应符合《液压式万能试验机》（GB/T 3159—2008）及《试验机通用技术要求》（GB/T 2611—2007）中的技术要求。

2）测量精度为±1%；试件破坏荷载应大于压力试验机全量程的 20%且小于压力试验机全量程的 80%。

3）应有加荷速度的指示装置或加荷速度的控制装置，并能均匀、连续地加压。

4. 混凝土坍落度仪

混凝土坍落度仪由坍落度筒、漏斗、捣棒等构成，用于混凝土拌合物的稠度试验。

主要技术要求：

（1）外观质量

坍落度筒内外表面平整光洁光滑，无凹凸部位，捣棒外表光洁，端头呈圆形。

（2）坍落度筒尺寸

顶部内径为 100 mm±1 mm。

底部内径为 200 mm±1 mm。

筒高为 300 mm±1 mm。

采用整体铸造加工时，筒壁厚度不应小于 4 mm；采用整体冲压加工时，筒壁厚度不应小于 1.5 mm。

（3）捣棒尺寸

捣棒直径为 16 mm±0.2 mm，长度为 600 mm±5 mm。

5. 混凝土回弹仪

混凝土回弹仪是用一弹簧驱动弹击锤并通过弹击混凝土表面所产生的瞬时弹性变形的恢复力，使弹击锤带动指针弹回并指示出弹回的距离。以回弹值（弹回的距离与冲击前弹击锤至弹击杆的距离之比，按百分比计算）作为混凝土抗压强度相关的指标之一，来推定混凝土的抗压强度。它是用于无损检测混凝土结构或混凝土构件抗压强度的一种仪器。由于回弹仪轻便、灵活、价廉、不需电源、易掌握，非常适合现场建筑工地使用。

混凝土回弹仪的性能应符合《回弹仪》（GB/T 9138—2015）的要求。

6. 101A—2 型电热恒温鼓风干燥箱

1）用途：主要用于测定材料的水分、烘干物品、干燥热处理及其他加热之用。

2）主要技术参数：

①工作尺寸：450 mm×550 mm×550 mm。

②温度范围：室温～300℃。

③灵敏度：1℃。

二、常用试验设备仪器的操作规程、注意事项

1. 搅拌机操作规程及注意事项

（1）水泥胶砂搅拌机

1）操作规程：

①将搅拌电机源接通，红色指示灯亮，再将程控器插入搅拌机控制器插座，程控器数码显示管为 0。

②搅拌用具先用湿布擦试，砂罐内装入 1 350 g ISO 标准砂，搅拌锅内装入水 225 g、水泥 450 g，将搅拌锅装入支座定位孔中，顺时针转动锅至锁紧，再扳动手柄使搅拌锅向上移动处于搅拌液压式万能试验机工作定位位置。

③自动；将钮子开关 1K 拨至自动位置按下程控器启动按钮即自动完成搅拌。自动控制程序为：低速搅拌 30 s 后，在第 2 个 30 s 开始的同时自动均匀地将砂子加入，高速搅拌 30 s，停拌 90 s，在第 1 个 15 s 内用胶皮刮具将叶片和锅壁上的胶砂刮入锅中间，再高速下继续搅拌 60 s 后停止转动工作程序，整个过程 240 s，停止转动的工作程序。然后，扳动手柄使搅拌锅向下移，逆时针转搅拌锅至松开位置，取下搅拌锅。

④手动：将钮子开关拨至手动位置，本机即转动，根据试验需要，可任意控制低速和高速的转动时间。

2）注意事项：

①电器部分绝缘应良好，开始试运转，观察机头是否晃动，叶片与锅是否有摩擦，有无运转异常，搅拌时做顺时针自动并沿锅周边逆时针公转，待一切正常后方可开始正常试验。

②使用搅拌锅时要轻拿轻放，不可随意摔碰，以防搅拌锅变形。

③试验结束后应及时切断电源，并将设备擦试干净。

（2）水泥净浆搅拌机

1）操作规程：

①先把三位（1K、2K）开关都置于停，再将时间程控器插头插入面板的“程控输入”插座，然后方可接通电源。

②把搅拌锅和搅拌叶片用湿棉布擦过，将拌合水倒入搅拌锅内，然后在 5～10 s 内小心将称好的 500 g 水泥加入水中，防止水和水泥溅出。拌和时，先将锅放到搅拌机锅座上，升至搅拌位置，启动搅拌机。

③自动搅拌操作：

a. 把 1K 开关置于自动位置即完成慢搅 120 s、停 10 秒后报警 5 s、共停 15 s，同时将叶片和锅壁上的水泥浆刮入锅中间，接着快搅 120 s 自动停止。

b. 当一次自动程序结束后，若将 1K 开关置于停，再将 1K 开关置于自动，又开始执行下一次自动程序。

c. 每次自动程序结束后，必须将 1K 置于停，以防停电后程控器误动作。

④手动搅拌操作：把 1K 开关置于手动位置，再将三位开关 2K 置于慢、停、快、停，则分别完成各个动作，人工计时。

2）注意事项：

①每次使用后应彻底清除残余净浆，并将仪器擦拭干净。

②使用搅拌锅时要轻拿轻放，不可随意摔碰，以防搅拌锅变形。

③应经常检查电器绝缘情况。

（3）混凝土搅拌机

1）操作规程：

①使用前首先检查旋转部分与料筒是否有刮碰现象，如有应及时调整。

②清理料筒内的杂物。

③启动前应将筒底限位。

④搅拌轴旋转方向应与筒体端面标记所示一致。

⑤装入的混凝土物料必须清除金属或其他杂物。

⑥根据搅拌时间调整搅拌机的定时器，注意必须在断电情况下调整。

⑦按动启动按钮，主轴便带动搅拌叶运转，达到设定时间后自动停机。

⑧卸料时应先停机，打开锁定销，使筒体旋转一定角度，再限位，按电动按钮，实现拌合物排出筒外。

⑨拌合料排净并清洗干净后手动使筒体复位，将搅拌筒用锁定销定位。

⑩试验结束后应及时切断电源。

2）注意事项：

①在搅拌过程中禁止将手和棒物插入筒内以免发生危险。

②每次使用后应将搅拌机清洗干净。

2. 振动台的操作规程及注意事项

（1）水泥胶砂振实台

1）操作规程：

①使用前拿掉定位套，检查各运动部件是否运动自如，电控部分是否正常，加注润滑油后开机空转，检查一切正常方可使用。

②接通电源前，带锁开关 SW 处于闭关状态（即按钮弹出位置）。按下开关并锁住，电机运转，电子计数器从零计数，当到 60 次时停转。再次操作，可按放两次 SW 即能重复执行。

③使用后应清扫仪器上的各种杂物，保持清洁，并将定位套放于原位。

2）注意事项：

①在安装调整水平时，应将凸头的护套取下，使凸头与止动器完全接触。在整个安装过程中，不能把臂杆直立起来，以免出现危险。

②全部试验结束后要将定位套放在止动器上，保护凸轮的尖头部分。

③试验时不要用手触摸红外计数触头。

④振实台的电路由于不用电源变压器，电路部分都与电源电压有关，外壳必须保证安全接地。

⑤使用后应清扫仪器上的各种杂物，保持清洁，并将定位套放于原位，以免台面受力而影响中心位置。

（2）混凝土振动台

1）操作规程：

①将程序控制器面板上的预置拨码开关调节到要求的振动时间（单位：s）。在振动过程中严禁调节预置拨码开关。

②将装满混凝土的试模依次放置在电磁铁的相应位置，开启控制面板上的电磁铁开关，试模即牢牢地固定在振动台上。

③按下控制面板上的启动开关，振动台即启动，运转到预定振动时间，自动切换到制动，经 7 s 后自动断电。

④使用完毕后，关掉电源，将振动台面清洗干净。

2）注意事项：

①所需振实的试件应相对称地放置在台面上以保持负荷平衡。

②振动台应有可靠的接地线。

3. 材料力学性能试验机的操作规程及注意事项

（1）压力试验机

1）操作规程：

①接通电源，按“电源”按钮，指示灯亮。

②将试件放在下压板定位线框的正中，并根据试件大小，按升降按钮，调节上压板至适当位置。

③按下启动按钮，关闭回油阀，调控送油阀，按需要速率平稳进行加荷试验，直至试件被破坏，负荷下降。随即打开回油阀，使油液迅速流回油箱。

④加荷完成后应随即清除破坏试件，以待下次试验。当不再做试验时，要打开回油阀，关闭送油阀并切断电源。

2）注意事项：

①操作时，下压板上升高度不得超过 40 mm，以免发生意外。

②操作中禁止将手等人体任何部位置于上下压板之间，为防止试件在破碎时碎片崩出伤人，应安装安全防护网。

（2）万能试验机

1）操作规程：

①检查测力仪或计算机各串口连接是否正常，打开测力仪或计算机，预热 5～10 min。

②合上控制箱电源，电源指示灯亮，打开回油阀，关闭送油阀，按下油泵启动按钮启动油泵，让油泵预热 2～5 min。

③送油阀及回油阀的操作：

a. 送油阀在升起工作台时可以开得大些，使工作台以最快的速度上升，减少试验的辅助时间。当试件开始受力时应注意操作，必须根据试件规格规定的加荷速度进行调节，不应加得过快，使试样受到冲击，亦不应无故关闭，使试件所受负荷突然下降，因而影响试验数据的准确性。如果是做规定的屈服点或其他特殊试验的情况下，负荷需要反复增减时，亦需平稳地操作。

b. 回油阀在试件加荷时，必须将其关紧，不许有油泄回。在试件断裂后，应先关闭送油阀，取出断裂的试样，然后慢慢地打开回油阀，卸除负荷并使试验机活塞回落到原来位置，使油回到油箱，应注意：送油阀手轮不应拧得过紧，以免损坏油针的尖端，回油阀手轮必须拧紧，因油针前端有较大的钝角，所以不易损伤。

④试样的装夹：

a. 做拉伸试验时，先开动油泵拧开送油阀，使工作活塞升起一小段距离，然后关闭送油阀，将试样一端夹于上钳口，按清零键，再调整下钳口座，夹持试件的下端，即可开始试验，夹持试样时，试件应夹在钳口的全长上，两块钳口位置必须一致，并对准中央加以充分固定。

b. 压缩试验（抗压试验）：将带有球头座的上压板装在下钳口座底部，用螺钉加以固定，下压板放在工作台中央，试样的中心线必须与压板中心线重合，以免偏心受力。

⑤拉伸试验：

a. 根据试件形状及尺寸，把相应的钳口装入上下钳口座内。

b. 开动油泵，关闭回油阀，拧开送油阀，使工作台上升 10 mm 左右，然后关闭送油阀。如果工作台已在升起位置，则不必送油，仅将送油阀关闭即可。

c. 将试样的一端夹于上钳口中。

d. 在测力仪或计算机上清零。

e. 开动下钳口座的升降按钮，调整下钳口座在适当高度，将试件的另一端夹在下钳口中。

f. 按试件要求的加荷速度，缓慢地拧开送油阀进行加荷试验。

g. 试件断裂后，关闭送油阀，并停止油泵工作。

h. 记录试验数据，取下断裂的试件，试验结束。

2）注意事项：

①更换试样夹持装置时，注意装置重心，防止装置倾倒砸伤人员或砸坏试验机。

②试验时应关闭防护罩门，以防试样断裂瞬间飞出伤人。

③试验过程中发现意外情况，应立即停止试验，待故障排除后方可继续试验。

4. 混凝土回弹仪操作规程及注意事项

（1）操作规程

1）将弹击杆顶住混凝土的表面，轻压仪器，使按钮松开，放松压力时弹击杆伸出，挂钩挂上弹击锤。

2）使仪器的轴线始终垂直于混凝土的表面并缓慢均匀施压，待弹击锤脱钩冲击弹击杆后，弹击锤回弹带动指针向后移动至某一位置时，指针块上的示值刻线在刻度上示出一定数值即为回弹值。

3）使仪器机芯继续顶住混凝土表面进行读数并记录回弹值。如条件不利于读数，可按下按钮，锁住机芯，将仪器移至他处读数。

4）逐渐对仪器减压，使弹击杆自仪器内伸出，待下一次使用。

（2）注意事项

1）保持回弹仪的清洁，每次使用完后应及时放入仪器盒内，以防止灰尘进入仪器内部。

2）不得随意拆卸或乱弹性，以免影响使用寿命和测试精度。

3）仪器要定期保养，使用一段时间后要进行擦拭，但不应改变仪器各零部件和整机的装配关系。

4）仪器的求值系统，特别是指针滑块，一般情况下不应拆卸，指针轴不允许涂抹油脂，以保持摩擦力恒定。

5. 101A—2 型电热恒温鼓风干燥箱操作规程及注意事项

（1）操作规程

1）接通电源，打开电源开关。

2）设置加热温度，待温度达到设置温度并恒定时放入样品，恒温计时。

3）使用完毕后关闭电源。

（2）注意事项

1）干燥箱应放置在具有良好通风条件的室内，在其周围不可放置易燃易爆物品。

2）不得放入易燃易爆、腐蚀性、挥发性物品。

3）箱内物品放置切勿过挤，必须留有空间，以利热空气循环。

4）取放检品时必须在电源关闭状态下进行，并要戴上绝缘手套。

5）在使用干燥箱期间，如果有升温过慢或无升温、温控无法调节等异常情况，首先关闭电源，再通知维修人员。

三、常用试验设备仪器的维护方法

1. 搅拌机

（1）水泥胶砂搅拌机的维护方法

1）应保持工作场地清洁，每次使用后应彻底清除搅拌叶与搅拌锅内、外残余砂浆，并清扫散落和飞溅在机器上的砂浆及脏污物，揩干后，套上护罩，防止灰尘。

2）本机无外部加油孔。传动箱内蜗轮付、齿轮付及轴承等运动部件每季加黄油一次，加油时，打开上箱盖，再打开传动箱盖即可，支座与立柱导轨之间，升降机构之间应经常滴入机油润滑，每年保养一次，将本机全部清洗并加注润滑油和润滑脂。

3）机器运转时遇有金属撞击噪声，应首先检查搅拌叶与搅拌锅之间的间隙是否正确。

4）使用搅拌锅时，要轻拿轻放，不可随意碰撞，以免造成搅拌锅变形。

5）应经常检查电气绝缘情况，在温度 20℃±5℃、相对湿度 50%～70%时的冷态绝缘电阻≥5 Ω。

（2）水泥净浆搅拌机的维护方法

1）应保持工作场地清洁，每次使用后应彻底清除搅拌叶与搅拌锅内、外残留水泥浆，并清扫散落和飞溅在机器上的水泥浆及脏污物，揩干后，套上护罩，防止灰尘。

2）减速箱内蜗轮、齿轮及轴承等运动部件每季加二硫化钼润滑脂一次，滑板与立柱导轨及各相对运动零件的表面之间应经常滴入机油润滑。每年应将机器全部清洗一次，加注润滑剂。

（3）混凝土搅拌机的维护方法

1）根据使用情况对轴承部件定期润滑。

2）经常检查搅拌叶的紧固情况，如有松动应及时拧紧。

3）经常检查电器控制系统是否接触良好和干燥。

4）搅拌机经长期使用后，搅拌叶与搅拌筒要磨损，根据磨损情况进行调整或更换。

2. 振动台

（1）水泥胶砂振实台的维护方法

①保持设备清洁，每次使用后应及时清理水泥砂浆，并擦干净。

②有油杯的地方加注润滑油，凸轮表面涂薄机油以减少磨损。

③控制器要防尘防潮。

（2）混凝土振动台的维护方法

振动器轴承应经常检查，并定期拆洗、更换润滑油，使轴承保持良好的润滑，延长振动器的使用寿命。

3. 材料力学性能试验机

（1）压力试验机的维护方法

①试验机主体各部位应经常擦拭干净，对没有喷漆的表面，擦净后应用纱布蘸少量机油擦拭表面，以防生锈。

②每次试验后试台下降时，最好活塞不落到油缸底，稍留一点距离，以利下次使用。

③经常检查油液是否洁净。一般情况每周至少需从放油口放出油箱内沉淀油一次，数量视油污程度而定，直到放出的油中无污物为止。经常使用时应拆下检查、清洗滤油器一次，如油污堵塞严重或损坏，须更换滤油器。

④频繁使用时，每半年需换油一次。同时用煤油彻底清洗油箱、滤油器和滤油网等，并反复几次直到洗净为止，再用毛巾擦净箱底，然后灌入洁净油液。如平时发现油液混浊严重不能再用时，应立即更换。

（2）万能试验机的维护方法

1）万能试验机主机的保养：

①定期检查万能试验机钳口部位的螺钉，如有松动及时拧紧。

②万能试验机所配的夹具应涂上防锈油保管。

③镶钢板与衬板接触的滑动面、衬板上的燕尾槽面应保持清洁，定期涂一层薄的二硫化钼润滑脂。

④定期检查链轮的传动情况，如有松动，请将张紧轮重新张紧。

2）万能试验机控制系统的保养：

①定期检查万能试验机控制器后面板的连接线是否接触良好，如有松动，应及时紧固。

②试验后若有一段较长的时间不用机器时，关闭万能试验机控制器和电脑。

③万能试验机控制器上的接口为一一对应，插错接口可能对设备造成损坏。

④插拔控制器上的接口必须关闭控制器电源。

3）万能试验机油源的保养：

①根据万能试验机的使用情况及油的使用期限，定期更换吸油过滤器和滤芯，更换液压油。

②定期检查万能试验机主机和油源处是否有漏油的地方，如发现有漏油，应及时更换密封圈或组合垫。

③注意万能试验机主机电源的使用时间，若机器在未运行的状态下，电源开关要转到“加载”挡，防止电磁换向阀一直在通电状态，会直接影响机器的使用寿命。

4. 混凝土回弹仪维护保养方法

1）回弹仪有下列情况之一时应进行常规保养：

①弹击超过 2 000 次。

②对检测值有怀疑时。

③钢砧率定值不合格。

2）常规保养方法应符合下列要求：

①使弹击锤脱钩后取出机芯，然后卸下弹击杆（取出里面的缓冲压簧）和三联件（弹击锤、

弹击拉簧和拉簧座）。

②用汽油清洗机芯各零部件，特别是中心导杆、弹击锤和弹击杆的内孔与冲击面。清洗后在中心导杆上薄薄地涂上一层钟表油，其他零部件均不得涂油。

③清理机壳内壁，卸下刻度尺，检查指针摩擦力，应为0.5～0.8 N。

④不得旋转尾盖上已定位紧固的调零螺丝。

⑤不得自制或更换零部件。

⑥保养后应按要求进行率定试验，率定值应为80±2。

5. 101A—2型电热恒温鼓风干燥箱维护方法

1）定期检查各电气接点螺丝是否松动，如有松动应加紧固，保持各电气接点接触良好。

2）电热恒温鼓风干燥箱长期不使用时，应将工作室内的物品取出并擦拭干净，保持设备干燥。

第四节　试验结果分析及处理

一、试验结果分析、判断的方法

建筑工程所用的材料是否合格，建筑工程的施工质量是否满足质量验收规范的要求，这些都要通过试验检测结果进行判断。试验检测结果是我们判断建筑工程所用材料是否合格，施工质量是否满足验收要求的依据，所以必须确保试验结果的准确性和可靠性。一个检测数据最终形成的结果，涉及诸多环节和因素，无论是样品和设备的完好状态、环境设施条件，还是数据采集和处理，都会最终影响试验结果的准确性。

试验检测结果满足相关的标准规范或设计技术指标要求的判为合格，反之则为不合格。试验结果是否准确可靠，主要从以下几个方面进行分析判断。

1. 试验人员

试验人员是试验工作的主体，他的责任心和检测技术水平直接影响到试验结果的准确性。检测人员必须具备较强的专业知识和专业技能，有认真负责的工作态度，这样可以减少人为误差，也就是减小随机误差，从而提高检测的精度，降低误判的风险。

2. 样品的抽取和制备

检验批的质量是通过样品的质量进行判断，样品的代表性尤其重要。因此在检验批抽取样品时应随机抽取，满足分布均匀、具有代表性的要求，抽样数量应符合相关标准规范的规定。例如，对于袋装水泥的抽样，应从同一批水泥中随机抽取20袋，从每袋中抽取等质量样品，取样数量为20 kg，缩分为两等份。缩分后的两等份样品中，一份为检验样品；一份为备用样品。那种从一袋水泥中一次性抽取20 kg水泥作为检测样品，是不符合标准规定的抽样方法的。除了现场检测，几乎所有抽取的样品都要进行试验样品的制备。样品制备应严格按照检测标准规定的方法进行，使所制备的样品保持原始样品的特性。只有满足随机抽样方法和检测标准规定的制备方法要求的样品，才能代表检验批。

3. 试验方法

正确选择试验方法对确保试验检测数据的准确性至关重要，它能规范试验工作，减少试验工作的随意性。在选用试验方法时要优先选择国家标准、行业标准和地方标准。试验人员应按所检产品的相关技术标准规范，使用适合的检测方法和程序实施检测活动。如果检测方法不当或不符合相关技术规范和标准的要求，同样会对检测数据的准确性产生影响。

4. 试验环境设施条件

试验室的检测环境及设施条件必须满足相关技术标准或规范的要求。试验环境对试验结果的影响，主要表现在温度、湿度两个方面。例如，水泥试验，要求试验环境的温度为20℃±2℃、湿度不小于50%；混凝土强度标准养护条件的要求是：温度为20℃±2℃、湿度不小于95%。一般情况下温度的升高或降低会导致水泥和混凝土的强度偏高或减少，湿度过小，不利于水泥和混凝土强度的发展。

试验室的温度、湿度对一些仪器设备的使用性能也会产生影响。例如，温度过低，会使天平的变动性增大；湿度过大，会使电子仪器和光学仪器的性能变差。

在产品质量检测过程中，必须满足产品试验方法中所要求的试验环境和设施条件，且应对环境进行监测、控制并记录。

5. 仪器设备

仪器设备的精度和完好度直接影响试验数据的准确度。试验室应制订仪器设备的周检计划，对国家明确规定的强制性计量检定的检测仪器设备，必须按照仪器设备的周期检定要求，及时送往计量检定机构检定或校准，确保其相关检测结果能够溯源至国家标准。对使用频次较高或性能不稳定的仪器设备应进行期间核查。所谓的期间核查就是指为保持对设备校准状态的可信度，在两次检定之间进行的核查，包括设备的期间核查和参考标准的期间核查。期间核查的意义在于及时预防和发现不合格的仪器设备并避免误用，保证试验结果持续的准确性和有效性。

6. 数据处理

试验的最终结果就是对试验过程中测得的数据进行计算并按一定规则进行处理的结果。如果数据处理得不恰当，就会产生错误的检测结论。

试验全部结束后，要按照检测过程中所记录的原始数据，根据产品标准、客户合同或检验方法标准中规定的检验数据的运算和修约要求进行数据处理，没有规定的按有效数字运算规则进行运算，按《数字修约规则与极限数值的表示和判定》（GB/T 8170—2008）进行修约，当标准规范中对极限数值无特殊要求时，均应使用全数值比较法。在计算过程中要注意保持单位的一致性和判断数据的异常值，并不得对检测数据进行连续修约，否则会影响试验数据的准确性，从而对检测结论做出误判。

二、试验结果不合格的处理方法

1. 不合格试验结果的概念

不合格试验结果是指材料、构配件、器具及半成品的进场复试检测以及工程施工检测中，不符合设计和标准规范要求的试验检测数据。

试验员应建立不合格试验结果台账。

2. 不合格检测数据的处理

（1）对材料、构配件、器具及半成品进场复试不合格试验结果的处理

1）对不允许取样复试的，不得在工程中使用。

2）对允许取样复试的，复试结果合格的可在工程中使用，复试结果不合格的不得在工程中使用。

（2）对施工质量不合格试验结果的处理

1）严重缺陷应重新返工，一般缺陷可通过返修、更换予以解决。经返工或返修的检验批，应重新进行验收。

2）当个别检验批发现问题，难以确定能否验收时，应请具有资质的法定检测机构进行检测鉴定。经有资质的检测机构检测鉴定能够达到设计要求的检验批，应予以验收。

3）经有资质的检测机构鉴定达不到设计要求、但经原设计单位核算认可能够满足安全和使用功能的检验批，可予以验收。

4）经法定检测机构检测鉴定后认为达不到规范的相应要求，即不能满足最低限度的安全储备和使用功能时，则必须进行加固或处理。经返修或加固处理的分项、分部工程，满足安全及使用功能要求时，可按技术处理方案和协商文件的要求予以验收。

5）经返修或加固处理仍不能满足安全或重要使用要求的分部工程及单位工程，严禁验收。

第四章　试验计划与试验方案的编制

第一节　试验计划的编制

建筑工程试验计划，是指以书面的形式对试验工作所涉及的总体和具体的检验检测活动、程序、资源等做出的规范化安排，以便于指导检验检测活动，使其有条不紊地进行。

试验计划是做好施工质量控制的重要环节，属于质量控制中的预控措施。有了计划，才能合理配置、利用检测试验资源，使施工检测试验工作做到有的放矢，规范有序，避免漏检错检。本节对检测试验计划的内容、编制依据、编制要求及调整的相关规定进行介绍，以方便施工现场有关人员具体实施。

一、试验计划编制的相关规定

1）施工检测试验计划应在工程施工前由施工项目技术负责人组织有关人员编制，并应报送监理单位进行审查和监督实施。

2）根据施工检测试验计划，应制订相应的见证取样和送检计划。

3）施工检测试验计划应按检测试验项目分别编制，并应包括以下内容：

①检测试验项目名称；

②检测试验参数；

③试样规格；

④代表批量；

⑤施工部位；

⑥计划检测试验时间。

4）施工检测试验计划编制应依据国家有关标准的规定和施工质量控制的需要，并应符合以下规定：

①材料和设备的检测试验应依据预算量、进场计划及相关标准规定的抽检率确定抽检频次；

②施工过程质量检测试验应依据施工流水段划分、工程量、施工环境及质量控制的需要确定抽检频次；

③工程实体质量与使用功能检测应按照相关标准的要求确定检测频次；

④计划检测试验时间应根据工程施工进度计划确定。

5）发生下列情况之一并影响施工检测试验计划实施时，应及时调整施工检测试验计划：

①设计变更；

②施工工艺改变；

③施工进度调整；

④材料和设备的规格、型号或数量变化。

6）调整后的检测试验计划应按照相关规定重新进行审查。

二、试验计划编制内容

1. 试验计划编制目的

试验计划编制的目的是确保材料、设备进行检测、施工过程质量检测、工程实体质量与使用功能检测有序进行，避免漏检错检，保证生产顺利进行提供技术依据，确保工程质量。

2. 编制依据

编制依据主要包含但不限于以下几类：

1）招标文件；

2）工程施工图纸及有关设计文件；

3）施工方案；

4）《建筑工程施工质量验收统一标准》（GB 50300—2013）；

5）各专业验收规范；

6）工程合同；

7）相关管理规定等。

3. 工程概况

工程概况应包括合同范围内的所有单位工程（子单位工程）的基本情况。其主要内容包括：工程名称、规模、性质、用途、开竣工日期、建设单位、设计单位、监理单位、施工单位、工程地点、工程总造价、施工条件、建筑面积、结构形式、图纸设计完成情况、承包合同等。

4. 试验前期准备

1）管理制度的建立；

2）人员、设备、环境及设施的配备；

3）检验检测机构的选择；

4）见证人员的确定。

5. 检测试验项目

（1）材料、半成品、产品、建筑构配件、器具和设备进场复检

建筑材料是建筑工程的物质基础，是建筑工程构成实体的组成要素，它的质量好坏直接影响着建筑工程的质量和结构安全，而建筑工程的质量关系着建筑企业能否在竞争激烈的市场中立足，关系着人民的生命财产安全和社会的稳定与繁荣，因此为确保建筑材料的质量，进场复检的工作是必不可少的。

1）为确保工程质量，凡涉及安全、节能、环境保护和主要使用功能的重要材料、产品，应按各专业工程施工规范、验收规范和设计文件等进行复检，复检合格后方可使用。复检的程序如下：

①进场核查，在材料、半成品及加工订货进场时，项目物资部应组织相关人员，按照国家规范要求对其进行核查，核查的内容包括产品的规格、型号、数量、外观质量、产品出厂合格证、准用证以及其他应随产品交付的技术资料是否符合要求。对于设备的进场核查，由项目各专业技术负责人主持。专业工程师进行设备的检查和调试，并填写相关记录。

②现场取样。在进场核查符合要求的基础上，材料员负责填写原材料/设备进场检验单，通知试验员，由项目试验员严格按标准规范规定或抽样方案进行。进场的材料、半成品、产品、构配件等必须在施工现场进行取样，对涉及结构安全、节能、环境保护和主要使用功能的试块、试件及材料，应在进场时或施工中按规定进行见证检验。

③试样标识。试样应进行唯一性标识，并应符合下列规定：

a. 试样应按照取样时间顺序连续编号，不得空号、重号；

b. 试样标识的内容应根据试样的特性确定，宜包括名称、规格（或强度等级）、制取日期等信息；

c. 试样标识应字迹清晰、附着牢固。

④试样台账。试样台账应符合下列规定：

a. 试样台账应按照单位工程分别建立；

b. 试验员制取试样并做出标识后，应按试样编号顺序登记试样台账；

c. 检测试验结果为不合格或不符合要求时，应在试样台账中注明处置情况；

d. 试样台账应作为施工资料保存。

⑤委托检测。试样应送往有资质的检测机构进行试验，并应正确填写“委托单”。委托单填写要求如下：

a. 委托单应详细、如实地描述试样信息，如工程名称、工程部位、试样名称、试样编号、规格型号（或等级）、生产日期（或制样日期）、试样数量、代表数量、检测方法、检测参数等信息，有特殊要求时应注明；

b. 送检人员应在委托单上签字，如有见证，见证人员也应在委托单上签字；

c. 检测机构应对试样的状态、标识、见证情况等进行核查，核查无误后签字确认；

d. 办理委托后，试验人员应将检测单位给定的委托编号在试样台账上登记。

⑥检测报告。检测报告的处置应符合下列规定：

a. 试验人员应及时获取检测试验报告，核查报告内容；

b. 检测试验报告的编号和结果应在试样台账上登记；

c. 试验人员应将登记后的检测试验报告移交有关人员；

d. 对检测试验结果不合格的报告严禁抽撤、替换或修改；

e. 检测试验报告中的送检信息需要修改时，应由现场试验人员提出申请，写明原因，并经施工项目技术负责人批准，涉及见证检测报告送检信息修改时，还需见证人员同意并签字；

f. 对检测试验结果不合格的材料、设备，施工单位应按规定进行处理，监理单位应对质量问题的处理情况进行监督。

2）材料检测复检计划表：

①进场材料复检与设备性能测试的项目和主要检测参数，应依据国家现行相关标准、设计文件和合同要求确定；复检数量可按各专业验收规范的规定执行。

②混凝土结构工程采用的材料、构配件、器具及半成品应按进场批次进行检验。属于同一工程项目且同期施工的多个单位工程，对同一厂家生产的同批材料、构配件、器具及半成品，可统一划分检验批进行验收。

③材料进场抽检计划表应按不同类型材料分别制定。例如，进场钢筋（复检）抽检计划表见表 4-1。

表 4-1　进场钢筋（复检）抽样计划表

编号：

单位（子单位工程名称）				分部/子分部/分项			
抽样人				见证人			
钢筋名称/型号、规格/生产（供货）厂家	检测参数	计划用量	计划抽检数量	见证数量	计划抽检日期	使用部位	检测机构	备注

（2）施工过程质量检测

施工过程质量检测检验批可根据施工、质量控制和专业验收的需要，按工程量、楼层、施工段、变形缝进行划分。主要检测项目有：土方回填、地基与基础、基坑支护、结构工程、装饰装修等。

1）送检的试样按材料、设备进场复检程序进行。

2）施工过程质量检测的制样、检测结果应建立台账。

3）施工过程质量检测计划表。

施工过程质量检测计划表应按类别分别制定，可采用文字叙述，也可制定表格。如混凝土结构施工过程质量检测计划表（部分）见表 4-2。

表 4-2　混凝土结构施工过程质量检测计划表（部分）

编号：

单位（子单位）工程名称				分部/子分部/分项工程				
制样人				见证人				
序号	样品名称	试样规格	检测参数	检验批	计划数量/m^3	抽检数量	计划抽检日期	备注
1	混凝土标养试块	C30	抗压强度	1 层梁	1 000	5 组		
		C50	抗压强度	1 层柱	500	3 组		

续表

序号	样品名称	试样规格	检测参数	检验批	计划数量/m³	抽检数量	计划抽检日期	备注
2	同条件试件强度（拆模）	C30	抗压强度	1层梁	1 000	1组		
		C50	抗压强度	1层柱	500	1组		

（3）工程实体质量与使用功能检测

1）工程实体质量与使用功能检测项目应依据国家现行相关标准、设计文件及合同要求确定。

2）工程实体质量与使用功能检测的主要内容应包括实体质量及使用功能等2类。

3）工程实体质量与使用功能检测施工单位应制订抽样方案，并经监理批准。

4）检测结果应建立台账。

5）抽检计划表

部分计划表：同条件养护试块留置计划表见表4-3、钢筋保护层厚度检测计划表见表4-4。

表4-3　同条件养护试块留置计划表

编号：

单位工程	工程部位	强度等级	预计方量/m³	留置数量	取样人	见证人	计划留置时间	备注
1#楼	1F～2F	C30	1 500	1				
		C50	2 100	2				

表4-4　钢筋保护层厚度检测计划表

编号：

单位工程	检验批	构件类别	构件数量	抽检数量	计划检测时间	备注
1#楼	1F～10F	梁	200根	5根	2018.11.11	
		板	240块	5块	2018.11.11	
		悬挑梁	40根	10根	2018.11.11	
		悬挑板	40块	20块	2018.11.11	

第二节　试验方案的编制

试验方案是针对某项具体试验而编制的详细指导文件，以书面的形式对试验工作所涉及的具体的试验活动做出的规范化安排，以便于指导试验活动，使其有条不紊地进行。一般以文字或图表形式对取样（制样）方法、地点、数量、组批原则、检测方法、检测参数、取样时机等做出明确规定。它是指导试验人员工作的依据，是试验计划的的一个重要组成部分。

一、编制依据

1）《建筑工程施工质量验收统一标准》（GB 50300—2013）；

2）各专业施工质量验收规范；
3）产品标准；
4）相关试验方法标准；
5）施工技术标准；
6）工程施工图纸及有关设计文件；
7）相关管理规定等。

二、试验方案内容

1）形式：文字表述或图表形式。
2）包含内容：
①项目名称、规格或等级；
②取样依据；
③组批原则；
④检测依据；
⑤检测参数；
⑥使用部位；
⑦取样数量；
⑧取样方式（时机、方式及地点）；
⑨取样人；
⑩见证人等。

三、试验方案举例

1）材料复检方案举例，见表4-5。

表4-5 原材料复检方案

单位（子单位）工程名称						分部/子分部/分项工程				
取样人						见证人				
序号	项目	规格	参数	取样依据	检测依据	组批原则	取样数量	取样方式	判定方法	备注
1	水泥	P·O32.5	胶砂强度、安定性、凝结时间	GB 50204—2015	GB 175—2007	按同一厂家、同一品种、同一代号、同一强度等级、同一批号且连续进场的水泥，袋装不超过 200 t 为一批，散装不超过500 t为一批，每批抽样数量不应少于一次	20 kg	使用前最少 29 d，进场核查合格后，现场随机取样	GB 175—2007	

2）施工过程质量检测试验方案举例，混凝土强度试验方案见表 4-6。

表 4-6　混凝土强度试验方案

<table>
<tr><td colspan="2">单位（子单位）工程名称</td><td colspan="6"></td><td colspan="2">分部/子分部/分项工程</td><td colspan="3"></td></tr>
<tr><td colspan="2">制样人</td><td colspan="6"></td><td colspan="2">见证人</td><td colspan="3"></td></tr>
<tr><td>序号</td><td>项目</td><td>规格</td><td>使用部位</td><td>参数</td><td>取样依据</td><td>检测依据</td><td colspan="2">组批原则</td><td>取样数量</td><td>取样方式</td><td>判定方法</td><td>备注</td></tr>
<tr><td>1</td><td>混凝土</td><td>C30</td><td>一层梁</td><td>混凝土抗压强度</td><td>GB 50204—2015</td><td>GB/T 50081—2002</td><td colspan="2">对同一配合比混凝土，取样与试件留置应符合下列规定：
1.每拌制 100 盘且不超过 100 m³时，取样不得少于一次；
2.每工作班拌制不足 100 盘时，取样不得少于一次；
3.连续浇筑超过 1 000 m³时，每 200 m³取样不得少于一次；
4.每一楼层取样不得少于一次；
5.每次取样应至少留置一组试件</td><td>5 组</td><td>浇筑地点随机取样</td><td>必须符合设计要求</td><td></td></tr>
</table>

3）结构实体试验方案举例，见表 4-7。

表 4-7　结构实体试验方案

<table>
<tr><td colspan="2">单位（子单位）工程名称</td><td colspan="6"></td><td colspan="2">分部/子分部/分项工程</td><td colspan="3"></td></tr>
<tr><td colspan="2">制定人</td><td colspan="6"></td><td colspan="2">见证人</td><td colspan="3"></td></tr>
<tr><td>序号</td><td>项目</td><td>规格</td><td>检测范围</td><td>参数</td><td>取样依据</td><td>检测依据</td><td colspan="2">组批原则</td><td>取样数量</td><td>取样方式</td><td>判定方法</td><td>备注</td></tr>
<tr><td>1</td><td>钢筋保护层厚度</td><td>非悬挑梁</td><td>1～10 层</td><td>钢筋保护层厚度</td><td>GB 50204—2015</td><td>GB 50204—2015</td><td colspan="2">对非悬挑梁板类构件，应各抽取构件数量的 2%且不少于 5 个构件进行检验</td><td>20 个构件</td><td>随机取样</td><td>合格率≥90%，合格；合格率≥80%，可复检，复检后合格率≥90%，仍判为合格</td><td></td></tr>
<tr><td>2</td><td>钢筋保护层厚度</td><td>悬挑梁</td><td>1～10 层</td><td>钢筋保护层厚度</td><td>GB 50204—2015</td><td>GB 50204—2015</td><td colspan="2">应抽取构件数量的 5%且不少于 10 个构件进行检验；当悬挑梁数量少于 10 个时，应全数检验</td><td>10 个构件</td><td>随机取样</td><td>合格率≥90%，合格；合格率≥80%，可复检，复检后合格率≥90%，仍判为合格</td><td></td></tr>
</table>

第五章　常用工程原材料的取样与性能检测

第一节　水泥

一、概述

水泥按用途及性能主要分为通用水泥、专用水泥和特性水泥。本节主要以通用硅酸盐水泥为例进行阐述。

1. 水泥的定义

通用硅酸盐水泥是指以硅酸盐水泥熟料和适量的石膏及规定的混合材料制成的水硬性胶凝材料。

2. 水泥的分类

通用硅酸盐水泥按混合材料的品种和掺量分为硅酸盐水泥、普通硅酸盐水泥、矿渣硅酸盐水泥、火山灰质硅酸盐水泥、粉煤灰硅酸盐水泥和复合硅酸盐水泥 6 类。

3. 水泥的组分与材料

通用硅酸盐水泥的组分应符合表 5-1 的规定。

表 5-1　通用硅酸盐水泥组分含量　　单位：%

品　种	代　号	组分（质量分数）				
		熟料+石膏	粒化高炉矿渣	火山灰质混合材料	粉煤灰	石灰石
硅酸盐水泥	P·I	100	—	—	—	—
	P·II	≥95	≤5	—	—	—
		≥95	—	—	—	≤5
普通硅酸盐水泥	P·O	≥80 且<95	>5 且≤20[a]			—
矿渣硅酸盐水泥	P·S·A	≥50 且<80	>20 且≤50[b]	—	—	—
	P·S·B	≥30 且<50	>50 且≤70[b]	—	—	—
火山灰质硅酸盐水泥	P·P	≥60 且<80	—	>20 且≤40[c]	—	—
粉煤灰硅酸盐水泥	P·F	≥60 且<80	—	—	>20 且≤40[d]	—

续表

品　种	代　号	组分（质量分数）				
		熟料+石膏	粒化高炉矿渣	火山灰质混合材料	粉煤灰	石灰石
复合硅酸盐水泥	P·C	≥50 且＜80	＞20 且≤50[e]			

注：[a] 本组分材料为符合《通用硅酸盐水泥》（GB 175—2007/XG2—2015）5.2.3 的活性混合材料，其中允许用不超过水泥质量8%且符合《通用硅酸盐水泥》（GB 175—2007/XG2—2015）5.2.4 的非活性混合材料或不超过水泥质量 5%且符合《通用硅酸盐水泥》（GB 175—2007/XG2—2015）5.2.5 的窑灰代替。

[b] 本组分材料为符合《用于水泥中的粒化高炉矿渣》（GB/T 203—2008）或《用于水泥、砂浆和混凝土中的粒化高炉矿渣粉》（GB/T 18046—2017）的活性混合材料，其中允许用不超过水泥质量 8%且符合《通用硅酸盐水泥》（GB 175—2007/XG2—2015）5.2.3 的活性混合材料或符合《通用硅酸盐水泥》（GB 175—2007/XG2—2015）5.2.4 的非活性混合材料或符合《通用硅酸盐水泥》（GB 175—2007/XG2—2015）5.2.5 的窑灰中的任一种材料代替。

[c] 本组分材料为符合《用于水泥中的火山灰质混合材料》（GB/T 2847—2005）的活性混合材料。

[d] 本组分材料为符合《用于水泥和混凝土中的粉煤灰》（GB/T 1596—2017）的活性混合材料。

[e] 本组分材料为由两种（含）以上符合《通用硅酸盐水泥》（GB 175—2007/XG2—2015）5.2.3 的活性混合材料或/和符合《通用硅酸盐水泥》（GB 175—2007/XG2—2015）5.2.4 的非活性混合材料组成，其中允许用不超过水泥质量 8%且符合本节的窑灰代替。掺矿渣时混合材料掺量不得与矿渣硅酸盐水泥重复。

水泥组成材料包括硅酸盐水泥熟料、石膏、混合材、窑灰及助磨剂。

硅酸盐水泥熟料由主要含 CaO、SiO_2、Al_2O_3、Fe_2O_3 的原料，按适当比例磨成细粉烧至部分熔融所得以硅酸钙为主要矿物成分的水硬性胶凝物质。其中硅酸钙矿物含量（质量分数）不小于 66%，氧化钙和氧化硅质量比不小于 2.0。

石膏包括天然石膏和工业副产石膏。天然石膏应符合《天然石膏》（GB/T 5483—2008）中规定的 G 类或 M 类二级（含）以上的石膏或混合石膏；工业副产石膏以硫酸钙为主要成分的工业副产物。采用前应经过试验证明对水泥性能无害。

混合材包括活性混合材料和非活性混合材料。活性混合材料应符合《用于水泥中的粒化高炉矿渣》（GB/T 203—2008）、《用于水泥、砂浆和混凝土中的粒化高炉矿渣粉》（GB/T 18046—2017）、《用于水泥和混凝土中的粉煤灰》（GB/T 1596—2017）、《用于水泥中的火山灰质混合材料》（GB/T 2847—2005）标准要求的粒化高炉矿渣、粒化高炉矿渣粉、粉煤灰、火山灰质混合材料。非活性混合材料活性指标分别低于《用于水泥中的粒化高炉矿渣》（GB/T 203—2008）、《用于水泥、砂浆和混凝土中的粒化高炉矿渣粉》（GB/T 18046—2017）、《用于水泥和混凝土中的粉煤灰》（GB/T 1596—2017）、《用于水泥中的火山灰质混合材料》（GB/T 2847—2005）标准要求的粒化高炉矿渣、粒化高炉矿渣粉、粉煤灰、火山灰质混合材料；石灰石和砂岩，其中石灰石中的 Al_2O_3 含量（质量分数）应不大于 2.5%。

窑灰应符合《掺入水泥中的回转窑窑灰》（JC/T 742—2009）的规定。

水泥粉磨时允许加入助磨剂，其加入量应不大于水泥质量的 0.5%，助磨剂应符合《水泥助磨剂》（JC/T 667—2004）的规定。

4. 水泥的强度等级

水泥的强度是评定其质量的重要指标。根据国家相关标准规定，采用《水泥胶砂强度检验方法（ISO 法）》（GB/T 17671—1999），按规定配合比、按规定方法制成 40 mm×40 mm×160 mm 的标准试件，在标准温度 20℃±1℃的水中养护，分别测定其 3 d 和 28 d 的抗折强度和抗压强度。根据测定的结果，硅酸盐水泥的强度等级分为 42.5、42.5R、52.5、52.5R、62.5、62.5R 6 个等级。普通硅酸盐水泥的强度等级分为 42.5、42.5R、52.5、52.5R 4 个等级。矿渣硅酸盐水泥、火山灰质硅酸盐水泥、粉煤灰硅酸盐水泥的强度等级分为 32.5、32.5R、42.5、42.5R、52.5、52.5R 6 个等级。复合硅酸盐水泥的强度等级分为 32.5R、42.5、42.5R、52.5、52.5R 5 个等级。此外，依据水泥 3 d 的不同强度又分为普通型和早强型两种类型，其中有代号为 R 者为早强型水泥。

二、技术质量要求

根据《通用硅酸盐水泥》（GB 175—2007）的规定，水泥的技术要求如下。

1. 化学指标

通用硅酸盐水泥化学指标应符合表 5-2 的规定。

表 5-2　通用硅酸盐水泥化学指标　　单位：%

<table>
<tr><th>品　种</th><th>代号</th><th>不溶物</th><th>烧失量</th><th>三氧化硫</th><th>氧化镁</th><th>氯离子</th></tr>
<tr><td rowspan="2">硅酸盐水泥</td><td>P.I</td><td>≤0.75</td><td>≤3.0</td><td rowspan="3">≤3.5</td><td rowspan="3">≤5.0[a]</td><td rowspan="8">≤0.06[c]</td></tr>
<tr><td>P.II</td><td>≤1.50</td><td>≤3.5</td></tr>
<tr><td>普通硅酸盐水泥</td><td>P.O</td><td>—</td><td>≤5.0</td></tr>
<tr><td rowspan="2">矿渣硅酸盐水泥</td><td>P.S.A</td><td>—</td><td>—</td><td rowspan="2">≤4.0</td><td>≤6.0[b]</td></tr>
<tr><td>P.S.B</td><td>—</td><td>—</td><td>—</td></tr>
<tr><td>火山灰质硅酸盐水泥</td><td>P.P</td><td>—</td><td>—</td><td rowspan="3">≤3.5</td><td rowspan="3">≤6.0[b]</td></tr>
<tr><td>粉煤灰硅酸盐水泥</td><td>P.F</td><td>—</td><td>—</td></tr>
<tr><td>复合硅酸盐水泥</td><td>P.C</td><td>—</td><td>—</td></tr>
</table>

注：[a] 如果水泥压蒸试验合格，则水泥中氧化镁的含量（质量分数）允许放宽至 6.0%。

[b] 如果水泥中氧化镁的含量大于 6.0%时，需进行水泥压蒸安定性试验并合格。

[c] 当有更低要求时，该指标由买卖双方确定。

2. 碱含量（选择性指标）

水泥中碱含量按 Na_2O+0.658K_2O 计算值表示。若使用活性骨料，用户要求提供低碱水泥时，水泥中的碱含量应不大于 0.60%或由买卖双方协商确定。

3. 物理指标

（1）凝结时间

水泥的凝结时间分为初凝时间和终凝时间。标准稠度的水泥净浆自加水时起至水泥浆开始失去塑性所需要的时间称为初凝时间，自加水时起至水泥浆完全失去可塑性并开始产生强度所需要的时间称为终凝时间。

水泥的凝结时间在施工中具有重要的意义。水泥初凝时间不宜过快，以便有足够的时间在初凝之前完成混凝土各工序的施工操作；水泥终凝时间不宜过迟，以便使混凝土在浇捣完毕后，尽早完成凝结并硬化，具有一定的强度，以利于下一步施工工作的进行。

对此，根据《通用硅酸盐水泥》（GB 175—2007）的规定，硅酸盐水泥初凝不小于 45 min，终凝不大于 390 min；普通硅酸盐水泥、矿渣硅酸盐水泥、火山灰质硅酸盐水泥、粉煤灰硅酸盐水泥和复合硅酸盐水泥初凝不小于 45 min，终凝不大于 600 min。

（2）安定性

安定性又称体积安定性，是指水泥在凝结硬化过程中，体积变化的均匀性。如果水泥硬化后产生不均匀的体积变化，即所谓的体积安定性不良，就会使混凝土构件产生膨胀性裂缝，降低建筑工程质量，甚至引起严重事故。造成水泥体积安定性不良的原因主要是其熟料矿物组成中含有过多的游离氧化钙或游离氧化镁，以及水泥粉磨时石膏掺量过多而造成SO_4^{2-}含量过多。它们通常要在水泥已经凝结硬化后一段时间才开始慢慢水化，且水化时产生体积膨胀导致硬化水泥石结构的不均匀体积变化而开裂，使结构遭到破坏。对此，国家标准规定，要求水泥用沸煮法检验合格。

（3）强度

不同品种不同强度等级的通用硅酸盐水泥，其不同龄期的强度应符合表 5-3 的规定。

表 5-3　通用硅酸盐水泥强度指标　　单位：MPa

<table>
<tr><th rowspan="2">品　种</th><th rowspan="2">强度等级</th><th colspan="2">抗压强度</th><th colspan="2">抗折强度</th></tr>
<tr><th>3 d</th><th>28 d</th><th>3 d</th><th>28 d</th></tr>
<tr><td rowspan="6">硅酸盐水泥</td><td>42.5</td><td>≥17.0</td><td rowspan="2">≥42.5</td><td>≥3.5</td><td rowspan="2">≥6.5</td></tr>
<tr><td>42.5R</td><td>≥22.0</td><td>≥4.0</td></tr>
<tr><td>52.5</td><td>≥23.0</td><td rowspan="2">≥52.5</td><td>≥4.0</td><td rowspan="2">≥7.0</td></tr>
<tr><td>52.5R</td><td>≥27.0</td><td>≥5.0</td></tr>
<tr><td>62.5</td><td>≥28.0</td><td rowspan="2">≥62.5</td><td>≥5.0</td><td rowspan="2">≥8.0</td></tr>
<tr><td>62.5R</td><td>≥32.0</td><td>≥5.5</td></tr>
<tr><td rowspan="4">普通硅酸盐水泥</td><td>42.5</td><td>≥17.0</td><td rowspan="2">≥42.5</td><td>≥3.5</td><td rowspan="2">≥6.5</td></tr>
<tr><td>42.5R</td><td>≥22.0</td><td>≥4.0</td></tr>
<tr><td>52.5</td><td>≥23.0</td><td rowspan="2">≥52.5</td><td>≥4.0</td><td rowspan="2">≥7.0</td></tr>
<tr><td>52.5R</td><td>≥27.0</td><td>≥5.0</td></tr>
<tr><td rowspan="6">矿渣硅酸盐水泥
火山灰硅酸盐水泥
粉煤灰硅酸盐水泥</td><td>32.5</td><td>≥10.0</td><td rowspan="2">≥32.5</td><td>≥2.5</td><td rowspan="2">≥5.5</td></tr>
<tr><td>32.5R</td><td>≥15.0</td><td>≥3.5</td></tr>
<tr><td>42.5</td><td>≥15.0</td><td rowspan="2">≥42.5</td><td>≥3.5</td><td rowspan="2">≥6.5</td></tr>
<tr><td>42.5R</td><td>≥19.0</td><td>≥4.0</td></tr>
<tr><td>52.5</td><td>≥21.0</td><td rowspan="2">≥52.5</td><td>≥4.0</td><td rowspan="2">≥7.0</td></tr>
<tr><td>52.5R</td><td>≥23.0</td><td>≥4.5</td></tr>
<tr><td rowspan="5">复合硅酸盐水泥</td><td>32.5R</td><td>≥15.0</td><td>≥32.5</td><td>≥3.5</td><td>≥5.5</td></tr>
<tr><td>42.5</td><td>≥15.0</td><td rowspan="2">≥42.5</td><td>≥3.5</td><td rowspan="2">≥6.5</td></tr>
<tr><td>42.5R</td><td>≥19.0</td><td>≥4.0</td></tr>
<tr><td>52.5</td><td>≥21.0</td><td rowspan="2">≥52.5</td><td>≥4.0</td><td rowspan="2">≥7.0</td></tr>
<tr><td>52.5R</td><td>≥23.0</td><td>≥4.5</td></tr>
</table>

4. 细度（选择性指标）

细度是指水泥颗粒的粗细程度。硅酸盐水泥和普通硅酸盐水泥的细度以比表面积表示，其比表面积不小于 300 m^2/kg；矿渣硅酸盐水泥、火山灰质硅酸盐水泥、粉煤灰硅酸盐水泥和复合硅酸盐水泥的细度以筛余表示，其 80 μm 方孔筛筛余不大于 10%或 45 μm 方孔筛筛余不大于 30%。

三、检验规则

1. 组批规则

水泥出厂前按同品种、同强度等级编号和取样。袋装水泥和散装水泥应分别进行编号和取样。每一编号为一取样单位。水泥出厂编号按年生产能力规定为：

200×10^4 t 以上，不超过 4 000 t 为一编号；

120×10^4～200×10^4 t，不超过 2 400 t 为一编号；

60×10^4～120×10^4 t，不超过 1 000 t 为一编号；

30×10^4～60×10^4 t，不超过 600 t 为一编号；

10×10^4～30×10^4 t，不超过 400 t 为一编号；

10×10^4 t 以下，不超过 200 t 为一编号。

2. 取样方法

取样方法按《水泥取样方法》（GB 12573—2008）进行。可连续取，亦可从 20 个以上不同部位取等量样品。当散装水泥运输工具的容量超过该厂规定出厂编号吨数时，允许该编号的数量超过取样规定吨数。

3. 取样数量

水泥取样总量至少 12 kg。

四、检验方法

1. 组分

由生产者按《水泥组分的定量测定》（GB/T 12960—2007）或选择准确度更高的方法进行。在正常生产情况下，生产者应至少每月对水泥组分进行校核，年平均值应符合《通用硅酸盐水泥》（GB 175—2007）中 5.1 的规定，单次检验值应不超过《通用硅酸盐水泥》（GB 175—2007）规定最大限量的 2%。

为保证组分测定结果的准确性，生产者应采用适当的生产程序和适宜的方法对所选方法的可靠性进行验证，并将经验证的方法形成文件。

2. 不溶物、烧失量、氧化镁、三氧化硫和碱含量

按《水泥化学分析方法》（GB/T 176—2017）进行试验。

3. 压蒸安定性

按《水泥压蒸安定性试验方法》（GB/T 750—1992）进行试验。

4. 氯离子

按《水泥原料中氯离子的化学分析方法》（JC/T 420—2006）进行试验。

5. 标准稠度用水量、凝结时间和安定性

按《水泥标准稠度用水量、凝结时间、安定性检验方法》（GB/T 1346—2011）进行试验。

6. 强度

按《水泥胶砂强度检验方法（ISO 法）》（GB/T 17671—1999）进行试验。火山灰质硅酸盐水泥、粉煤灰硅酸盐水泥、复合硅酸盐水泥和掺火山灰质混合材料的普通硅酸盐水泥在进行胶砂强度检验时，其用水量按 0.50 水灰比和胶砂流动度不小于 180 mm 来确定。当流动度小于 180 mm 时，应以 0.01 的整倍数递增的方法将水灰比调整至胶砂流动度不小于 180 mm。

胶砂流动度试验按《水泥胶砂流动度测定方法》（GB/T 2419—2005）进行，其中胶砂制备按《水泥胶砂强度检验方法（ISO 法）》（GB/T 17671—1999）规定进行。

7. 比表面积

按《水泥比表面积测定方法　勃氏法》（GB/T 8074—2008）进行试验。

8. 80μm 和 45μm 筛余

按《水泥细度检验方法　筛析法》（GB/T 1345—2005）进行试验。

第二节　建设用砂

一、概述

1. 定义

粒径在 4.75 mm 以下的骨料称为细骨料或细集料（砂子）。

2. 分类

砂子分为天然砂和人工砂两类。其中天然砂是由自然条件作用而形成的，公称粒径小于 5.00 mm 的岩石颗粒。按其产源不同，可分为河砂、海砂、山砂。人工砂是指岩石经除土开采、机械破碎、筛分而成的，公称粒径小于 5.00 mm 的岩石颗粒。人工砂又包括机制砂和混合砂。混合砂是由天然砂和人工砂按一定比例组合而成的砂。

二、技术质量要求

1. 砂的粗细程度和颗粒级配

砂的粗细程度是指不同粒径的砂子混合在一起的平均粗细程度，用细度模数来表示。砂的颗粒级配是指大小不同粒径的砂粒相互间的搭配情况，用级配区来表示。

砂的粗细程度按照细度模数 μ_f 分为粗、中、细、特细 4 级，其范围应符合下列规定：

粗砂：μ_f=3.7～3.1

中砂：μ_f=3.0～2.3

细砂：μ_f=2.2～1.6

特细砂：μ_f=1.5～0.7

砂筛应采用方孔筛。砂的公称粒径、砂筛筛孔的公称直径和方孔筛筛孔边长应符合表 5-4 的规定。

表 5-4　砂的公称粒径、砂筛筛孔的公称直径和方孔筛筛孔边长尺寸

砂的公称粒径	砂筛筛孔的公称直径	方孔筛筛孔边长
5.00 mm	5.00 mm	4.75 mm

续表

砂的公称粒径	砂筛筛孔的公称直径	方孔筛筛孔边长
2.50 mm	2.50 mm	2.36 mm
1.25 mm	1.25 mm	1.18 mm
630 μm	630 μm	600 μm
315 μm	315 μm	300 μm
160 μm	160 μm	150 μm
80 μm	80 μm	75 μm

除特细砂外，砂的颗粒级配可按公称直径 630 μm 筛孔的累计筛余量（以质量百分率计，下同），分成 3 个级配区见表 5-5，并且砂的颗粒级配应处于表 5-5 中的某一区内。砂的实际颗粒级配与表 5-5 中的累计筛余相比，除公称粒径的 5.00 mm 和 630 μm（表 5-5 斜体所标数值）的累计筛余外，其余公称粒径的累计筛余可以稍微超出分界线，但总超出量不应大于 5%。当天然砂的实际颗粒级配不符合要求时，宜采取相应的技术措施，并经试验证明能确保混凝土质量后，方允许使用。

表 5-5　砂的颗粒级配区

级配区 / 累计筛余/% / 公称粒径	Ⅰ区	Ⅱ区	Ⅲ区
5.00 mm	*10～0*	*10～0*	*10～0*
2.50 mm	35～5	25～0	15～0
1.25 mm	65～35	50～10	25～0
630 μm	*85～71*	*70～41*	*40～16*
315 μm	95～80	92～70	85～55
160 μm	100～90	100～90	100～90

配制混凝土时宜优先选用Ⅱ区砂。当采用Ⅰ区砂时，应提高砂率，并保持足够的水泥用量，满足混凝土的和易性；当采用Ⅲ区砂时，宜适当降低砂率；当采用特细砂时，应符合相应的规定。配制泵送混凝土时，宜选用中砂。

2. 含泥量

含泥量是指砂、石中公称粒径小于 80 μm 颗粒的含量。天然砂中含泥量应符合表 5-6 的规定。

表 5-6　天然砂中含泥量

混凝土强度等级	≥C60	C55～C30	≤C25
含泥量（按质量计）/%	≤2.0	≤3.0	≤5.0

对于有抗冻、抗渗或其他特殊要求的小于或等于 C25 混凝土用砂，其含泥量不应大于 3.0%。

3. 泥块含量

砂的泥块含量是指砂中公称粒径大于 1.25 mm，经水洗、手捏后变成小于 630 μm 的颗粒的含量。砂中泥块含量应符合表 5-7 的规定。

表 5-7　砂中泥块含量

混凝土强度等级	≥C60	C55～C30	≤C25
泥块含量（按质量计）/%	≤0.5	≤1.0	≤2.0

对于有抗冻、抗渗或其他特殊要求的小于或等于 C25 混凝土用砂，其泥块含量不应大于 1.0%。

4. 石粉含量

人工砂中公称粒径小于 80 μm，且其矿物组成和化学成分与被加工母岩相同的颗粒含量。人工砂或混合砂中石粉含量应符合表 5-8 的规定。

表 5-8　人工砂或混合砂中石粉含量

混凝土强度等级		≥C60	C55～C30	≤C25
石粉含量/%	MB＜1.4（合格）	≤5.0	≤7.0	≤10.0
	MB≥1.4（合格）	≤2.0	≤3.0	≤5.0

5. 坚固性

骨料在气候、环境变化或其他物理因素作用下抵抗破裂的能力。砂的坚固性应采用硫酸钠溶液检验，试样经 5 次循环后，其质量损失应符合表 5-9 的规定。

表 5-9　砂的坚固性指标

混凝土所处的环境条件及其性能要求	5 次循环后的质量损失/%
在严寒及寒冷地区室外使用并经常处于潮湿或干湿交替状态下的混凝土 对于有抗疲劳、耐磨、抗冲击要求的混凝土 有腐蚀介质作用或经常处于水位变化区的地下结构混凝土	≤8
其他条件下使用的混凝土	≤10

6. 压碎值指标

人工砂抵抗压碎的能力。人工砂总压碎值指标应小于 30%。

7. 有害物质含量

当砂中含有云母、轻物质、硫化物及硫酸盐等有害物质时，其含量应符合表 5-10 的规定。

表 5-10　砂中的有害物质含量

项　目	质量指标
云母含量（按重量计）/%	≤2.0
轻物质含量（按重量计）/%	≤1.0
硫化物及硫酸盐含量（折算成 SO_3 按重量计）/%	≤1.0
有机物含量（用比色法试验）	颜色不应深于标准色，当颜色深于标准色时，应按水泥胶砂强度试验方法进行强度对比试验，抗压强度比不应低于 0.95

对于有抗冻、抗渗要求的混凝土，砂中云母含量不应大于 1.0%。

当砂中含有颗粒状的硫酸盐或硫化物杂质时，应进行专门检验，确认能满足混凝土耐久性要求后，方能采用。

8. 碱活性

对于长期处于潮湿环境的重要混凝土结构用砂，应采用砂浆棒（快速法）或砂浆长度法进行骨料的碱活性检验。经上述检验判断为有潜在危害时，应控制混凝土中的碱活性检验。经上述检验判断为有潜在危害时，应控制混凝土中的碱含量不超过 3 kg/m^3，或采用能抑制碱-骨料反应的有效措施。

9. 氯离子含量

砂中氯离子含量应符合下列规定：

1）对于钢筋混凝土用砂，其氯离子含量不得大于 0.06%（以干砂的质量百分率计）；

2）对于预应力混凝土用砂，其氯离子含量不得大于 0.02%（以干砂的质量百分率计）。

10. 贝壳含量

海砂中贝壳含量应符合表 5-11 的规定。

表 5-11　海砂中贝壳含量

混凝土强度等级	≥C40	C35～C30	C25～C15
贝壳含量（按质量计）/%	≤3	≤5	≤8

对于有抗冻、抗渗或其他特殊要求的小于或等于 C25 混凝土用砂，其贝壳含量不应大于 5%。

三、检验规则

1. 组批规则

使用单位应按砂的同产地、同规格分批验收。采用大型工具（如火车、货船、汽车）运输的，以 400 m^3 或 600 t 为一验收批。采用小型工具（如拖拉机等）运输的，应以 200 m^3 或 300 t 为一验收批。不足上述数量者，应按一验收批进行验收。当砂的质量比较稳定、进料量又较大时，可以 1 000 t 为一验收批。

2. 取样方法

（1）关于每验收批取样方法的规定

1）在料堆上取样时，取样部位应均匀分布。取样前先将取样部位表层铲除。然后由各部位抽取大致相等的砂共 8 份组成一组样品。

2）从皮带运输机上取样时，应在皮带运输机机尾的出料处用接料器定时抽取砂 4 份组成一组样品。

3）从火车、汽车、货船上取样时，应从不同部位和深度抽取大致相等的砂 8 份组成一组样品。

4）除筛分析处，当其余检验项目存在不合格项时，应加倍进行复验。当复验仍有一项不满足标准要求时，应按不合格品处理。如经观察，认为各节车皮间（汽车、货船间）所载的砂、石质量相差甚为悬殊时，应对质量有怀疑的每节列车（汽车、货船）分别取样和验收。

（2）样品缩分

砂的样品缩分方法可选择下列两种方法之一：

1）用分料器分，如图 5-1 所示：将样品在潮湿状态下拌和均匀，然后将其通过分料器，留下两个接料斗中的一份，并将另一份再次通过分料器，重复上述过程，直至把样品缩分到试验所需量为止。

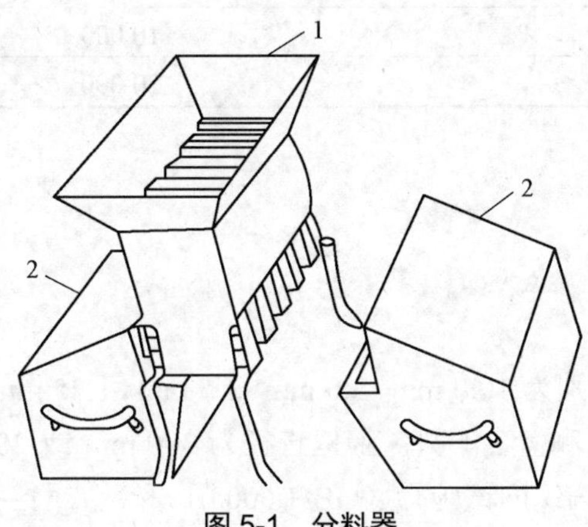

图 5-1　分料器

1. 分料漏斗；2. 接料斗

2）人工四分法缩分：将样品置于平板上，在潮湿状态下拌和均匀，并堆成厚度约为 20 mm 的“圆饼”。然后沿互相垂直的两条直径把“圆饼”分成大致相等的 4 份，取其对角的两份重新拌匀，再堆成“圆饼”状。重复上述过程，直至把样品缩分后的材料量略多于进行试验所需的量为止。

3. 取样数量

对于每一项检验项目，砂的每组样品取样数量应满足表 5-12 的规定。当需要做多项检验时，可在确保样品经一项试验后不致影响其他试验结果的前提下，用同组样品进行多项不同的试验。

表 5-12　每一单项检验项目所需砂的最少取样质量

检验项目	最少取样数量/g
筛分析	4 400
表观密度	2 600
吸水率	4 000
紧密密度和堆积密度	5 000
含水率	1 000
含泥量	4 400
泥块含量	20 000
石粉含量	1 600
人工砂压碎值指标	分成公称粒级 5.00～2.50 mm；2.5～1.25 mm；1.25 mm～630 μm；630～315 μm；315～160 μm 每个粒级各需 1 000 g
有机质含量	2 000
云母含量	600

续表

检验项目	最少取样数量/g
轻物质含量	3 200
坚固性	分成公称粒级 5.00～2.50 mm；2.50～1.25 mm；1.25 mm～630 μm；630～315 μm；315～160 μm 每个粒级各需 100 g
硫化物及硫酸盐含量	50
氯离子含量	2 000
贝壳含量	10 000
碱活性	20 000

四、检验方法

1. 砂的筛分析试验

（1）仪器与材料

1）标准筛：公称直径分别为 10.0 mm、5.0 mm、2.5 mm、1.25 mm、630 μm、315 μm、160 μm 的方孔筛各一只，筛的底盘和盖各一只；筛框直径为 300 mm 或 200 mm。其产品质量要求应符合现行国家标准《金属丝编织网试验筛》(GB/T 6003.1)和《金属穿孔板试验筛》(GB/T 6003.2)的要求。

2）天平：称量 1 000 g，感量不大于 1 g。

3）摇筛机。

4）烘箱：温度控制范围为（105±5）℃。

5）浅盘和硬、软毛刷。

（2）试验准备

用于筛分析的试样，其颗粒的公称粒径不应大于 10.0 mm，试验前应先将来样通过公称直径 10.0 mm 的方孔筛，并计算筛余。先称取经缩分后样品不少于 550 g 的试样两份，分别装入两个浅盘，在（105±5）℃的温度下烘干至恒重，冷却至室温后备用。

[注：恒重系指相邻两次称量间隔时间不小于 3 h 的情况下，前后两次称量之差小于该项试验所要求的称量精度（下同）。]

（3）试验步骤

1）准确称取烘干试样约 500 g（特细砂可称取 250 g），准确至 0.5 g，置于按照筛孔大小顺序排列（打孔在上、小孔在下）的套筛的最上面一只筛（公称直径为 5.0 mm 的方孔筛）上；将套筛装入摇筛机内固紧，筛分 10 min；然后取出套筛，再按筛孔由大到小的顺序，在清洁的浅盘上逐一进行手筛，直至每分钟的筛出量不超过试样总量的 0.1%时为止；通过的颗粒并入下一只筛子中的试样一起进行手筛。按这样的顺序依次进行，直至所有的筛子全部筛完为止。

（注：①如试样含泥量超过 5%，不宜采用干筛法，应先进行水洗，然后烘干至恒重再进行筛分；②无摇筛机时，可改用手筛。）

2）试样在各筛子上的筛余量均不得超过按式（5-1）计算得出的剩留量，否则应将该筛的筛余试样分成两份或数份，再次进行筛分，并以其筛余量之和作为该筛的筛余量。

$$M_r = \frac{A\sqrt{d}}{300} \tag{5-1}$$

式中，M_r——在一个筛上的剩留量，g；

d——筛孔尺寸，mm；

A——筛的面积，mm^2。

3）称取各筛筛余试样的质量（精确至 1g），所有各筛的分计筛余量和底盘中剩余量之和与筛分前的试样总量相比，相差不得超过 1%。

（4）筛分结果计算步骤

1）计算分计筛余（各筛上的筛余量除以试样总量的百分率），精确至 0.1%。

2）计算累计筛余（该筛的分计筛余与筛孔大于该筛的各筛的分计筛余之和），精确至 0.1%。

3）根据各筛两次试验累计筛余的平均值，评定该试样的颗粒级配分布情况，精确至 1%。

4）砂的细度模数应按式（5-2）计算，精确至 0.01。

$$\mu_f = \frac{(\beta_2+\beta_3+\beta_4+\beta_5+\beta_6)-5\beta_1}{100-\beta_1} \tag{5-2}$$

式中，μ_f——砂的细度模数；

β_1、β_2、β_3、β_4、β_5、β_6——分别为公称直径 5.00 mm、2.50 mm、1.25 mm、630 μm、315 μm、160 μm 方孔筛上的累计筛余。

5）以两次试验结果的算术平均值作为测定值，精确至 0.1。当两次试验所得的细度模数之差大于 0.20 时，应重新取试样进行试验。

2. 砂的表观密度试验

（1）标准法

1）仪器设备：

①天平：称量 1 000 g，感量 1 g。

②容量瓶：容量 500 mL。

③烘箱：温度控制范围为（105±5）℃。

④干燥器、浅盘、铝制料勺、温度计等。

2）试样制备：将缩分至不少于 650 g 的试样装入浅盘，在温度为（105±5）℃的烘箱中烘干至恒重，并在干燥器内冷却至室温。

3）试验步骤

①称取烘干的试样约 300 g（m_0），装入盛有半瓶冷开水的容量瓶中。

②摇转容量瓶，使试样在水中充分搅动以排除气泡，塞紧瓶塞，静置 24 h；然后用滴管加水至瓶颈刻度线平齐，再塞紧瓶塞，擦干容量瓶外壁水分，称其总质量（m_1）。

③倒出容量瓶中的水和试样，将瓶的内外壁洗净，再向瓶内加入上述水温相差不超过 2℃冷开水至瓶颈刻度线。塞紧瓶塞，擦干容量瓶外壁水分，称质量（m_2）。

（注：在砂的表观密度试验过程中应测量并控制水的温度，试验各项称量可在 15～25℃的温度范围内进行。从试样加水静置的最后 2 h 起至试验结束，其温度相差不应超过 2℃。）

④结果计算，表观密度应按式（5-3）计算，精确至 10 kg/m³ 。

$$\rho = (\frac{m_0}{m_0 + m_2 - m_1} - \alpha_t) \times 1\,000 \tag{5-3}$$

式中，ρ——试样的表观密度，kg/m³；

m_0——试样的烘干质量，g；

m_1——试样、水及容量瓶的总质量，g；

m_2——水及容量瓶的总质量，g；

α_t——水温对砂的表观密度影响的修正系数，见表 5-13。

表 5-13 不同水温对砂的表观密度影响的修正系数

水温/℃	15	16	17	18	19	20	21	22	23	24	25
α_t	0.002	0.003	0.003	0.004	0.004	0.005	0.005	0.006	0.006	0.007	0.008

以两次实验结果的算术平均值作为测定值。当两次结果之差大于 20 kg/m³ 时，应重新取样进行试验。

（2）简易法

1）仪器设备：

①天平：称量 1 kg，感量不大于 1 g。

②李氏瓶：容量 250 mL。

③烘箱：温度控制范围为 105℃±5℃。

④干燥器、浅盘、铝制料勺、温度计等。

2）试样制备：将样品缩分至不少于 120 g，在温度为 105℃±5℃的烘箱中烘干至恒重，并在干燥器内冷却至室温，分成大致相等的两份备用。

3）试验步骤：

①向李氏瓶中注入冷开水至一定刻度处，擦干瓶颈内部附着水，记录水的体积（V_1）；

②称取烘干试样 50 g（m_0），徐徐加入盛水的李氏瓶中；

③试样全部倒入瓶中后，用瓶内的水将黏附在瓶颈和瓶壁上的试样洗入水中，摇转李氏瓶以排除气泡，静置约 24 h 后，记录瓶中水面升高后的体积（V_2）。

（注：在砂的表观密度试验过程中应测量并控制水的温度，试验各项称量可在 15～25℃的温度范围内进行体积测定（指 V_1 和 V_2）的温度不得大于 2℃。从试样加水静置的最后 2 h 起，直至记录完瓶中水面高度时止，其温度相差不应超过 2℃。）

4）结果计算：

表观密度按式（5-4）计算，精确至 10 kg/m³ 。

$$\rho = (\frac{m_0}{V_2 - V_1} - \alpha_t) \times 1\,000 \tag{5-4}$$

式中，ρ——试样的表观密度，kg/m³；

m_0——试样的烘干质量，g；

V_1——水的原有体积，mL；

V_2——倒入试样后水和试样的体积，mL。

α_t——水温对砂的表观密度影响的修正系数，见表 5-13。

以两次实验结果的算术平均值作为测定值。当两次结果之差大于 20 kg/m³ 时，应重新取样进行试验。

3. 砂的堆积密度和紧密密度试验

（1）仪器设备

1）秤：称量 5 kg，感量 5 g。

2）容量筒：金属制，圆筒形，内径 108 mm，净高 109 mm，筒壁厚 2 mm，容积 1 L，筒底厚度为 5 mm。

3）漏斗（图 5-2）或铝制料斗。

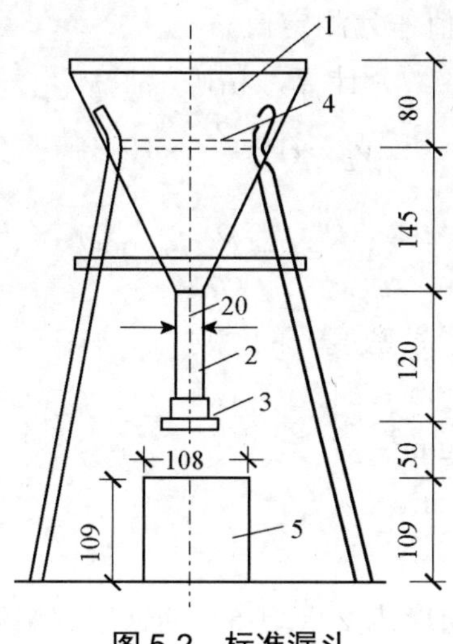

图 5-2　标准漏斗

1. 漏斗；2. φ20 mm 管子；3. 活动门；4. 筛；5. 金属量筒

4）烘箱：能控温在 105℃±5℃。

5）直尺、浅盘。

（2）试验准备

先用公称直径为 5.0 mm 的筛子过筛，然后取经缩分后的样品不少于 3 L，装入浅盘，在温度为 105℃±5℃的烘箱中烘干至恒重，取出并冷却至室温，分成大致相等的两份备用。试样烘干后如有结块，应在试验前先予捏碎。

（3）试验步骤

1）堆积密度：取试样一份，用漏斗或铝制勺，将它徐徐装入容量筒（漏斗出料口或料勺距容量筒筒口不应超过 50 mm）直至试样装满并超出容量筒筒口。然后用直尺将多余的试样沿筒口中心线向相反方向刮平，称取质量（m_2）。

2）紧密密度：取试样 1 份，分两层装入容量筒。装完一层后，在筒底垫放一根直径为 10 mm 的钢筋，将筒按住，左右交替颠击地面各 25 下，然后再装入第二层。第二层装满后用同样方法颠实（但筒底所垫钢筋的方向应与第一层放置方向垂直）；两层装完并颠实后，添加试样超出容量筒筒口，然后用直尺将多余的试样沿筒口中心线向两个相反方向刮平，称其质量（m_2）。

（4）试验结果计算

1）堆积密度（ρ_L）及紧密密度（ρ_C）按式（5-5）计算，精确至 10 kg/m³：

$$\rho_L(\rho_C)=\frac{m_2-m_1}{V}\times 1\,000 \tag{5-5}$$

式中，ρ_L——砂的堆积密度，kg/m³；

ρ_C——砂的紧装密度，kg/m³；

m_1——容量筒的质量，kg；

m_2——容量筒和砂的总质量，kg；

V——容量筒容积，L。

以两次试验结果的算术平均值作为测定值。

2）空隙率按式（5-6）、式（5-7）计算，精确至 1%。

$$\nu_L=(1-\frac{\rho_L}{\rho})\times 100\% \tag{5-6}$$

$$\nu_C=(1-\frac{\rho_C}{\rho})\times 100\% \tag{5-7}$$

式中，ν_L（ν_C）——堆积密度（紧密密度）的空隙率，%；

ρ_L——砂的堆积密度，kg/m³；

ρ_C——砂的紧密密度，kg/m³；

ρ——砂的表观密度，kg/m³。

（5）容量筒容积校正

容量筒容积的校正方法：以温度为 20℃±5℃的饮用水装满容量筒，用玻璃板沿筒口滑移，使其紧贴水面，玻璃板与水面之间不得有空隙。擦干筒外壁水分，然后称其质量。用式（5-8）计算筒的容积。

$$V=m_2'-m_1' \tag{5-8}$$

式中，V——容量筒的容积，mL；

m_1'——容量筒和玻璃板总质量，g；

m_2'——容量筒、玻璃板和水总质量，g。

4. 砂的含泥量测定（标准法）

（1）仪器设备

1）天平：称量 1 kg，感量不大于 1 g。

2）烘箱：温度控制范围为 105℃±5℃。

3）试验筛：筛孔公称直径为 80 μm 及 1.25 mm 的方孔筛各一个。

4）洗砂用的容器及烘干用的浅盘等。

（2）试样制备

样品缩分至 1 100 g，置于温度为 105℃±5℃的烘箱中烘干至恒重，冷却至室温后，称取约 400 g（m_0）的试样两份备用。

（3）试验步骤

1）取烘干的试样一份置于容器中，并注入干净的饮用水，使水面高出砂面约 150 mm，充分拌和均匀后，浸泡 2 h，然后用手在水中淘洗试样，使尘屑、淤泥和黏土与砂粒分离，并使之悬浮水中。缓缓地将浑浊液倒入公称直径为 1.25 mm、80 μm 的 f 方孔套筛上（1.25 mm 筛放置在上面），滤去小于 80 μm 的颗粒。试验前筛子的两面应先用水湿润，在整个试验过程中应注意避免砂粒丢失。

2）再次加水于容器中，重复上述过程，直至容器内砂样洗出的水清澈为止。

3）用水冲洗剩余在筛上的细粒，并将 80 μm 筛放在水中（使水面略高出筛中砂粒的上表面）来回摇动，以充分洗除小于 80 μm 的颗粒。然后将两筛上筛余的颗粒和容器中已经洗净的试样一并装入浅盘，置于温度为 105℃±5℃的烘箱中烘干至恒重，冷却至室温，称取试样的质量（m_1）。

（4）砂中含泥量计算

砂的含泥量按式（5-9）计算，并精确至 0.1%。

$$\omega_c = \frac{m_0 - m_1}{m_0} \times 100\% \tag{5-9}$$

式中，ω_c——砂的含泥量，%；

m_0——试验前的烘干试样质量，g；

m_1——试验后的烘干试样质量，g。

以两个试样试验结果的算术平均值作为测定值。两次结果之差超过 0.5%时，应重新取样进行试验。

5. 砂中泥块含量试验

（1）仪器设备

1）天平：称量 1 000 g，感量 1 g；称量 5 000 g，感量 5 g。

2）烘箱：能控温在 105℃±5℃。

3）试验筛：筛孔公称直径为 630 μm 及 1.25 mm 的方孔筛各一只。

4）洗砂用的容器及烘干用的浅盘等。

（2）试样制备

将样品缩分至 5 000 g，置于温度为 105℃±5℃的烘箱中烘干至恒重，冷却至室温后，用 1.25 mm 的方孔筛筛分，取筛上的砂不少于 400 g 分为两份备用。特细砂按实际筛分量。

（3）试验步骤

1)取试样 1 份 200 g(m_1)置于容器中，并注入洁净的饮用水，使水面至少超出砂面 150 mm，充分拌混均匀后，浸泡 24 h，然后用手在水中捻碎泥块，再把试样放在公称直径为 630 μm 的方孔筛上，用水淘洗直至水清澈为止。

2）筛余下来的试样应小心地从筛里取出，装入水平浅盘后，置于温度为 105℃±5℃的烘箱中烘干至恒重，冷却后称量（m_2）。

（4）结果计算

砂中泥块含量按式（5-10）计算，精确至0.1%。

$$\omega_{c,L}=\frac{m_1-m_2}{m_1}\times 100\% \tag{5-10}$$

式中，$\omega_{c,L}$——砂中泥块含量，%；

m_1——试验前的烘干试样量，g；

m_2——试验后的烘干试样量，g。

以两次试样试验结果的算术平均值作为测定值。

6. 砂的含水率试验

（1）标准法

1）仪器设备：

①烘箱：温度控制范围为（105±5）℃。

②天平：称量为1 000 g，感量1g。

③容器：如浅盘等。

2）试验步骤：由密封的样品中取各重500 g的试样两份，分别放入已知质量的干燥容器（m_1）中称重，记下每盘试样与容器的总重量（m_2）。将容器连同试样放入温度为（105±5）℃的烘箱中烘干至恒重，称量烘干后的试样与容器的总质量（m_3）。

3）结果计算，砂的含水率（标准法）按式（5-11）计算，精确至0.1%。

$$\omega_{wc}=\frac{m_2-m_3}{m_3-m_1}\times 100\% \tag{5-11}$$

式中，ω_{wc}——试样的含水率，%；

m_1——容器的质量，g；

m_2——未烘干的试样与容器的总质量，g；

m_3——烘干后的试样与容器的总质量，g。

以两次试验结果的算术平均值作为测定值。

（2）快速法

1）仪器设备：

①电炉（或火炉）。

②天平：称量为1 000 g，感量1 g。

③炒盘（铁制或铝制）。

④油灰铲、毛刷等。

2）试验步骤：

①由密封样品中取500 g试样放入干净的炒盘（m_1）中，称取试样与炒盘的总质量（m_2）。

②置炒盘于电炉（或火炉）上，用小铲不断地翻拌试样，到试样表面全部干燥后，切断电源（或移出火外），再继续翻拌1 min，稍微冷却（以免损坏天平）后，称干样与炒盘的总质量（m_3）。

3）结果计算：

砂的含水率（快速法）按式（5-12）计算，精确至0.1%。

$$\omega_{wc}=\frac{m_2-m_3}{m_3-m_1}\times 100\% \tag{5-12}$$

式中，ω_{wc}——试样的含水率，%；

m_1——炒盘的质量，g；

m_2——未烘干的试样与炒盘的总质量，g；

m_3——烘干后的试样与炒盘的总质量，g。

以两次试验结果的算术平均值作为测定值。

7. 人工砂及混合砂中石粉含量试验（亚甲蓝法）

（1）仪器设备

1）烘箱：温度控制范围为（105±5）℃。

2）天平：称量 1 000 g，感量 1 g；称量 100 g，感量 0.01 g。

3）试验筛：筛孔公称直径为 80 μm 及 1.25 mm 的方孔筛各一只。

4）容器：要求淘洗试样时，保持试样不溅出（深度大于 250 mm）。

5）移液管：5 mL、2 mL 移液管各一个。

6）三片或四片式叶轮搅拌器：转速可调，最高可达（600±60）r/min，直径（75±10）mm。

7）定时装置：精度 1 s。

8）玻璃容量瓶：容量 1 L。

9）温度计：精度 1℃。

10）玻璃棒：2 支，直径 8 mm，长 300 mm。

11）滤纸：快速。

12）搪瓷盘、毛刷、容量为 1 000 mL 的烧杯等。

（2）溶液的配制及试样制备应符合的规定

1）亚甲蓝溶液的配制按下述方法：

将亚甲蓝（$C_{16}H_{18}ClN_3S \cdot 3H_2O$）粉末在（105±5）℃下烘干至恒重，称取烘干亚甲蓝粉末 10 g，精确至 0.01 g，倒入盛有约 600 mL 蒸馏水（水温加热至 35～40℃）的烧杯中，用玻璃棒持续搅拌 40 min，直至亚甲蓝粉末完全溶解，冷却至 20℃。将溶液倒入 1 L 容量瓶中，用蒸馏水淋洗烧杯等，使所有亚甲蓝溶液全部移入容量瓶，容量瓶和溶液的温度应保持在（20±1）℃，加蒸馏水至容量瓶 1 L 刻度。振荡容量瓶以保证亚甲蓝粉末完全溶解。将容量瓶中溶液移入深色储存瓶中，标明制备日期、失效日期（亚甲蓝溶液保质期应不超过 28 d），并置于阴暗处保存。

2）将人工砂或者混合砂样品缩分至 400 g，放在烘箱中于（105±5）℃下烘干至恒重，待冷却至室温后，筛除大于公称直径 5.0 mm 的颗粒。

（3）人工砂及混合砂中的石粉含量试验步骤

1）称取试样 200g，精确至 1 g。将试样倒入盛有（500±50）mL 蒸馏水的烧杯中，用叶轮搅拌机以（600±60）r/min 转速搅拌 5 min，形成悬浮液，然后以（400±40）r/min 转速持续搅拌，直至试验结束。

2）悬浮液中加入 5 mL 亚甲蓝溶液，以（400±40）r/min 转速搅拌至少 1 min 后，用玻璃棒蘸取一滴悬浮液（所取悬浮液滴应使沉淀物直径在 8～12 mm 内），滴于滤纸（置于空烧杯或其他合适的支撑物上，以使滤纸表面不与任何固体或者液体接触）上。若沉淀物周围未出现色晕，在加入 5 mL 亚甲蓝溶液，继续搅拌 1 min，再用玻璃棒蘸取一点悬浮液，滴于滤纸上，若沉淀物周围仍未出现色晕，重复上述步骤，直至沉淀物周围出现约 1 mm 宽的稳定浅蓝色色晕。此时，应继续搅拌，不加亚甲蓝溶液，每分钟进行一次蘸染试验。若色晕在 4 min 内消失，在加入 5 mL 亚甲蓝溶液；若色晕在第 5 min 消失，在加入 2 mL 亚甲蓝溶液。两种情况下，均应继续进行搅拌和蘸染试验，直至色晕可持续 5 min。

3）记录色晕持续 5 min 时所加入的亚甲蓝溶液总体积，精确至 1 mL。

4）亚甲蓝 MB 值按式（5-13）计算。

$$MB=\frac{V}{G}\times 10 \tag{5-13}$$

式中，MB——亚甲蓝值，g/kg，表示每千克 0～2.36 mm 粒级试样所消耗的亚甲蓝克数，精确至 0.01；

G——试样质量，g；

V——所加入的亚甲蓝溶液的总量，mL。

（注：公式中的系数 10 用于将每千克试样消耗的亚甲蓝溶液体积换算成亚甲蓝质量。）

5）亚甲蓝试验结果评定应符合下列规定：

当 MB 值＜1.4 时，则判断以石粉为主；当 $MB\geqslant 1.4$ 时，则判定为以泥粉为主的石粉。

6）亚甲蓝快速试验应按下述方法进行：

一次性向烧杯中加入 30 mL 亚甲蓝溶液，以（400±40）r/min 转速持续搅拌 8 min，然后用玻璃棒蘸取一滴悬浮液，滴于滤纸上，观察沉淀物周围是否出现明显色晕，出现色晕的为合格，否则为不合格。

8. 人工砂压碎值指标试验

（1）仪器设备

1）压力试验机，荷载 300 kN。

2）受压钢模如图 5-3 所示。

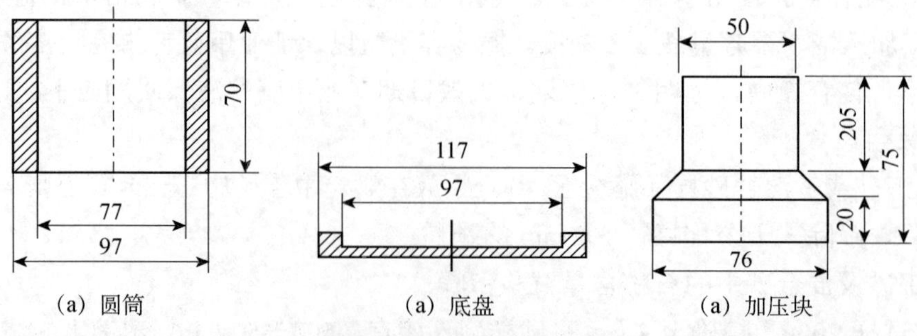

图 5-3　受压钢膜示意图

3）天平：称量为 1 000 g，感量 1 g。

4）试验筛：筛孔公称直径分别为 5.00 mm、2.50 mm、1.25 mm、630 μm、315 μm、160 μm、80 μm 的方孔筛各一只。

5）烘箱：温度控制范围为（105±5）℃。

6）其他：瓷盘 10 个，小勺 2 把。

（2）试样制备

将缩分后的样品置于（105±5）℃的烘箱内烘干至恒重，待冷至室温后，筛分成 5.00～2.50 mm、2.50～1.25 mm、1.25 mm～630 μm、630～315 μm 4 个粒级，每级试样质量不得少于 1 000 g。

（3）试验步骤

1）置圆筒于底盘上，组成受压模，将单一级砂样约 300 g 装入模内，使试样距底盘约为 50 mm；

2）平整试模内试样的表面，将加压块放入圆筒内，并转动一周使之与试样均匀接触；

3）将装好砂样的受压钢模置于压力机的支承板上，对准压板中心后，开动机器，以 500 N/s 的速度加荷，加荷至 25 kN 时持荷 5 s，而后以同样速度卸荷；

4）取下受压模，移去加压块，倒出压过的试样并称其质量（m_0），然后用该粒级的下限筛（如砂样为公称粒级 5.00～2.50 mm 时，其下限筛为筛孔直径为 2.50 mm 的方孔筛）进行筛分，称出该粒级试样的筛余量（m_1）。

（4）计算结果

1）第 i 单级砂样的压碎指标按式（5-14）方法计算，精确至 0.1%。

$$\delta_i = \frac{m_0 - m_1}{m_0} \times 100\% \tag{5-14}$$

式中，δ_i——第 i 单级砂样的压碎指标，%；

m_0——第 i 单级试样的质量，g；

m_1——第 i 单级试样的压碎试验后筛余的试样质量，g。

以 3 份试样试验结果的算术平均值作为各单粒级试样的测定值。

2）四级砂样总的压碎指标按式（5-15）计算。

$$\delta_{sa} = \frac{\alpha_1\delta_1 + \alpha_2\delta_2 + \alpha_3\delta_3 + \alpha_4\delta_4}{\alpha_1 + \alpha_2 + \alpha_3 + \alpha_4} \times 100\% \tag{5-15}$$

式中，δ_{sa}——总的压碎指标，%，精确至 0.1%；

a_1、a_2、a_3、a_4——公称直径分别为 2.50 mm、1.25 mm、615 μm、315 μm 各方孔筛的分计筛余，%；

δ_1、δ_2、δ_3、δ_4——公称粒级分别为 5.00～2.50 mm、2.50～1.25 mm、1.25 mm～630 μm、630～315 μm 单级试样压碎指标，%。

第三节　建设用卵石、碎石

一、概述

1. 定义

粒径大于 4.75 mm 的岩石颗粒骨料称为粗骨料或粗集料（石子）。

2. 分类

石子分为卵石和碎石两类。其中卵石是由自然条件作用而形成的，公称粒径大于 5.00 mm 的岩石颗粒；碎石是由天然岩石或卵石经破碎、筛分而得的，公称粒径大于 5 mm 的岩石颗粒。

二、技术质量要求

1. 石子的颗粒级配

石筛应采用方孔筛。石的公称粒径、石筛筛孔的公称直径与方孔筛筛孔边长应符合表 5-14 的规定。

表 5-14　石筛筛孔的公称直径与方孔筛尺寸　　单位：mm

石的公称粒径	石筛筛孔的公称粒径	方孔筛筛孔边长
2.50	2.50	2.36
5.00	5.00	4.75
10.0	10.0	9.5
16.0	16.0	16.0
20.0	20.0	19.0
25.0	25.0	26.5
31.5	31.5	31.5
40.0	40.0	37.5
50.0	50.0	53.0
63.0	63.0	63.0
80.0	80.0	75.0
100.0	100.0	90.0

碎石或卵石的颗粒级配，应符合表 5-15 的要求。混凝土用石应采用连续粒级。单粒级宜用于组合成满足要求级配的连续粒级，也可与连续粒级混合使用，以改善其级配或配成较大粒度的连续粒级。当卵石的颗粒级配不符合表 5-15 要求时，应采取措施并经试验证实能确保工程质量后，方允许使用。

表 5-15　卵石或碎石的颗粒级配范围

级配情况	公称粒级/mm	累计筛余（按质量计）/% 方孔筛筛孔边长尺寸/mm											
		2.36	4.75	9.5	16.0	19.0	26.5	31.5	37.5	53	63	75	90
连续级配	5～10	95～100	80～100	0～15	0	—	—	—	—	—	—	—	—
	5～16	95～100	85～100	30～60	0～10	0	—	—	—	—	—	—	—
	5～20	95～100	90～100	40～80	—	0～10	0	—	—	—	—	—	—
	5～25	95～100	90～100	—	30～70	—	0～5	0	—	—	—	—	—
	5～31.5	95～100	90～100	70～90	—	15～45	—	0～5	0	—	—	—	—
	5～40	95～100	95～100	70～90	—	30～65	—	—	0～5	0	—	—	—
间断级配	10～20	—	95～100	85～100	—	0～15	0	—	—	—	—	—	—
	16～31.5	—	95～100	—	85～100	—	—	0～10	0	—	—	—	—
	20～40	—	—	95～100	—	80～100	—	—	0～10	0	—	—	—
	31.5～63	—	—	—	95～100	—	—	75～100	45～75	—	0～10	0	—
	40～80	—	—	—	—	95～100	—	—	70～100	—	30～60	0～10	0

2. 针状、片状颗粒含量

凡岩石颗粒的长度大于该颗粒所属粒级的平均粒径 2.4 倍者为针状颗粒；厚度小于平均粒径 0.4 倍者为片状颗粒。平均粒径是指该粒级上、下限粒径的平均值。卵石或碎石中针、片状颗粒含量应符合表 5-16 的规定。

表 5-16　针状、片状颗粒含量

混凝土强度等级	≥C60	C55～C30	≤C25
针状、片状颗粒含量（按质量计）/%	≤8	≤15	≤25

3. 含泥量

卵石或碎石中含泥量应符合表 5-17 的规定。

表 5-17　卵石或碎石中含泥量

混凝土强度等级	≥C60	C55～C30	≤C25
含泥量（按质量计）/%	≤0.5	≤1.0	≤2.0

对于有抗冻、抗渗或其他特殊要求的混凝土，其所用卵石或碎石中含泥量不应大于 1.0%。当卵石或碎石的含泥是非黏土质的石粉时，其含泥量可由表 5.4.4 的 0.5%、1.0%、2.0%，分别提高到 1.0%、1.5%、3.0%。

4. 泥块含量

石的泥块含量是指石中公称粒径大于 5.00 mm，经水洗、手捏后变成小于 2.50 mm 的颗粒的含量。卵石或碎石中含泥量应符合表 5-18 的规定。

表 5-18　卵石或碎石中泥块含量

混凝土强度等级	≥C60	C55～C30	≤C25
泥块含量（按质量计）/%	≤0.2	≤0.5	≤0.7

对于有抗冻、抗渗或其他特殊要求的强度等级小于 C30 的混凝土，其所用卵石或碎石中泥块含量不应大于 0.5%。

5. 强度

卵石的强度用压碎值指标表示。其压碎值指标应符合表 5-19 的规定。碎石的强度可用岩石的抗压强度和压碎值指标表示。岩石的抗压强度应比所配制的混凝土强度至少高 20%。当混凝土强度等级大于或等于 C60 时，应进行岩石抗压强度检验，岩石抗压强度应至少比混凝土设计强度 30%。岩石强度首先应由生产单位提供，工程中可采用压碎值指标进行质量控制。碎石的压碎值指标应符合表 5-20 的规定。

表 5-19　卵石的压碎值指标

混凝土强度等级	C60～C40	≤C35
压碎值指标/%	≤12	≤16

表 5-20　碎石的压碎值指标

岩石品种	混凝土强度等级	碎石压碎值指标 /%
沉积岩	C60～C40	≤10
	≤C35	≤16
变质岩或深成的火成岩	C60～C40	≤12
	≤C35	≤20
喷出的火成岩	C60～C40	≤13
	≤C35	≤30

注：沉积岩包括石灰岩、砂岩等。变质岩包括片麻岩、石英岩等。深成的火成岩包括花岗岩、正长岩、闪长岩和橄榄岩等。喷出的火成岩包括玄武岩和辉绿岩等。

6. 坚固性

卵石或碎石的坚固性应用硫酸钠溶液法检验，试样经 5 次循环后，其质量损失应符合表 5-21 的规定。

表 5-21　卵石或碎石的坚固性指标

混凝土所处的环境条件及其性能要求	5 次循环后的质量损失/%
在严寒及寒冷地区室外使用，并经常处于潮湿或干湿交替状态下的混凝土有腐蚀介质作用或经常处于水位变化区的地下结构或有抗疲劳、耐磨、抗冲击等要求的混凝土	≤8
其他条件下使用的混凝土	≤12

7.有害物质含量

卵石或碎石中的硫化物和硫酸盐含量以及卵石中有机物等有害物质含量应符合表 5-22 的规定。

表 5-22　卵石或碎石中的有害物质含量

项　目	质量要求
硫化物及硫酸盐含量（折算成 SO_3，按质量计）/%	≤1.0
卵石中有机物含量（用比色法试验）	颜色应不深于标准色。当颜色深于标准色时，应配制成混凝土进行强度对比试验，抗压强度比应不低于 0.95

当碎石或卵石中含有颗粒状硫酸盐或硫化物杂质时，应进行专门检验，确认能满足混凝土耐久性要后，方可采用。

8. 碱活性

对于长期处于潮湿环境的重要结构混凝土，其所使用的碎石或卵石应进行碱活性检验。

进行碱活性检验时，首先应采用岩相法检验碱活性骨料的品种、类型和数量。当检验出骨料中含有活性二氧化硅时，应采用快速砂浆法和砂浆长度法进行碱活性检验；当检验出骨料中含有活性炭酸盐时，应采用岩石柱法进行碱活性检验。

经上述检验，当判定骨料存在潜在碱-碳酸盐反应危害时，不宜用作混凝土骨料，否则，应通过专门的混凝土试验，做最后评定。

当判定骨料存在潜在碱-硅反应危害时，应控制混凝土中的碱含量不超过 3 kg/m^3，或采用能抑制碱-骨料反应的有效措施。

三、检验规则

1. 组批规则

使用单位应按石的同产地同规格分批验收。采用大型工具（如火车、货船、汽车）运输的，以 400 m^3 或 600 t 为一验收批。采用小型工具（如拖拉机等）运输的，应以 200 m^3 或 300 t 为一验收批。不足上述数量者，应按一验收批进行验收。当石的质量比较稳定、进料量又较大时，可以 1 000 t 为一验收批。

2. 取样方法

（1）每验收批取样方法应按下列规定执行

①在料堆上取样时，取样部位应均匀分布。取样前先将取样部位表层铲除。然后由各部位抽取大致相等的石子共 16 份组成一组样品。

②从皮带运输机上取样时，应在皮带运输机机尾的出料处用接料器定时抽取石 8 份组成一组样品。

③从火车、汽车、货船上取样时，应从不同部位和深度抽取大致相等的石 16 份组成一组样品。

④除筛分析处，当其余检验项目存在不合格项时，应加倍进行复验。当复验仍有一项不满足标准要求时，应按不合格品处理。如经观察，认为各节车皮间（汽车、货船间）所载的砂、石质量相差甚为悬殊时，应对质量有怀疑的每节列车（汽车、货船）分别取样和验收。

（2）样品缩分

卵石或碎石缩分时，应将样品置于平板上，在自然状态下拌均匀，并堆成锥体，然后沿互相垂直的两条直径把锥体分成大致相等的 4 份，取其对角的 2 份重新拌匀，再堆成锥体，重复上述过程，直至把样品缩分至试验所必需的量为止。

3. 取样数量

对于每一项检验项目，石的每组样品取样数量应满足表 5-23 的规定。当需要做多项检验时，可在确保样品经一项试验后不致影响其他试验结果的前提下，用同组样品进行多项不同的试验。

表 5-23　每一单项检验项目所需卵石或碎石的最小取样质量　　单位：kg

试验项目	最大粒径/mm							
	10.0	16.0	20.0	25.0	31.5	40.0	63.0	80.0
筛分析	8	15	16	20	25	32	50	64
表观密度	8	8	8	8	12	16	24	24
含水率	2	2	2	2	3	3	4	6
吸水率	8	8	16	16	16	24	24	32
堆积密度、紧密密度	40	40	40	40	80	80	120	120
含泥量	8	8	24	24	40	40	80	80
泥块含量	8	8	24	24	40	40	80	80
针、片状含量	1.2	4	8	12	20	20	—	—
硫化物及硫酸盐	1.0							

四、检验方法

1. 卵石或碎石的筛分析试验

（1）仪器设备

1）试验筛：筛孔公称直径为 100.0 mm、80.0 mm、63.0 mm、50.0 mm、40.0 mm、31.5 mm、25.0 mm、20.0 mm、16.0 mm、10.0 mm、5.00 mm 和 2.50 mm 的方孔筛以及筛的底盘和盖各一只，其规格和质量要求应符合现行国家标准《金属穿孔板试验筛》（GB/T 6003.2—2012）的要求，筛框直径为 300 mm。

2）天平和秤：天平的称量 5 kg，感量 5 g；秤的称量为 20 kg，感量 20 g。

3）烘箱：温度控制范围为（105±5）℃。

4）浅盘。

（2）试样制备

试验前，应将样品缩分至表 5-24 所规定的试样最少质量，并烘干或风干后备用。

表 5-24　筛分析所需试样的最少质量

公称粒级/mm	10.0	16.0	20.0	25.0	31.5	40.0	63.0	80.0
试样最少质量/kg	2.0	3.2	4.0	5.0	6.3	8.0	12.6	16.0

（3）试验步骤

1）按表 5-24 规定称取试样。

2）将试样按筛孔大小顺序过筛，当每只筛上的筛余层厚度大于试样的最大粒径值时，应将该筛上的筛余试样分成两份，再次进行筛分，直至各筛每分钟的通过量不超过试样总量的 0.1%。

（注：当筛余试样的颗粒粒径比公称粒径大 20 mm 以上时，在筛分过程中，允许用手拨动颗粒。）

3）称取各筛筛余的质量，精确至试样总质量的 0.1%。各筛的分计筛余量和筛底剩余量的总和与筛分前测定的试样总量相比，其相差不得超过 1%。

（4）计算结果

1）计算分计筛余（各筛上筛余量除以试样的百分率），精确至 0.1%；

2）计算累计筛余（该筛的分计筛余与筛孔大于该筛的各筛的分计筛余百分率之总和），精确至 1%；

3）根据各筛的累计筛余，评定该试样的颗粒级配。

2. 卵石或碎石的表观密度试验

（1）标准法

1）仪器设备：

①液体天平：称量 5 kg，感量 5 g，其型号及尺寸应能允许在臂上悬挂盛试样的吊篮，并在水中称重。

②吊篮：直径和高度均为 150 mm，由孔径为 1～2 mm 的筛网或钻有孔径为 2～3 mm 孔洞的耐锈蚀金属板制成。

③盛水容器：有溢流孔。

④烘箱：温度控制范围为（105±5）℃。

⑤试验筛：筛孔公称直径为 5.00 mm 的方孔筛一只。

⑥温度计：0～100℃。

⑦带盖容器、浅盘、刷子和毛巾等。

2）试样制备：试验前，将样品筛除公称粒径 5.00 mm 以下的颗粒，并缩分至略大于 2 倍于表 5-25 所规定的最少质量，冲洗干净后分成 2 份备用。

表 5-25　表观密度试验所需的试样最少质量

最大公称粒级/mm	10.0	16.0	20.0	25.0	31.5	40.0	63.0	80.0
试样最少质量/kg	2.0	2.0	2.0	2.0	3.0	4.0	6.0	6.0

3）试验步骤：

①按表 5-25 的规定称取试样。

②取试样一份装入吊篮，并浸入盛水的容器中，水面至少高出试样 50 mm。

③浸水 24 h 后，移放到称量用的盛水容器中，并用上下升降吊篮的方法排除气泡（试样不得露出水面）。吊篮每升降一次约为 1 s，升降高度为 30～50 mm。

④测定水温（此时吊篮应全浸在水中），用天平称取吊篮及试样在水中的质量（m_2）。称量时盛水容器中水面的高度由容器的溢流孔控制。

⑤提起吊篮，将试样置于浅盘中，放入（105±5）℃的烘箱中烘干至恒重；取出来放在带盖的容器中冷却至室温后，称重（m_0）。

（注：恒重是指相邻两次称重间隔时间不小于 3 h 的情况下，其前后两次称量之差小于该项试验所要求的称量精度。下同。）

⑥称取吊篮在同样温度的水中质量（m_1），称量时盛水容器的水面高度仍应由溢流口控制。

（注：试验的各项称重可以在 15～25℃的温度范围内进行，但从试样加水静置的最后 2 h 起直至试验结束，其温度相差不应超过 2℃。）

4）结果计算：

表观密度 ρ 应按式（5-16）计算，精确至 10 kg/m³ 。

$$\rho=\left(\frac{m_0}{m_0+m_1-m_2}-\alpha_t\right)\times 1\,000 \tag{5-16}$$

式中，ρ——表观密度，kg/m³ ；

m_0——试样的烘干质量，g；

m_1——吊篮在水中的质量，g；

m_2——吊篮及试样在水中的质量，g；

α_t——水温对表观密度影响的修正系数，见表 5-26。

表 5-26　不同水温下碎石或卵石的表观密度影响的修正系数

水温/℃	15	16	17	18	19	20	21	22	23	24	25
α_t	0.002	0.003	0.003	0.004	0.004	0.005	0.005	0.006	0.006	0.007	0.008

以 2 次试验结果的算术平均值作为测定值。当 2 次结果之差大于 20 kg/m³ 时，应重新取

样进行试验。对颗粒材质不均匀的试样，2 次试验结果之差大于 20 kg/m³ 时，可取 4 次测定结果的算术平均值作为测定值。

（2）简易法

1）仪器设备：

①烘箱：温度控制范围为（105±5）℃。

②秤：称量为 20 kg，感量为 20 g。

③广口瓶：容量为 1 000 mL，磨口，并带玻璃片。

④试验筛：筛孔公称直径为 5.00 mm 的方孔筛一只。

⑤毛巾、刷子等。

2）试样制备：

试验前，筛除样品中公称粒径为 5.00 mm 以下的颗粒，并缩分至略大于本方法表 5-25 所规定的量的 2 倍，冲洗干净后分成 2 份备用。

3）试验步骤：

①按表 5-25 规定的数量称取试样。

②将试样浸水饱和，然后装入广口瓶中。装试样时，广口瓶应倾斜放置，注入饮用水，用玻璃片覆盖瓶口，以上下左右摇晃的方法排除气泡。

③气泡排尽后，向瓶中添加饮用水直至水面凸出瓶口边缘。然后用玻璃片沿瓶口迅速滑行，使其紧贴瓶口水面。擦干瓶外水分后，称取试样、水、瓶和玻璃片总质量（m_1）。

④将瓶中的试样倒入浅盘中，放在（105±5）℃的烘箱中烘干至恒重；取出，放在带盖的容器中冷却至室温后称取质量（m_0）。

⑤将瓶洗净，重新注入饮用水，用玻璃片紧贴瓶口水面，擦干瓶外水分后称重（m_2）。

（注：试验的各项称重可以在 15～25℃的温度范围内进行，但从试样加水静置的最后 2 h 起直至试验结束，其温度相差不应超过 2℃。）

4）表观密度 ρ 应按式（5-17）计算，精确至 10 kg/m³ 。

$$\rho=\left(\frac{m_0}{m_0+m_1-m_2}-\alpha_t\right)\times 1\,000 \tag{5-17}$$

式中，ρ——表观密度，kg/m³；

m_0——烘干后试样质量，g；

m_1——试样、水、瓶和玻璃片总质量，g；

m_2——水、瓶和玻璃片总质量，g；

α_t——水温对表观密度影响的修正系数，见表 5-34。

以 2 次试验结果的算术平均值作为测定值。当 2 次结果之差大于 20 kg/m³ 时，应重新取样进行试验。对颗粒材质不均匀的试样，2 次试验结果之差大于 20 kg/m³ 时，可取 4 次测定结果的算术平均值作为测定值。

3. 卵石或碎石的堆积密度和紧密密度试验

（1）仪器设备

1）秤：称量为100kg，感量为100g。

2）容量筒：金属制，其规格见表5-27。

3）平头铁锹。

4）烘箱：温度控制范围为（105±5）℃。

表5-27　容量筒的规格要求

碎石或卵石的最大公称粒径/mm	容量筒容积/L	容量筒规格/mm		筒壁厚度/mm
		内径	净高	
10.0、16.0、20.0、25	10	208	294	2
31.5、40.0	20	294	294	3
63.0、80.0	30	360	294	4

注：测定紧密密度时，对最大公称粒径为31.5 mm、40.0 mm的骨料，可采用10 L的容量筒，对最大公称粒径为63.0 mm、80.0 mm的骨料，可采用20 L容量筒。

（2）试样制备

按表5-23规定称取试样，放入浅盘，在（105±5）℃的烘箱中烘干，也可摊在清洁的地面上风干，拌匀后分成2份备用。

（3）试验步骤

1）堆积密度：取试样一份，置于平整干净的地板（或铁板）上，用平头铁锹铲起试样，使石子自由落入容量筒内。此时，从铁锹的齐口至容量筒上口的距离应保持为50 mm左右。装满容量筒除去凸出筒口表面的颗粒，并以合适的颗粒填入凹陷部分，使表面稍凸起部分和凹陷部分的体积大致相等，称取试样和容量筒总质量（m_1）。

2）紧密密度：取试样一份，分3层装入容量筒。装完一层后，在筒底垫放一根直径为25 mm的钢筋，将筒按住并左右交替颠击地面各25下，然后装入第二层。第二层装满后，用同样的方法颠实（但筒底所垫钢筋的方向应与第一层放置方向垂直），然后再装入第三层，如法颠实。待3层试样装填完毕后，加料直到试样超出容量筒筒口，用钢筋沿筒口边缘滚转，刮下高出筒口的颗粒，用合适的颗粒填平凹处，使表面稍凸起部分和凹陷部分的体积大致相等。称取试样和容量筒总质量（m_2）。

（4）结果计算

1）堆积密度（ρ_L）或紧密密度（ρ_c）按式（5-18）计算，精确至10 kg/m³。

$$\rho_L(\rho_c)=\frac{m_2-m_1}{V}\times 1\,000 \qquad (5\text{-}18)$$

式中，ρ_L——堆积密度，kg/m³；

ρ_c——紧密密度，kg/m³；

m_1——容量筒的量，kg；

m_2——试样和容量筒总质量，kg；

V——容量筒的体积，L。

以两次试验结果的算术平均值作为测定值。

2）空隙率（ν_L、ν_c）按式（5-19）、式（5-20）计算，精确至1%。

$$\nu_L = (1-\frac{\rho_L}{\rho}) \times 100\% \tag{5-19}$$

$$\nu_L = (1-\frac{\rho_c}{\rho}) \times 100\% \tag{5-20}$$

式中，ν_L、ν_c——空隙率，%；

ρ_L——碎石或卵石的堆积密度，kg/m³；

ρ_c——碎石或卵石的紧密密度，kg/m³；

ρ——碎石或卵石的表观密度，kg/m³。

（5）容量筒的校正

应以（20±5）℃的饮用水装满容量筒，用玻璃板沿筒口滑移，使其紧贴水面，擦干筒外壁水分后称取质量。用式（5-21）计算筒的容积。

$$V = m_2' - m_1' \tag{5-21}$$

式中，V——容量筒的体积，L；

m_1'——容量筒和玻璃板的质量，kg；

m_2'——容量筒、玻璃板和水的总质量，kg。

4. 卵石或碎石的含水率试验

（1）仪器设备

1）烘箱：温度控制范围为（105±5）℃。

2）秤：称量为20kg，感量为20g。

3）容器：如浅盘等。

（2）试验步骤

1）按表5-23要求称取试样，分成2份备用。

2）将试样置于干净的容器中，称取试样和容器的总质量（m_1），并在（105±5）℃的烘箱中烘干至恒重；

3）取出试样，冷却后称取试样和容器的总质量（m_2），并称取容器的质量（m_3）。

（3）含水率ω_{wc}应按式（5-22）计算，精确至0.1%。

$$\omega_{wc} = \frac{m_1 - m_2}{m_2 - m_3} \times 100\% \tag{5-22}$$

式中，ω_{wc}——含水率，%；

m_1——烘干前试样和容器的总质量，g；

m_2——烘干后试样和容器的总质量，g；

m_3——容器质量，g。

以两次试验结果的算术平均值作为测定值。

5. 卵石或碎石的含泥量试验

（1）仪器设备

1）秤：称量为 20 kg，感量为 20 g。

2）烘箱：温度控制范围为（105±5）℃。

3）试验筛：筛孔公称直径为 1.25 mm 及 80 μm 的方孔筛各一只。

4）容器：容积约 10 L 的瓷盘或金属盒。

5）浅盘。

（2）试样制备

将样品缩分至表 5-28 所规定的量（注意防止细粉丢失），并置于温度为（105±5）℃的烘箱内烘干至恒重，冷却至室温后分成 2 份备用。

表 5-28　含泥量试验所需的试样最少质量

最大公称粒级/mm	10.0	16.0	20.0	25.0	31.5	40.0	63.0	80.0
试样最少质量/kg	2	2	6	6	10	10	20	20

（3）试验步骤

1）称取试样一份（m_0）装入容器中摊平，并注入饮用水，使水面高出石子表面 150 mm；浸泡 2 h 后，用手在水中淘洗颗粒，使尘屑、淤泥和黏土与较粗颗粒分离，并使之悬浮或溶解于水。缓缓地将浑浊液倒入公称直径为 1.25 mm 及 80 μm 的方孔套筛（1.25 mm 筛放置上面）上，滤去小于 80 μm 的颗粒。试验前筛子的两面应先用水湿润。在整个试验过程中应注意避免大于 80 μm 的颗粒丢失。

2）再次加水于容器中，重复上述过程，直至洗出的水清澈为止。

3）用水冲洗剩留在筛上的细粒，并将公称直接为 80 μm 的方孔筛放在水中（使水面略高出筛内颗粒）来回摇动，以充分洗除小于 80 μm 的颗粒。然后将两只筛上剩留的颗粒和筒中已洗净的试样一并装入浅盘，置于温度为（105±5）℃的烘箱中烘干至恒重。取出冷却至室温后，称取试样的质量（m_1）。

（4）结果计算

卵石或碎石中含泥量 ω_c 应按式（5-23）计算，精确至 0.1%。

$$\omega_c = \frac{m_0 - m_1}{m_0} \times 100\% \tag{5-23}$$

式中，ω_c——含泥量，%；

m_0——试验前烘干试样的质量，g；

m_1——试验后烘干试样的质量，g。

以两次试验结果的算术平均值作为测定值。两次结果之差大于 0.2%时，应重新取样进行试验。

6. 卵石或碎石的泥块含量试验

（1）仪器设备

①秤：称量为 20 kg，感量为 20 g。

②烘箱：温度控制范围为（105±5）℃。

③试验筛：筛孔公称直径为 2.50 mm 及 5.00 mm 的方孔筛各一只。

④水筒及浅盘等。

（2）试样制备

将样品缩分至略大于表 5-28 所示的量，缩分时应防止所含黏土块被压碎。缩分后的试样在（105±5）℃烘箱内烘至恒重，冷却至室温后分成 2 份备用。

（3）试验步骤

①筛去公称粒径 5.00 mm 以下的颗粒，称取质量（m_1）。

②将试样在容器中摊平，加入饮用水使水面高出试样表面，24 h 后把水放出，用手碾压泥块，然后把试样放在公称直径为 2.50 mm 的方孔筛上摇动淘洗，直至洗出的水清澈为止。

③在筛上的试样小心地从筛中取出，置于温度为（105±5）℃烘箱中烘干至恒重。取出冷却至室温后称取质量（m_2）。

（4）结果计算

泥块含量 $\omega_{c,L}$ 应按式（5-24）计算，精确至 0.1%。

$$\omega_{c,L}=\frac{m_1-m_2}{m_1}\times 100\% \tag{5-24}$$

式中，$\omega_{c,L}$——泥块含量，%；

m_1——公称直径 5 mm 筛上筛余量，g；

m_2——试验后烘干试样的质量，g。

以 2 次试样试验结果的算术平均值作为测定值。

7. 卵石或碎石中针状和片状颗粒的总含量试验

（1）仪器设备

①针状规准仪（图 5-4）和片状规准仪（图 5-5），或游标卡尺。

②天平和秤：天平的称量为 2 kg，感量为 2 g；秤的称量为 20 kg，感量为 20 g。

③试验筛：筛孔公称直径分别为 5.00 mm、10.0 mm、20.0 mm、25.0 mm、31.5 mm、40.0 mm、63.0 mm、80.0 mm 的方孔筛各一只，根据需要选用。

④卡尺。

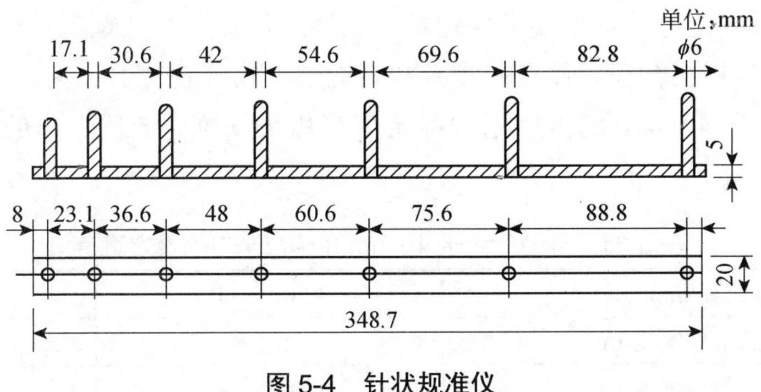

图 5-4　针状规准仪

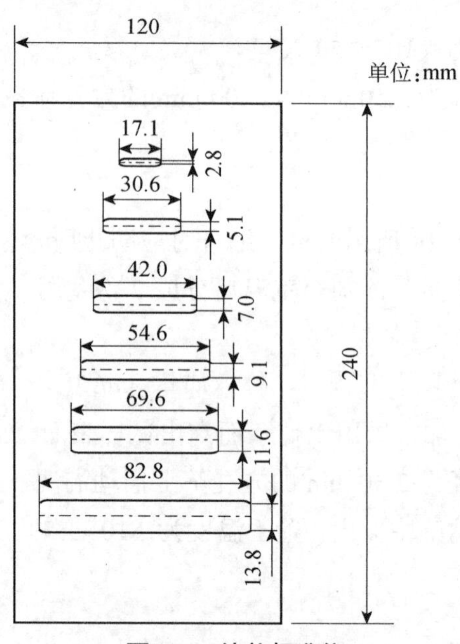

图 5-5　片状规准仪

（2）试样制备

将样品在室内风干至表面干燥，并缩分至表 5-29 规定的量，称量（m_0），然后筛分成表 5-30 所规定的粒径备用。

表 5-29　针状和片状颗粒的总含量试验所需的试样最少质量

最大公称粒径/mm	10.0	16.0	20.0	25.0	31.5	≥40.0
试样最少质量/kg	0.3	1	2	3	5	10

表 5-30　针状和片状颗粒的总含量试验的各粒级划分及所需的试样最少质量

公称粒级/mm	5.00～10.0	10.0～16.0	16.0～20.0	20.0～25.0	25.0～31.0	31.0～40.0
片状规准仪上相对应的孔宽/mm	2.8	5.1	7.0	9.1	11.6	13.8
针状规准仪上相对应的孔宽/mm	17.1	30.6	42.0	54.6	69.6	82.8

（3）试验步骤

①按表 5-30 所规定的粒级用规准仪逐粒对试样进行鉴定，凡颗粒长度大于针状规准仪上相对应的间距的，为针状颗粒。厚度小于片状规准仪上相应孔宽的，为片状颗粒。

②公称粒径大于 40 mm 的可用卡尺鉴定其针片状颗粒，卡尺卡口的设定宽度应符合表 5-31 的规定。

表 5-31　称粒径大于 40 mm 用卡尺卡口的设定宽度

公称粒径/mm	40.0～63.0	63.0～80.0
片状颗粒的卡口宽度/mm	18.1	27.6
针状颗粒的卡口宽度/mm	108.6	165.6

③称取由各粒级挑出的针状和片状颗粒的总质量（m_1）。

（4）结果计算

卵石或碎石针状和片状颗粒含量 ω_p 应按式（5-25）计算，精确至 1%。

$$\omega_p = \frac{m_1}{m_0} \times 100\% \tag{5-25}$$

式中，ω_p——针状和片状颗粒的总含量，%；

m_1——试样中所含针状和片状颗粒的总质量，g；

m_0——试样总质量，g。

8. 卵石或碎石的压碎值指标试验

（1）仪器设备

1）压力试验机：荷载 300 kN。

2）压碎值指标测定仪。

3）秤：称量 5 kg，感量 5 g。

4）试验筛：筛孔公称直径为 10.0 mm 和 20.0 mm 的方孔筛各一只。

（2）试样制备

1）标准试样一律采用公称粒级为 10.0～20.0 mm 的颗粒，并在风干状态下进行试验。

2）对多种岩石组成的卵石，当其公称粒径大于 20.0 mm 的颗粒的岩石矿物成分与 10.0～20.0 mm 的粒级有显著差异时，应将大于 20.0 mm 的颗粒经人工破碎后，筛取 10.0～20.0 mm 标准粒级另外进行压碎值指标试验。

3）将缩分后的样品先筛除试样中公称粒径 10.0 mm 以下及 20.0 mm 以上的颗粒，再用针状和片状规准仪剔除针状和片状颗粒，然后称取每份 3 kg 的试样 3 份备用。

（3）试验步骤

1）置圆筒于底盘上，取试样一份，分 2 层装入圆筒。每装完一层试样后，在底盘下面垫放一直径为 10 mm 的圆钢筋，将筒按住，左右交替颠击地面各 25 下，第二层颠实后，试样表面距盘底的高度应控制为 100 mm 左右。

2）整平筒内试样表面，把加压头装好（注意应使加压头保持平正），放到试验机上在 160～300 s 内均匀地加荷到 200 kN，稳定 5 s，然后卸荷，取出测定筒。倒出筒中的试样并称其质量（m_0），用公称直径为 2.50 mm 的方孔筛筛除被压碎的细粒，称量剩留在筛上的试样质量（m_1）。

（4）结果计算

碎石或卵石的压碎值指标 δ_a，应按式（5-26）计算，精确至 0.1%。

$$\delta_a = \frac{m_0 - m_1}{m_0} \times 100\% \tag{5-26}$$

式中，δ_a——压碎值指标，%；

m_0——试验的质量，g；

m_1——压碎试验后筛余的试样质量，g。

多种岩石组成的卵石，应对公称粒级 20.0 mm 以下和 20.0 mm 以上的标准粒级（10.0～20.0 mm）分别进行检验，则其总的压碎值指标 δ_a 应按式（5-27）计算：

$$\delta_{\mathrm{a}}=\frac{\alpha_1\delta_{a1}+\alpha_2\delta_{a2}}{\alpha_1+\alpha_2}\times 100\% \tag{5-27}$$

式中，δ_{a}——总的压碎值指标，%；

α_1、α_2——公称粒级 20.0 mm 以下和 20.0 mm 以上两粒级的颗粒含量百分率；

δ_{a1}、δ_{a2}——两粒级以标准粒级试验的分计压碎值指标，%。

以 3 次试验结果的算术平均值作为压碎指标测定值。

第四节　矿物掺合料

矿物掺合料是以硅、铝、钙等一种或多种氧化物为主要成分，具有规定细度，掺入混凝土中能改善混凝土性能的粉体材料。现在用于混凝土中的矿物掺合料主要有粒化高炉矿渣粉、粉煤灰及石灰石粉等。

一、粒化高炉矿渣粉

1. 概述

（1）定义

粒化高炉矿渣粉是以粒化高炉矿渣为主要原料，可掺加少量天然石膏，磨制成一定细度的粉体。

（2）组分与材料

粒化高炉矿渣粉组分包括矿渣、天然石膏及助磨剂。其中矿渣符合《用于水泥中的粒化高炉矿渣》（GB/T 203—2008）规定的粒化高炉矿渣，天然石膏符合《天然石膏》（GB/T 5483—2008）规定的 G 类或 M 类二级（含）以上的石膏或混合石膏，助磨剂应符合《水泥助磨剂》（GB/T 26748—2011）的规定，其加入量不超过矿渣粉质量的 0.5%。

2. 技术质量要求

根据现行国家标准《用于水泥、砂浆和混凝土中的粒化高炉矿渣粉》（GB/T 18046—2017）的规定，粒化高炉矿渣粉的技术质量要求见表 5-32。

表 5-32　粒化高炉矿渣的技术质量要求

项　目		级别		
		S105	S95	S75
密度/（g/cm³）		≥2.8		
比表面积/（m²/kg）		≥500	≥400	≥300
活性指数	7d	≥95	≥70	≥55
	28d	≥105	≥95	≥75

续表

项　目	级别		
	S105	S95	S75
流动度比/%	≥95		
初凝时间比/%	≤200		
含水量（质量分数）/%	≤1.0		
三氧化硫（质量分数）/%	≤4.0		
氯离子（质量分数）/%	≤0.06		
烧失量（质量分数）/%	≤1.0		
不溶物（质量分数）/%	≤3.0		
玻璃体含量（质量分数）/%	≥85		
放射性	I_{Ra}≤1.0 且 I_{γ}≤1.0		

3. 检验规则

（1）组批规则

矿渣粉出厂前按同级别进行组批和取样。每一批号为一个取样单位。矿渣粉出厂批号按矿渣粉单线年生产能力规定为：

60×10^4 t 以上，不超过 2 000 t 为一批号；

30×10^4～60×10^4 t，不超过 1 000 t 为一批号；

10×10^4～30×10^4 t，不超过 600 t 为一批号；

10×10^4 t 以下，不超过 200 t 为一批号。

当散装运输工具容量超过该厂规定出厂批号吨数时，允许该批号数量超过该厂规定出厂批号吨数。

（2）取样方法

取样按《水泥取样方法》（GB/T 12573—2008）的规定进行，取样应有代表性，可连续取样，也可以在 20 个以上部位取等量样品。试样应混合均匀，按四分法取出比试验量大一倍的试样。

（3）取样数量

矿渣粉取样总量至少 20 kg。

4. 检验方法

（1）密度

按《水泥密度测定方法》（GB/T 208—2014）进行。

（2）比表面积

按《水泥比表面积测定方法　勃氏法》（GB/T 8074—2008）的规定进行，勃氏透气仪的校准采用《粒化高炉矿渣粉细度和比表面积标准样品》（GSB 08—3387—2017）粒化高炉矿渣粉细度和比表面积标准样品或相同等级的其他标准物质，有争议时以前者为准。

（3）活性指数、流动度比及初凝时间比

1）样品：

①对比水泥：符合《通用硅酸盐水泥》（GB 175—2007）规定的强度等级为 42.5 的硅酸盐

水泥或普通硅酸盐水泥，且 3 d 抗压强度 25～35 MPa，7 d 抗压强度 35～45 MPa，28 d 抗压强度 50～60 MPa，比表面积 350～400 m^2/kg，SO_3 含量（质量分数）2.3%～2.8%，碱含量（$Na_2O+0.658K_2O$）（质量分数）0.5%～0.9%。

②试验样品：由对比水泥和矿渣粉按质量比 1∶1 组成。

2）矿渣粉活性指数、流动度比试验步骤及结果计算：

①水泥胶砂配比：对比胶砂和试验胶砂配比见表 5-33。

表 5-33　水泥胶砂配比

水泥胶砂种类	对比水泥/g	矿渣粉/g	中国 ISO 标准砂/g	水/mL
对比胶砂	450	—	1 350	225
试验胶砂	225	225	1 350	225

②水泥胶砂搅拌程序：按《水泥胶砂强度检验方法（ISO 法）》（GB/T 17671—1999）的规定进行。

③水泥胶砂流动度试验：按《水泥胶砂流动度测定方法》（GB/T 2419—2005）的规定进行对比胶砂和试验胶砂的流动度试验。

④水泥胶砂强度试验：按《水泥胶砂强度检验方法（ISO 法）》（GB/T 17671—1999）的规定进行对比胶砂和试验胶砂的 7 d、28 d 水泥胶砂抗压强度试验。

⑤矿渣粉活性指数和流动度比计算。

矿渣粉 7 d 活性指数按式（5-28）计算，计算结果保留至整数。

$$A_7 = \frac{R_7 \times 100}{R_{07}} \tag{5-28}$$

式中，A_7——矿渣粉 7 d 活性指数，%；

R_{07}——对比胶砂 7 d 抗压强度，MPa；

R_7——试验胶砂 7 d 抗压强度，MPa。

矿渣粉 28 d 活性指数按式（5-29）计算，计算结果保留至整数。

$$A_{28} = \frac{R_{28} \times 100}{R_{028}} \tag{5-29}$$

式中，A_{28}——矿渣粉 28 d 活性指数，%；

R_{028}——对比胶砂 28 d 抗压强度，MPa；

R_{28}——试验胶砂 28 d 抗压强度，MPa。

矿渣粉流动度比按式（5-30）计算，计算结果保留至整数。

$$F = \frac{L \times 100}{L_m} \tag{5-30}$$

式中，F——矿渣粉流动度比，%；

L_m——对比胶砂流动度，mm；

L——试验胶砂流动度，mm。

3）矿渣粉初凝时间比试验步骤及结果计算：

①水泥净浆配比：对比净浆和试验净浆配比见表 5-34。

表 5-34　水泥净浆配比

水泥净浆种类	对比水泥/g	矿渣粉/g	水/mL
对比净浆	500	—	标准稠度用水量
试验净浆	250	250	标准稠度用水量

②水泥净浆初凝时间试验：按《水泥标准稠度用水量、凝结时间、安定性检验方法》（GB/T 1346—2011）的规定进行对比净浆和试验净浆初凝时间的测定。

③水泥净浆初凝时间比计算：矿渣粉初凝时间比按式（5-31）计算，计算结果保留至整数。

$$T=\frac{I\times 100}{I_m} \tag{5-31}$$

式中，T——矿渣粉初凝时间比，%；

I_m——对比净浆初凝时间，min；

I——试验净浆初凝时间，min。

（4）含水量

1）原理：将矿渣粉放入规定温度的烘干箱内烘至恒量，以烘干前和烘干后的质量之差与烘干前的质量之比确定矿渣粉的含水量。

2）仪器：

①烘干箱：可控制温度不低于 110℃，最小分度值不大于 2℃。

②天平：量程不小于 50 g，最小分度值不大于 0.01 g。

3）试验步骤：

①将蒸发皿在烘干箱中烘干至恒量，放入干燥器中冷却至室温后称重（m_0）。

②将约 50g 的矿渣粉样品倒入蒸发皿中称重（m_1），精确至 0.01 g。

③将矿渣粉样品与蒸发皿一起放入 105～110℃烘干箱内烘至恒量，取出放在干燥器中冷却至室温后称重（m_2），精确至 0.01 g。

4）结果计算：含水量按式（5-32）计算，结果保留至 0.1%。

$$W=\frac{(m_1-m_2)\times 100}{m_1-m_0} \tag{5-32}$$

式中，W——含水量，%；

m_0——蒸发皿的质量，g；

m_1——烘干前样品与蒸发皿的质量，g；

m_2——烘干后样品与蒸发皿的质量，g。

（5）三氧化硫、氯离子、不溶物

按《水泥化学分析方法》（GB/T 176—2017）的规定进行。

（6）烧失量

按《水泥化学分析方法》（GB/T 176—2017）的规定进行。

二、粉煤灰

1. 概述

（1）定义

粉煤灰是电厂煤粉炉烟道气体中收集的粉末。但是粉煤灰不包括以下情形：①和煤一起煅烧城市垃圾或其他废弃物时；②在焚烧炉中煅烧工业或城市垃圾时；③循环流化床锅炉燃烧收集的粉末。

（2）分类

根据燃煤品种分为 F 类粉煤灰（由无烟煤或烟煤煅烧收集的粉煤灰）和 C 类粉煤灰（由褐煤或次烟煤煅烧收集的粉煤灰，氧化钙含量一般大于或等于 10%）。

根据用途分为拌制砂浆和混凝土用粉煤灰、水泥活性混合材料用粉煤灰两类。

（3）等级

拌制砂浆和混凝土用粉煤灰分为 3 个等级：Ⅰ级、Ⅱ级、Ⅲ级。

水泥活性混合材料用粉煤灰不分级。

2. 技术质量要求

（1）理化性能要求

根据现行国家标准《用于水泥和混凝土中的粉煤灰》（GB/T 1596—2017）的规定，拌制砂浆和混凝土用粉煤灰应符合表 5-35 要求，水泥活性混合材料用粉煤灰应符合表 5-36 要求。

表 5-35　拌制砂浆和混凝土用粉煤灰理化性能要求

项　目		理化性能要求		
		Ⅰ级	Ⅱ级	Ⅲ级
细度（45 μm 方孔筛筛余）/%	F 类粉煤灰	≤12.0	≤30.0	≤45.0
	C 类粉煤灰			
需水量比/%	F 类粉煤灰	≤95	≤105	≤115
	C 类粉煤灰			
烧失量/%	F 类粉煤灰	≤5.0	≤8.0	≤10.0
	C 类粉煤灰			
含水量/%	F 类粉煤灰	≤1.0		
	C 类粉煤灰			
三氧化硫（SO_3）质量分数/%	F 类粉煤灰	≤3.0		
	C 类粉煤灰			
游离氧化钙（f-CaO）质量分数/%	F 类粉煤灰	≤1.0		
	C 类粉煤灰	≤4.0		
二氧化硅（SiO_2）、三氧化二铝（Al_2O_3）和三氧化二铁（Fe_2O_3）总质量分数/%	F 类粉煤灰	≥70.0		
	C 类粉煤灰	≥50.0		
密度/（g/cm^3）	F 类粉煤灰	≤2.6		
	C 类粉煤灰			

续表

项　目		理化性能要求		
		Ⅰ级	Ⅱ级	Ⅲ级
安定性（雷氏法）/mm	C 类粉煤灰	≤5.0		
强度活性指数/%	F 类粉煤灰	≥70.0		
	C 类粉煤灰			

表 5-36　水泥活性混合材料用粉煤灰理化性能要求

项　目		理化性能要求
烧失量/%	F 类粉煤灰	≤8.0
	C 类粉煤灰	
含水量/%	F 类粉煤灰	≤1.0
	C 类粉煤灰	
三氧化硫（SO_3）质量分数/%	F 类粉煤灰	≤3.5
	C 类粉煤灰	
游离氧化钙（f-CaO）质量分数/%	F 类粉煤灰	≤1.0
	C 类粉煤灰	≤4.0
二氧化硅（SiO_2）、三氧化二铝（Al_2O_3）和三氧化二铁（Fe_2O_3）总质量分数/%	F 类粉煤灰	≥70.0
	C 类粉煤灰	≥50.0
密度/（g/cm^3）	F 类粉煤灰	≤2.6
	C 类粉煤灰	
安定性（雷氏法）/mm	C 类粉煤灰	≤5.0
强度活性指数/%	F 类粉煤灰	≥70.0
	C 类粉煤灰	

（2）放射性

符合《建筑材料放射性核素限量》（GB 6566—2010）中建筑主体材料规定指标要求。

（3）碱含量

按 Na_2O+0.658K_2O 计算值表示。当粉煤灰应用中有碱含量要求时，由供需双方协商确定。

（4）半水亚硫酸钙含量

采用干法或半干法脱硫工艺排出的粉煤灰应检测半水亚硫酸钙（$CaSO_3 \cdot 1/2H_2O$）含量，其含量不大于 3.0%。

（5）均匀性

以细度表征，单一样品的细度不应超过前 10 个样品细度平均值（如样品少于 10 个时，则为所有前述样品试验的平均值）的最大偏差，最大偏差范围由买卖双方协商确定。

3. 检验规则

（1）组批规则

粉煤灰出厂前按同种类、同等级编号和取样。散装粉煤灰和袋装粉煤灰应分别进行编号和取样。不超过 500 t 为一编号，每一编号为一取样单位。当散装粉煤灰运输工具的容量超过该厂规定出厂编号吨数时，允许该编号的数量超过取样规定吨数。粉煤灰质量按干灰（含水量小于 1%）的质量计算。

（2）取样方法

取样方法按《水泥取样方法》（GB/T 12573—2008）的规定进行。取样应有代表性，可连续取，也可从 10 个以上不同部位取等量样品。对于拌制混凝土和砂浆用粉煤灰，必要时，买方可对其进行随机抽样检验。

（3）取样数量

粉煤灰取样总量至少 3 kg。

4. 检验方法

（1）细度

按《水泥细度检验方法　筛析法》（GB/T 1345—2005）中 45 μm 负压筛析法进行，筛析时间为 3 min。筛网应采用符合《粉煤灰细度标准样品》（GSB 08—2506—2016）规定的或其他同等级标准样品进行校正，筛析 100 个样品后进行筛网的校正，结果处理同《水泥细度检验方法　筛析法》（GB/T 1345—2005）规定。

（2）需水量比

1）原理：按《水泥胶砂流动度测定方法》（GB/T 2419—2005）的规定测定试验胶砂和对比胶砂的流动度，二者达到规定流动度范围时的加水量之比为粉煤灰的需水量比。

2）材料：

①对比水泥：符合《强度检验用水泥标准样品》（GSB 14—1510—2018）规定，或符合《通用硅酸盐水泥》（GB 175—2007）规定的强度等级 42.5 的硅酸盐水泥或普通硅酸盐水泥且按规定配制的对比胶砂流动度（L_0）在 145～155 mm 内。

②试验样品：对比水泥和被检验粉煤灰按质量比 7 : 3 混合。

③标准砂：符合《水泥胶砂强度检验方法（ISO 法）》（GB/T 17671—1999）规定的 0.5～1.0 mm 的中级砂。

④水：洁净的淡水。

3）仪器设备：

①天平：量程不小于 1 000 g，最小分度值不大于 1 g。

②搅拌机：符合《水泥胶砂强度检验方法（ISO 法）》（GB/T 17671—1999）规定的行星式水泥胶砂搅拌机。

③流动度跳桌：符合《水泥胶砂流动度测定方法》（GB/T 2419—2005）的规定。

4）试验步骤：

①胶砂配比按表 5-37 进行。

表 5-37　粉煤灰需水量比试验胶砂配比　　单位：g

胶砂种类	对比水泥	试验样品		标准砂
		对比水泥	粉煤灰	
对比胶砂	250	—	—	750
试验胶砂	—	175	75	750

②对比胶砂和试验胶砂分别按《水泥胶砂强度检验方法（ISO 法）》（GB/T 17671—1999）

的规定进行搅拌。

③搅拌后的对比胶砂和试验胶砂分别按《水泥胶砂流动度测定方法》（GB/T 2419—2005）的规定测定流动度。当试验胶砂流动度达到对比胶砂流动度（L_0）的±2 mm 时，记录此时的加水量（m）；当试验胶砂流动度超过对比胶砂流动度（L_0）的±2 mm 时，重新调整加水量，直至试验胶砂流动度达到对比胶砂流动度（L_0）的±2 mm 为止。

5）结果计算：

①需水量比按式（5-33）计算，结果保留至1%。

$$X=\frac{m}{125}\times 100 \tag{5-33}$$

式中，X——需水量比，%；

m——试验胶砂流动度达到对比胶砂流动度（L_0）的±2 mm 时的加水量，g；

125——对比胶砂的加水量，g。

②试验结果有矛盾或需要仲裁检验时，对比水泥宜采用《强度检验用水泥标准样品》（GSB 14—1510—2018）强度检验用水泥标准样品。

（3）烧失量、三氧化硫、游离氧化钙、二氧化硅、三氧化二铝、三氧化二铁、碱含量

按《水泥化学分析方法》（GB/T 176—2017）的规定进行，其中三氧化二铝的测定采用硫酸铜返滴定法或 X 射线荧光分析方法，有争议时以硫酸铜返滴定法为准。

（4）含水量

1）原理：将粉煤灰放入规定温度的烘干箱内烘至恒重，以烘干前后的质量差与烘干前的质量比确定粉煤灰的含水量。

2）仪器设备：

①烘干箱：可控制温度 105～110℃，最小分度值不大于 2℃。

②天平：量程不小于 50 g，最小分度值不大于 0.01 g。

3）试验步骤：

①称取粉煤灰试样约 50 g，精确至 0.01 g，倒入已烘干至恒量的蒸发皿中称量（m_1），精确至 0.01 g。

②将粉煤灰试样放入 105～110℃烘干箱内烘至恒重，取出放在干燥器中冷却至室温后称量 m_0，精确至 0.01 g。

4）结果计算：含水量按式（5-34）计算，结果保留至 0.1%。

$$\omega=\frac{m_1-m_2}{m_1}\times 100 \tag{5-34}$$

式中，ω——含水量，%；

m_1——烘干前试样的质量，g；

m_2——烘干后试样的质量，g。

（5）半水亚硫酸钙

按《石膏化学分析方法》（GB/T 5484—2012）的规定进行。

（6）密度

按《水泥密度测定方法》（GB/T 208—2014）的规定进行。

（7）安定性

试验样品为对比水泥和被检验粉煤灰按质量比 7∶3 混合而成，安定性试验按《水泥标准稠度用水量、凝结时间、安定性检验方法》（GB/T 1346—2011）的规定进行。

（8）强度活性指数

1）原理：按《水泥胶砂强度检验方法（ISO 法）》（GB/T 17671—1999）的规定测定试验胶砂和对比胶砂的 28 d 抗压强度，以二者之比确定粉煤灰的强度活性指数。

2）材料：

①对比水泥：符合《强度检验用水泥标准样品》（GSB 14—1510—2018）的规定，或符合《通用硅酸盐水泥》（GB 175—2007）规定的强度等级 42.5 的硅酸盐水泥或普通硅酸盐水泥。

②试验样品：对比水泥和被检验粉煤灰按质量比 7∶3 混合。

③标准砂：符合《中国 ISO 标准砂》（GSB 08—1337—2017）的规定。

④水：洁净的淡水。

3）仪器设备：天平、搅拌机、振实台或振动台、抗压强度试验机等均应符合《水泥胶砂强度检验方法（ISO 法）》（GB/T 17671—1999）规定。

4）试验步骤：

①胶砂配比按表 5-38 进行。

表 5-38　强度活性指数试验胶砂配比　单位：g

胶砂种类	对比水泥	试验样品		标准砂	水
		对比水泥	粉煤灰		
对比胶砂	450	—	—	1 350	225
试验胶砂	—	315	135	1 350	225

②将对比胶砂和试验胶砂分别按《水泥胶砂强度检验方法（ISO 法）》（GB/T 17671—1999）的规定进行搅拌、试体成型和养护。

③试体养护至 28 d，按《水泥胶砂强度检验方法（ISO 法）》（GB/T 17671—1999）的规定分别测定对比胶砂和试验胶砂的抗压强度。

5）结果计算：

①强度活性指数按式（5-35）计算，结果保留算至 1%。

$$H_{28}=\frac{R}{R_0}\times 100 \tag{5-35}$$

式中，H_{28}——强度活性指数，%；

R——试验胶砂 28 d 抗压强度，MPa；

R_0——对比胶砂 28 d 抗压强度，MPa。

②试验结果有矛盾或需要仲裁检验时，对比水泥应采用《强度检验用水泥标准样品》（GSB

14—1510—2018）强度检验用水泥标准样品。

（9）放射性

将粉煤灰与符合《通用硅酸盐水泥》（GB 175—2007）要求的硅酸盐水泥按质量比 1∶1 混合均匀，并按《建筑材料放射性核素限量》（GB 6566—2010）检测。

三、石灰石粉

1. 概述

石灰石粉是以一定纯度的石灰石为原料，经粉磨至规定细度的粉状材料。

2. 技术质量要求

（1）理化性能要求

石灰石粉的碳酸钙含量、细度、活性指数、流动度比、含水量、亚甲蓝值及测试方法应符合表 5-39 的规定。

表 5-39　石灰石粉技术要求

项　目		技术指标
碳酸钙含量/%		≥75
细度（45 μm 方孔筛筛余）/%		≤15
活性指数/%	7d	≥60
	28d	≥60
流动度比/%		≥100
含水量/%		≤1.0
亚甲蓝值/（g/kg）		≤1.4

（2）放射性

石灰石粉的放射性核素限量应符合现行国家标准《建筑材料放射性核素限量》（GB 6566—2010）的规定。

（3）碱含量

当石灰石粉用于有碱活性骨料配制的混凝土时，可由供需双方协商确定碱含量。石灰石粉的碱含量应按（5-36）计算。

$$M = M_{Na_2O} + 0.658M_{K_2O} \tag{5-36}$$

式中，M——石灰石粉的碱含量；

M_{Na_2O}——石灰石粉中 Na_2O 含量，应按现行国家标准《水泥化学分析方法》（GB /T 176—2017）测定；

M_{K_2O}——石灰石粉中 K_2O 含量，应按现行国家标准《水泥化学分析方法》（GB /T 176—2017）测定。

3. 检验规则

（1）组批规则

石灰石粉应以每 200 t 为一个检验批，每个批次的石灰石粉应来自同一厂家、同一矿源；

非连续供应不足 200 t 的应作为一个检验批。

（2）取样方法

取样方法按《水泥取样方法》（GB/T 12573—2008）的规定进行。可连续取样，也可从 10 个以上不同部位取等量样品。

（3）取样数量

石灰石粉取样总量至少 5 kg。

4. 检验方法

（1）细度

应按现行国家标准《水泥细度检验方法筛析法》（GB/T 1345—2005）所列的负压筛分析法测试。

（2）碳酸钙含量

应按 1.785 倍 CaO 含量折算，CaO 含量应按现行国家标准《建材用石灰石、生石灰和熟石灰化学分析方法》（GB/T 5762—2012）测定。

（3）活性指数、流动比

应按现行行业标准《水泥砂浆和混凝土用天然火山灰质材料》（JG /T 315—2011）的有关规定，并将天然火山灰质材料替代为石灰石粉后进行测试。

（4）含水量

应按现行行业标准《水泥砂浆和混凝土用天然火山灰质材料》（JG/T 315—2011）的有关规定，并将天然火山灰质材料替代为石灰石粉后进行测试。

（5）亚甲蓝值

1）试验仪器：

①烘箱：烘箱的温度控制范围应为（105±5）℃。

②天平：应配备天平 2 台，其称量应分别为 1 000 g 和 100 g，感量应分别为 0.1 g 和 0.01 g。

③移液管：应配备 2 个移液管，容量应分别为 5 mL 和 2 mL。

④搅拌器：搅拌器应为 3 片或 4 片式转速可调的叶轮搅拌器，最高转速应达到（600±60）r /min，直径应为（75±10）mm。

⑤定时装置：定时装置的精度应为 1 s。

⑥玻璃容量瓶：玻璃容量瓶的容量应为 1 L。

⑦温度计：温度计的精度应为 1℃。

⑧玻璃棒：应配备 2 支玻璃棒，直径应为 8 mm，长应为 300 mm。

⑨滤纸：滤纸应为快速定量滤纸。

⑩烧杯：烧杯的容量应为 1 000 mL。

2）试样制备步骤：

①石灰石粉的样品应缩分至 200 g，并在烘箱中于（105±5）℃下烘干至恒重，冷却至室温。

②应采用粒径为 0. 5～1.0 mm 的标准砂。

③分别称取 50 g 石灰石粉和 150 g 标准砂，称量应精确至 0.1 g。石灰石粉和标准砂应混合均匀，作为试样备用。

3）亚甲蓝溶液配制步骤

①亚甲蓝的含量不应小于95%，样品粉末应在（105±5）℃下烘干至恒重，称取烘干亚甲蓝粉末10 g，称量应精确至0.01 g。

②在烧杯中注入600 mL蒸馏水，并加温到35～40℃。将亚甲蓝粉末倒入烧杯中，用搅拌器持续搅拌40 min，直至亚甲蓝粉末完全溶解，并冷却至20℃。

③将溶液倒入1 L容量瓶中，用蒸馏水淋洗烧杯等，使所有亚甲蓝溶液全部移入容量瓶，容量瓶和溶液的温度应保持在（20±1）℃，加蒸馏水至容量瓶1 L刻度。振荡容量瓶以保证亚甲蓝粉末完全溶解。

④将容量瓶中的溶液移入深色储藏瓶中，置于阴暗处保存。应在瓶上标明制备日期、失效日期。

4）试验操作步骤：

①将试样倒入盛有（500±5）mL蒸馏水的烧杯中，用叶轮搅拌机以（600±60）r/min转速搅拌5 min，形成悬浮液，然后以（400±40）r/min转速持续搅拌，直至试验结束。

②在悬浮液中加入5 mL亚甲蓝溶液，用叶轮搅拌机以（400±40）r/min转速搅拌至少1 min后，用玻璃棒蘸取一滴悬浮液，滴于滤纸上。所取悬浮液滴在滤纸上形成的沉淀物直径应为8～12 mm。滤纸应置于空烧杯或其他合适的支撑物上，滤纸表面不得与任何固体或液体接触。当滤纸上的沉淀物周围未出现色晕，应再加入5 mL亚甲蓝溶液，继续搅拌1 min，再用玻璃棒蘸取一滴悬浮液，滴于滤纸上。当沉淀物周围仍未出现色晕，应重复上述步骤，直至沉淀物周围出现约1 mm宽的稳定浅蓝色晕。

③应继续搅拌，不再加入亚甲蓝溶液，每分钟进行一次蘸染试验。当色晕在4 min内消失，再加入5 mL亚甲蓝溶液；当色晕在第5 min消失，再加入2 mL亚甲蓝溶液。在上述两种情况下，均应继续进行搅拌和蘸染试验，直至色晕可持续5 min。

④当色晕可以持续5 min时，应记录所加入的亚甲蓝溶液总体积，数值应精确至1 mL。

⑤石灰石粉的亚甲蓝值应按式（5-37）计算。

$$MB = \frac{V}{G} \times 10 \tag{5-37}$$

式中，MB——石灰石粉的亚甲蓝值，g/kg（精确至0.01）；

G——试样质量，g；

V——所加入的亚甲蓝溶液的总量，mL；

10——用于将每千克试样消耗的亚甲蓝溶液体积换算成亚甲蓝质量的系数。

第五节　砖及砌块

一、概述

1. 砖

砖：建筑用的人造小型块材。外形多为直角六面体，也有各种异形的。其长度不超过

365 mm，宽度不超过 240 mm，高度不超过 115 mm。

建筑常用砖按照生产工艺分为烧结砖和非烧结砖，烧结砖包括烧结普通砖、烧结多孔砖和多孔砌块、烧结空心砖和空心砌块；非烧结砖包括蒸压灰砂砖、粉煤灰砖、炉渣砖和碳化砖等。烧结砖主要是以黏土、页岩、煤矸石、粉煤灰、建筑渣土、淤泥污泥等为主要原料，经焙烧制成。

非烧结砖主要是以粉煤灰、石灰或水泥为主要原料，掺加适量石膏、外加剂、颜料和骨料等，经坯料制备、成型、高压或常压蒸汽养护而制成。

2. 砌块

砌块：建筑用的人造块材，外形多为直角六面体，也有各种异形的。砌块系列中主规格的长度、宽度或高度有一项或一项以上分别大于 365 mm、240 mm 或 115 mm。但高度不大于长度或宽度的 6 倍，长度不超过高度的 3 倍。

建筑常用的砌块主要有蒸压加气混凝土砌块、普通混凝土小型空心砌块、粉煤灰小型空心砌块、轻集料混凝土小型空心砌块。

重庆地区工程中普遍使用的主要有：烧结普通砖（承重）、烧结多孔砖和多孔砌块（承重）、烧结空心砖和空心砌块（填充）、蒸压加气混凝土砌块（填充），本节主要介绍以上 4 种产品的技术要求、检验规则、检验方法。

二、技术质量要求

1. 烧结普通砖

烧结普通砖主要技术参数有：尺寸偏差、外观质量、强度等级、抗风化性能（冻融、吸水率和饱和系数）、石灰爆裂、泛霜、放射性。

（1）尺寸偏差应符合表 5-40 的要求

表 5-40　尺寸偏差　　单位：mm

公称尺寸	指标	
	样本平均偏差	样本极差
240	±2.0	≤6.0
115	±1.5	≤5.0
53	±1.5	≤4.0

（2）外观质量应符合表 5-41 的要求

表 5-41　外观质量　　单位：mm

项　目		指标
两条面高度差	≤	2
弯曲	≤	2
杂质凸出高度	≤	2
缺棱掉角的 3 个破坏尺寸	不得同时大于	5

续表

项　目		指标
裂纹长度≤	1.大面上宽度方向及延伸至条面的长度	30
	2.大面上长度方向及其延伸至顶面的长度或条顶面上水平裂纹的长度	50
完整面*	不得少于	一条面和一顶面

注：为砌筑挂浆而施加的凹凸纹、槽、压花等不算作缺陷。

*凡有下列缺陷之一者，不得称作完整面：

①缺陷在条面或顶面上造成的破坏面尺寸同时大于 10 mm×10 mm。

②条面或顶面上裂纹宽度大于 1 mm，其长度超过 30 mm。

③压陷、粘底、焦花在条面或顶面上的凹陷或凸出超过 2 mm，区域尺寸同时大于 10 mm×10 mm。

（3）强度等级应符合表 5-42 的要求

表 5-42　强度等级　　单位：MPa

强度等级	抗压强度平均值 $^{+0.0}_{-0.1}$	强度标准值 f_k
MU30	≥30.0	≥22.0
MU25	≥25.0	≥18.0
MU20	≥20.0	≥14.0
MU15	≥15.0	≥10.0
MU10	≥10.0	≥6.5

（4）抗风化性能

1）风化区划分：

①风化区用风化指数进行划分。

②风化指数是指日气温从正温降至负温或负温升至正温的每年平均天数与每年从霜冻之日起至消失霜冻之日止这一期间降雨总量［以毫米（mm）计］的平均值的乘积。

③风化指数大于或等于 12 700 为严重风化区，风化指数小于 12 700 为非严重风化区。

④风化区划分见表 5-43。

表 5-43　风化区划分

严重风化区	非严重风化区
1.黑龙江省；2.吉林省；3.辽宁省；4.内蒙古自治区；5.新疆维吾尔自治区；6.宁夏回族自治区；7.甘肃省；8.青海省；9.陕西省；10.山西省；11.河北省；12.北京市；13.天津市；14.西藏自治区	1.山东省；2.河南省；3.安徽省；4.江苏省；5.湖北省；6.江西省；7.浙江省；8.四川省；9.贵州省；10.湖南省；11.福建省；12.台湾地区；13.广东省；14.广西壮族自治区；15.海南省；16.云南省；17.上海市；18.重庆市

2）严重风化区中的 1、2、3、4、5 地区的砖应当进行冻融试验，其他地区砖的抗风化性能符合表 5-44 规定时可不做冻融试验，否则，应进行冻融试验。淤泥砖、污泥砖、固体废物砖应当进行冻融试验。

表 5-44　其他地区砖的抗风化性

<table>
<tr><th rowspan="3">砖种类</th><th colspan="4">严重风化区</th><th colspan="4">非严重风化区</th></tr>
<tr><th colspan="2">5h 沸煮吸水率%≤</th><th colspan="2">饱和系数≤</th><th colspan="2">5h 沸煮吸水率%≤</th><th colspan="2">饱和系数≤</th></tr>
<tr><th>平均值</th><th>单块最大值</th><th>平均值</th><th>单块最大值</th><th>平均值</th><th>单块最大值</th><th>平均值</th><th>单块最大值</th></tr>
<tr><td>黏土砖、建筑渣土砖</td><td>18</td><td>20</td><td rowspan="2">0.85</td><td rowspan="2">0.87</td><td>19</td><td>20</td><td rowspan="2">0.88</td><td rowspan="2">0.90</td></tr>
<tr><td>粉煤灰砖</td><td>21</td><td>23</td><td>23</td><td>25</td></tr>
<tr><td>页岩砖</td><td rowspan="2">16</td><td rowspan="2">18</td><td rowspan="2">0.74</td><td rowspan="2">0.77</td><td rowspan="2">18</td><td rowspan="2">20</td><td rowspan="2">0.78</td><td rowspan="2">0.80</td></tr>
<tr><td>煤矸石砖</td></tr>
</table>

3）15 次冻融试验后，每块砖样不准许出现分层、掉皮、缺棱、掉角等冻坏现象；冻后裂纹长度不得大于表 5-41 中裂纹长度的规定。

（5）石灰爆裂

砖的石灰爆裂应符合下列规定：

1）破坏尺寸大于 2 mm 且小于或等于 15 mm 的爆裂区域，每组砖不得多于 15 处。其中大于 10 mm 的不得多于 7 处。

2）不准许出现最大破坏尺寸大于 15 mm 的爆裂区域。

3）试验后抗压强度损失不得大于 5 MPa。

（6）泛霜

每块砖不准许出现严重泛霜。

（7）放射性

放射性核素限量应符合《建筑材料放射性核素限量》（GB 6566—2010）的规定。

（8）欠火砖、酥砖和螺旋纹砖

产品中不准许有欠火砖、酥砖和螺旋纹砖。

（9）配砖

配砖的尺寸偏差、强度由供需双方协商确定。但抗风化性能、泛霜、石灰爆裂性能、放射性核素限量符合（4）、（5）、（6）、（7）的规定。外观质量可参照表 5-44 执行。

2. 烧结多孔砖和多孔砌块

烧结多孔砖和多孔砌块主要技术参数有：尺寸允许偏差、外观质量、密度等级、强度等级、孔型结构和孔洞率、抗风化性能（冻融、吸水率和饱和系数）、石灰爆裂、泛霜、放射性。

（1）尺寸允许偏差应符合表 5-58 的要求

表 5-45　尺寸允许偏差

单位：mm

尺 寸	样本平均偏差	样本极差
＞400	±3.0	≤10.0
300～400	±2.5	≤9.0
200～300	±2.5	≤8.0
100～200	±2.0	≤7.0
＜100	±1.5	≤6.0

（2）外观质量应符合表 5-46 的要求

表 5-46　外观质量　　单位：mm

项目			指标
完整面		不得少于	一条面和一顶面
缺棱掉角的 3 个破坏尺寸		不得同时大于	30
裂纹长度	大面（有孔面）上深入孔壁 15 mm 以上宽度方向及延伸到条面的长度	≤	80
	大面（有孔面）上深入孔壁 15 mm 以上长度方向及延伸到顶面的长度	≤	100
	条顶面上的水平裂纹	≤	100
杂质在砖面或砌块面上造成的凸出高度		≤	5

注：凡有下列缺陷之一者，不得称作完整面：

1. 缺陷在条面或顶面上造成的破坏面尺寸同时大于 20 mm×30 mm。
2. 条面或顶面上裂纹宽度大于 1 mm，其长度超过 70 mm。
3. 压陷、焦花、粘底在条面或顶面上的凹陷或凸出超过 2mm，区域最大投影尺寸同时大于 20mm×30mm。

（3）密度等级应符合表 5-47 的要求

表 5-47　密度等级　　单位：kg/m^3

密度等级		3 块砖或砌块干燥表观密度平均值
砖	砌块	
—	900	≤900
1 000	1 000	900～1 000
1 100	1 100	1 000～1 100
1 200	1 200	1 100～1 200
1 300	—	1 200～1 300

（4）强度等级应符合表 5-48 的要求

表 5-48　强度等级　　单位：MPa

强度等级	抗压强度平均值 $\bar{f}$	强度标准值 f_k
MU30	≥30.0	≥22.0
MU25	≥25.0	≥18.0
MU20	≥20.0	≥14.0
MU15	≥15.0	≥10.0
MU10	≥10.0	≥6.5

（5）孔型结构和孔洞率应符合表 5-49 的要求

表 5-49　孔型结构和孔洞率

孔型	孔洞尺寸/mm		最小外壁厚/mm	最小肋厚/mm	孔洞率/%		孔洞排列
	孔宽度尺寸 b	孔长度尺寸 L			砖	砌块	
矩形条孔或矩形孔	≤13	≤40	≥12	≥5	≥28	≥33	1.所有孔宽应相等。孔采用单向或双向交错排列 2.孔洞排列上下、左右应对称，分布均匀，手抓孔的长度方向尺寸必须平行于砖的条面

注：1. 矩形孔的孔长 L、孔宽 b 满足式 $L \geqslant 3b$ 时，为矩形条孔。
2. 孔 4 个角应做成过渡圆角，不得做成直尖角。
3. 如设有砌筑砂浆槽，则砌筑砂浆槽不计算在孔洞率内。
4. 规格大的砖和砌块应设置手抓孔，手抓孔尺寸为（30～40）mm×（75～85）mm。

（6）抗风化性能

1）风化区划分：

①风化区用风化指数进行划分。

②风化指数是指日气温从正温降至负温或负温升至正温的每年平均天数与每年从霜冻之日起至消失霜冻之日止这一期间降雨总量［以毫米（mm）计］的平均值的乘积。

③风化指数大于或等于 12 700 为严重风化区，风化指数小于 12 700 为非严重风化区。

④风化区划分见表 5-50。

表 5-50　风化区划分

严重风化区	非严重风化区
1.黑龙江省；2.吉林省；3.辽宁省；4.内蒙古自治区；5.新疆维吾尔自治区；6.宁夏回族自治区；7.甘肃省；8.青海省；9.陕西省；10.山西省；11.河北省；12.北京市；13.天津市	1.山东省；2.河南省；3.安徽省；4.江苏省；5.湖北省；6.江西省；7.浙江省；8.四川省；9.贵州省；10.湖南省；11.福建省；12.台湾地区；13.广东省；14.广西壮族自治区；15.海南省；16.云南省；17.西藏自治区；18.上海市；19.重庆市

2）严重风化区中的 1、2、3、4、5 地区的砖、砌块和其他地区以淤泥、固体废弃物为主要原料生产的砖和砌块必须进行冻融试验，其他地区以黏土、页岩、煤矸石为主要原料生产的砖和砌块的抗风化性能符合表 5-51 规定时可不做冻融试验，否则，应进行冻融试验。

表 5-51　抗风化性能

砖种类	严重风化区				非严重风化区			
	5h 沸煮吸水率/%		饱和系数		5h 沸煮吸水率/%		饱和系数	
	平均值	单块最大值	平均值	单块最大值	平均值	单块最大值	平均值	单块最大值
黏土砖和砌块	≤21	≤23	≤0.85	≤0.87	≤23	≤25	≤0.88	≤0.90
粉煤灰砖和砌块	≤23	≤25			≤30	≤32		
页岩砖和砌块	≤16	≤18	≤0.74	≤0.77	≤18	≤20	≤0.78	≤0.80
煤矸石砖和砌块	≤19	≤21			≤21	≤23		

注：粉煤灰掺入量（质量比）小于 30%时按黏土砖和砌块规定判定。

3）15 次冻融试验后，每块砖和砌块不允许出现裂纹、分层、掉皮、缺棱掉角等冻坏现象。

（7）石灰爆裂

1）破坏尺寸大于 2 mm 且小于或等于 15 mm 的爆裂区域，每组砖和砌块不得多于 15 处。其中大于 10 mm 的不得多于 7 处。

2）不准许出现最大破坏尺寸大于 15 mm 的爆裂区域。

（8）泛霜

每块砖和砌块不允许出现严重泛霜。

（9）放射性

砖和砌块的放射性核素限量应符合《建筑材料放射性核素限量》（GB 6566—2010）的规定。

（10）欠火砖（砌块）、酥砖（砌块）

产品中不允许有欠火砖（砌块）、酥砖（砌块）。

3. 烧结空心砖和空心砌块

烧结空心砖和空心砌块主要技术参数有：尺寸允许偏差、外观质量、密度等级、强度等级、孔洞排列及其结构、抗风化性能（冻融、吸水率和饱和系数）、石灰爆裂、泛霜、放射性。

（1）尺寸允许偏差应符合表 5-52 的要求

表 5-52　尺寸允许偏差

单位：mm

尺　寸	样本平均偏差	样本极差≤
＞300	±3.0	7.0
＞200～300	±2.5	6.0
100～200	±2.0	5.0
＜100	±1.7	4.0

（2）外观质量应符合表 5-53 的要求

表 5-53　外观质量

单位：mm

项　　目		指　　标
1.弯曲	≤	4
2.缺棱掉角的 3 个破坏尺寸	不得同时大于	30
3.垂直度差	≤	4
4.未贯穿裂纹长度：		
①大面上宽度方向及其延伸到条面的长度	≤	100
②大面上长度方向或条面上水平面方向的长度	≤	120
5.贯穿裂纹长度		
①大面上宽度方向及其延伸到条面的长度	≤	40
②壁、肋沿长度方向、宽度方向及其水平方向的长度	≤	40
6.肋、壁内残缺长度	≤	40
7.完整面*	≤	一条面或一大面

注：*凡有下列缺陷之一者，不能称为完整面：

1. 缺损在大面、条面上造成的破坏面尺寸同时大于 20 mm×30 mm。

2. 大面、条面上裂纹宽度大于 1 mm，其长度超过 70 mm。

3. 压陷、粘底、焦花在大面、条面上的凹陷或凸出超过 2 mm，区域尺寸同时大于 20 mm×30 mm。

（3）密度等级应符合表 5-54 的要求

表 5-54　密度等级　　单位：kg/m^3

密度等级	5 块体积密度平均值
800	≤800
900	801～900
1 000	901～1 000
1 100	1 001～1 100

（4）强度等级应符合表 5-55 的要求

表 5-55　强度等级

强度等级	抗压强度/MPa		
	抗压强度平均值 $\bar{f}$	变异系数 $\delta \leqslant 0.21$	变异系数 $\delta > 0.21$
		强度标准值 f_k	单块最小抗压强度值 f_k
MU10	≥10.0	≥7.0	≥8.0
MU7.5	≥7.5	≥5.0	≥5.8
MU5.0	≥5.0	≥3.5	≥4.0
MU3.5	≥3.5	≥2.5	≥2.8

（5）孔洞排列及其结构应符合表 5-56 的要求

表 5-56　孔洞排列及其结构

孔洞排列	孔洞排列数/排		孔洞率 / %	孔型
	宽度方向	高度方向		
有序或交错排列	$b \geqslant 200$ mm　≥4 $b < 200$ mm　≥3	≥2	≥40	矩形孔

注：在空心砖和空心砌块的外壁内侧宜设置有序排列的宽度或直径不大于 10 mm 的壁孔，壁孔的孔型可为圆孔或矩形孔。

（6）抗风化性能

1）风化区划分

①风化区用风化指数进行划分。

②风化指数是指日气温从正温降至负温或负温升至正温的每年平均天数与每年从霜冻之日起至消失霜冻之日止这一期间降雨总量［以毫米（mm）计］的平均值的乘积。

③风化指数大于或等于 12 700 为严重风化区，风化指数小于 12 700 为非严重风化区。

④风化区划分见表 5-57。

表 5-57　风化区划分

严重风化区	非严重风化区
1.黑龙江省；2.吉林省；3.辽宁省；4.内蒙古自治区；5.新疆维吾尔自治区；6.宁夏回族自治区；7.甘肃省；8.青海省；9.陕西省；10.山西省；11.河北省；12.北京市；13.天津市	1.山东省；2.河南省；3.安徽省；4.江苏省；5.湖北省；6.江西省；7.浙江省；8.四川省；9.贵州省；10.湖南省；11.福建省；12.台湾地区；13.广东省；14.广西壮族自治区；15.海南省；16.云南地区；17.西藏自治区；18.上海市；19.重庆市；20.香港特别行政区；21.澳门特别行政区

2）严重风化区中的 1、2、3、4、5 地区的空心砖和空心砌块应进行冻融试验，其他地区空心砖和空心砌块的抗风化性能符合表 5-58 规定时可不做冻融试验，否则应进行冻融试验。

表 5-58　抗风化性能

砖种类	严重风化区				非严重风化区			
	5 h 沸煮吸水率/%		饱和系数		5 h 沸煮吸水率/%		饱和系数	
	平均值	单块最大值	平均值	单块最大值	平均值	单块最大值	平均值	单块最大值
黏土砖和砌块	≤21	≤23	≤0.85	≤0.87	≤23	≤25	≤0.88	≤0.90
粉煤灰砖和砌块	≤23	≤25			≤30	≤32		
页岩砖和砌块	≤16	≤18	≤0.74	≤0.77	≤18	≤20	≤0.78	≤0.80
煤矸石砖和砌块	≤19	≤21			≤21	≤23		

注：1. 粉煤灰掺入量（质量分数）小于 30%时按黏土空心砖和空心砌块规定判定。

2. 淤泥、建筑渣土及其他固体废弃物掺入量（质量分数）小于 30%时按相应产品类别规定判定。

3）15 次冻融试验后，每块空心砖和空心砌块不允许出现分层、掉皮、缺棱掉角等冻坏现象；冻后裂纹长度不大于表 5-43 中第 4 项、第 5 项的规定。

（7）石灰爆裂

每组空心砖和空心砌块应符合下列规定：

1）最大破坏尺寸大于 2 mm 且小于等于 15 mm 的爆裂区域，每组空心砖和空心砌块不得多于 10 处。其中大于 10 mm 的不得多于 5 处。

2）不允许出现最大破坏尺寸大于 15 mm 的爆裂区域。

（8）泛霜

每块砖和砌块不允许出现严重泛霜。

（9）放射性

放射性核素限量应符合《建筑材料放射性核素限量》（GB 6566—2010）的规定。

（10）欠火砖（砌块）、酥砖（砌块）

产品中不允许有欠火砖（砌块）、酥砖（砌块）。

4. 蒸压加气混凝土砌块

蒸压加气混凝土砌块主要技术参数有：尺寸偏差和外观质量、抗压强度、干密度、强度级别、干燥收缩、抗冻性和导热系数。

（1）尺寸偏差和外观质量应符合表 5-59 的要求

表 5-59　尺寸偏差和外观质量

项　　目			指　　标	
			优等品（A）	合格品（B）
尺寸允许偏差/mm	长	*L*	±3	±4
	宽	*B*	±1	±2
	高	*H*	±1	±2

续表

项目		指标	
		优等品（A）	合格品（B）
缺棱掉角	最小尺寸不得大于/mm	0	30
	最大尺寸不得大于/mm	0	70
	大于以上尺寸的缺棱掉角个数，不得多于/个	0	2
裂纹长度	贯穿一棱二面的裂纹长度不得大于裂纹所在面的裂纹方向的尺寸总和的	0	1/3
	任一面上的裂纹长度不得大于裂纹方向尺寸的	0	1/2
	大于以上尺寸的裂纹条数，不多于/条	0	2
爆裂、粘模和损坏深度不得大于/mm		10	30
平面弯曲		不允许	
表面疏松、层裂		不允许	
表面油污		不允许	

（2）砌块的立方体抗压强度应符合表 5-60 的要求

表 5-60　砌块的立方体抗压强度　　单位：MPa

强度级别	立方体抗压强度	
	平均值不小于	单组最小值不小于
A1.0	1.0	0.8
A2.0	2.0	1.6
A2.5	2.5	2.0
A3.5	3.5	2.8
A5.0	5.0	4.0
A7.5	7.5	6.0
A10.0	10.0	8.0

（3）砌块的干密度应符合表 5-61 的要求

表 5-61　砌块的干密度　　单位：kg/m^3

干密度级别		B03	B04	B05	B06	B07	B08
干密度	优等品（A）≤	300	400	500	600	700	800
	优等品（B）≤	325	425	525	625	725	825

（4）砌块的强度级别应符合表 5-62 的要求

表 5-62　砌块的强度级别

干密度级别		B03	B04	B05	B06	B07	B08
强度级别	优等品（A）	A1.0	A2.0	A2.5	A5.0	A7.5	A10.0
	优等品（B）			A3.5	A3.5	A5.0	A7.5

（5）干燥收缩、抗冻性和导热系数应符合表 5-63 的要求

表 5-63　干燥收缩、抗冻性和导热系数

<table>
<tr><td colspan="3">干密度级别</td><td>B03</td><td>B04</td><td>B05</td><td>B06</td><td>B07</td><td>B08</td></tr>
<tr><td rowspan="2">干燥收缩值*</td><td colspan="2">标准法/（mm/m）　≤</td><td colspan="6">0.5</td></tr>
<tr><td colspan="2">快速法/（mm/m）　≤</td><td colspan="6">0.8</td></tr>
<tr><td rowspan="3">抗冻性</td><td colspan="2">质量损失/%　≤</td><td colspan="6">5.0</td></tr>
<tr><td rowspan="2">冻后强度/MPa≥</td><td>优等品（A）</td><td rowspan="2">0.8</td><td rowspan="2">1.6</td><td>2.8</td><td>4.0</td><td>6.0</td><td>8.0</td></tr>
<tr><td>合格品（B）</td><td>2.0</td><td>2.8</td><td>4.0</td><td>6.0</td></tr>
<tr><td colspan="3">导热系数（干态）/［W/（m·K）］　≤</td><td>0.10</td><td>0.12</td><td>0.14</td><td>0.16</td><td>0.18</td><td>0.20</td></tr>
</table>

注：*规定采用标准法、快速法测定砌块干燥收缩值，若测定结果发生矛盾不能判定时，则以标准法测定的结果为准。

三、检验规则

1. 组批规则

（1）烧结普通砖、烧结多孔砖和多孔砌块、烧结空心砖和空心砌块

检验批的构成原则和批量大小按《砌墙砖检验规则》（JC/T 466—1992）规定。3.5 万～15 万块为一批，不足 3.5 万块按一批计。

（2）蒸压加气混凝土砌块

同品种、同规格、同等级的砌块，以 1 万块一批，不足 1 万块亦为一批。

2. 取样方法

（1）烧结普通砖、烧结多孔砖和多孔砌块、烧结空心砖和空心砌块

烧结普通砖、烧结多孔砖和多孔砌块、烧结空心砖和空心砌块外观质量检验的试样采用随机抽样法，在每一检验批的产品堆垛中抽取；尺寸偏差检验和其他检验项目的样品随机抽样法从外观质量检验后的样品中抽取。

（2）蒸压加气混凝土砌块

在受检验的一批产品中，随机抽取试样进行尺寸偏差和外观检验，再从尺寸偏差和外观检验合格的砌块中随机抽取试样进行砌块制作试件，进行干密度、强度级别、干燥收缩、抗冻性、导热系数检验。

3. 抽样数量

（1）烧结普通砖抽样数量按表 5-64 的要求抽样

表 5-64　烧结普通砖抽样数量　　单位：块

序号	检验项目	抽样数量
1	外观质量	50（n_1= n_2=50）
2	欠火砖、酥砖、螺旋纹砖	50
3	尺寸偏差	20
4	强度等级	10
5	泛霜	5
6	石灰爆裂	5
7	吸水率和饱和系数	5
8	冻融	5
9	放射性	2

（2）烧结多孔砖和多孔砌块抽样数量按表 5-65 的要求抽样

表 5-65　烧结多孔砖和多孔砌块抽样数量　　单位：块

序号	检验项目	抽样数量
1	外观质量	50（$n_1=n_2=50$）
2	尺寸允许偏差	20
3	密度等级	3
4	强度等级	10
5	孔型孔结构和孔洞率	3
6	泛霜	5
7	石灰爆裂	5
8	吸水率和饱和系数	5
9	冻融	5
10	放射性核素限量	3

（3）烧结空心砖和空心砌块抽样数量按表 5-66 的要求抽样

表 5-66　烧结空心砖和空心砌块抽样数量　　单位：块

序号	检验项目	抽样数量
1	外观质量[欠火砖（砌块）、酥砖（砌块）]	50（$n_1=n_2=50$）
2	尺寸允许偏差	20
3	强度	10
4	密度	5
5	孔洞排列及其结构	5
6	泛霜	5
7	石灰爆裂	5
8	吸水率和饱和系数	5
9	冻融	5
10	放射性核素限量	3

（4）蒸压加气混凝土砌块抽样数量按表 5-67 的要求抽样

表 5-67　蒸压加气混凝土砌块抽样数量

序号	检验项目	抽样数量
1	外观质量、尺寸允许偏差	50 块/80 块
2	干密度	3 组 9 块/3 组 9 块
3	强度级别	3 组 9 块/5 组 15 块
4	干燥收缩	3 组 9 块
5	抗冻性	3 组 9 块
6	导热系数	1 组 2 块

注：从尺寸偏差和外观检验合格的砌块中随机抽取 17 块砌块制作试件，进行干密度、强度级别、干燥收缩、抗冻性、导热系数检验。

表 5-67 中 1～3 为出厂检验和型式检验共同项目，“/”前为出厂检验取样数量，后为型式检验取样数量。

检验分为出厂检验和型式检验，产品出厂检验合格后方可出厂，型式检验根据相关规定进行。两者需要检测的参数，依据各产品标准规定执行。

四、检验方法

1. 砌墙砖试验方法

（1）尺寸测量

1）量具：砖用卡尺，分度值为 0.5 mm。

2）测量方法：长度应在砖的两个大面的中间处分别测量两个尺寸；宽度应在砖的两个大面的中间处分别测量两个尺寸；高度应在两个条面的中间处分别测量两个尺寸。当被测处有缺损或凸出时，可在其旁边测量，但应选择不利的一侧。精确至 0.5 mm。

3）结果表示：每一方向尺寸以两个测量值的算术平均值表示。

4）结果判定：烧结普通砖、烧结多孔砖和多孔砌块、烧结空心砖和空心砌块尺寸偏差应符合各自产品标准尺寸偏差的规定，否则判为不合格。

（2）外观质量检查

1）量具：

①砖用卡尺：分度值为 0.5 mm。

②钢直尺：分度值不应大于 1 mm。

2）测量方法：

①缺损：

a. 缺棱掉角在砖上造成的破损程度，以破损部分对长、宽、高 3 个棱边的投影尺寸来度量，称为破坏尺寸。

b. 缺损造成的破坏面，是指缺损部分对条、顶面（空心砖为条、大面）的投影面积。空心砖内壁残缺及肋残缺尺寸，以长度方向的投影尺寸来度量。

②裂纹：

a. 裂纹分为长度方向、宽度方向和水平方向 3 种，以被测方向的投影长度表示。如果裂纹从一个面延伸至其他面上时，则累计其延伸的投影长度。

b. 多孔砖的孔洞与裂纹相通时，则将孔洞包括在裂纹内一并测量。

c. 裂纹长度以在 3 个方向上分别测得的最长裂纹作为测量结果。

③弯曲：

a. 弯曲分别在大面和条面上测量，测量时将砖用卡尺的两支脚沿棱边两端放置，择其弯曲最大处将垂直尺推至砖面。但不应将因杂质或碰伤造成的凹处计算在内。

b. 以弯曲中测得的较大者作为测量结果。

④杂质凸出高度：杂质在砖面上造成的凸出高度，以杂质距砖面的最大距离表示。测量将砖用卡尺的两支脚置于凸出两边的砖平面上，以垂直尺测量。

⑤色差：装饰面朝上随机分两排并列，在自然光下距离砖样 2 m 处目测。

3）结果处理：外观测量结果以 mm 为单位，不足 1 mm 者，按 1 mm 计。

4）结果判定：烧结普通砖、烧结多孔砖和多孔砌块、烧结空心砖和空心砌块外观质量采用《砌墙砖检验规则》（JC/T 466—1992）二次抽样方案，检查出其中不合格品数 d_1，按下列规则判定：

①$d_1 \leqslant 7$ 时，外观质量合格。

②$d_1 \geqslant 11$ 时，外观质量不合格。

③$d_1 > 7$，且 $d_1 < 11$ 时，需再次从该产品批中抽样 50 块检验，检查出不合格品数 d_2，按下列规则判定：$(d_1+d_2) \leqslant 18$ 时，外观质量合格；$(d_1+d_2) \geqslant 19$ 时，外观质量不合格。

（3）抗压强度试验

1）仪器设备：

①材料试验机：试验机的示值相对误差不超过±1%，其上、下加压板至少应有一个球铰支座，预期最大破坏荷载应在量程的 20%～80%。

②钢直尺：分度值不应大于 1 mm。

③振动台、制样模具、搅拌机：应符合《砌墙砖抗压强度试样制备设备通用要求》（GB/T 25044—2010）的要求。

④切割设备。

⑤抗压强度试验用净浆材料：应符合《砌墙砖抗压强度试验用净浆材料》（GB/T 25183—2010）的要求。

2）试样数量：试样数量为 10 块。

3）试样制备：

①一次成型制样：

a. 一次成型制样适用于采用样品中间部位切割，交错叠加灌浆制成强度试验试样的方式。

b. 将试样锯成两个半截砖，两个半截砖用于叠合部分的长度不得小于 100 mm。如果不足 100 mm，应另取备用试样补足。

c. 将已切割开的半截砖放入室温的净水中浸 20～30 min 后取出，在铁丝网架上滴水 20～30 min，以断口相反方向装入制样模具中。用插板控制两个半砖间距不应大于 5 mm，砖大面与模具间距不应大于 3 mm，砖断面、顶面与模具间垫以橡胶垫或其他密封材料，模具内表面涂油或脱膜剂。

d. 将净浆材料按照配制要求，置于搅拌机中搅拌均匀。

e. 将装好试样的模具置于振动台上，加入适量搅拌均匀的净浆材料，振动时间为 0.5～1 min，停止振动，静置至净浆材料达到初凝时间（15～19 min）后拆模。

②二次成型制样：

a. 二次成型制样适用于采用整块样品上下表面灌浆制成强度试验试样的方式。

b. 将整块试样放入室温的净水中浸 20～30 min 后取出，在铁丝网架上滴水 20～30 min。

c. 按照净浆材料配制要求，置于搅拌机中搅拌均匀。

d. 模具内表面涂油或脱膜剂，加入适量搅拌均匀的净浆材料，将整块试样一个承压面与净浆接触，装入制样模具中，承压面找平层厚度不应大于 3 mm。接通振动台电源，振动 0.5～1 min，停止振动，静置至净浆材料初凝（15～19 min）后拆模。按同样方法完成整块试样另一承压面的找平。

③非成型制样：

a. 非成型制样适用于试样无须进行表面找平处理制样的方式。

b. 将试样锯成两个半截砖，两个半截砖用于叠合部分的长度不得小于 100 mm。如果不足 100 mm，应另取备用试样补足。

c. 两半截砖切断口相反叠放，叠合部分不得小于 100 mm，即为抗压强度试样。

4）试样养护：

①一次成型制样、二次成型制样在不低于 10℃的不通风室内养护 4 h。

②非成型制样不需养护，试样气干状态直接进行试验。

5）试验步骤：

①测量每个试样连接面或受压面的长、宽尺寸各两个，分别取其平均值，精确至 1 mm。

②将试样平放在加压板的中央，垂直于受压面加荷，应均匀平稳，不得发生冲击或振动。加荷速度以 2～6 kN/s 为宜，直至试样破坏为止，记录最大破坏荷载 P。

6）结果计算与评定：

①每块试样的抗压强度（R_p）按下式计算。

$$R_p=P/(L\times B)$$

式中，R_p ——抗压强度，MPa；

P——最大破坏荷载，N；

L——受压面（连接面）的长度，mm；

B——受压面（连接面）的宽度，mm。

②试验结果以试样抗压强度的算术平均值和标准值或单块最小值表示。

7）结果判定：烧结普通砖、烧结多孔砖和多孔砌块、烧结空心砖和空心砌块强度的试验结果应符合各自产品标准强度等级的规定，否则判为不合格。

（4）冻融试验

1）仪器设备：

①低温箱或冷冻室：试样放入箱（室）内温度可调至−20℃或−20℃以下。

②水槽：保持槽中水温 10～20℃为宜。

③台秤：分度值不大于 5 g。

④电热鼓风干燥箱：最高温度 200℃。

⑤材料试验机：试验机的示值相对误差不超过±1%，其上下加压板至少应有一个球铰支座，预期最大破坏荷载应在量程的 20%～80%。

2）试样数量：试样数量为 10 块，其中 5 块用于冻融试验，5 块用于未冻融强度对比试验。

3）试验步骤：

①用毛刷清理试样表面，将试样放入鼓风干燥箱中在 105℃±5℃下干燥至恒质（在干燥

过程中，前后两次称量相差不超过 0.2%，前后两次称量时间间隔为 2 h），称其质量 m_0，并检查外观，将缺棱掉角和裂纹做标记。

②将试样浸在 10～20℃的水中，24 h 后取出，用湿布拭去表面水分，以大于 20 mm 的间距大面侧向立放于预先降温至−15℃以下的冷冻箱中。

③当箱内温度再降至−15℃时开始计时，在−15～−20℃下冰冻：烧结砖冻 3 h；非烧结砖冻 5 h。然后取出放入 10～20℃的水中融化：烧结砖为 2 h；非烧结砖为 3 h。如此为一次冻融循环。

④每 5 次冻融循环，检查一次冻融过程中出现的破坏情况，如冻裂、缺棱、掉角、剥落等。

⑤冻融循环后，检查并记录试样在冻融过程中的冻裂长度，缺棱掉角和剥落等破坏情况。

⑥经冻融循环后的试样，放入鼓风干燥箱中，按①的规定干燥至恒质，称其质量 m_1。

⑦若试件在冻融过程中，发现试件呈明显破坏，应停止本组样品的冻融试验，并记录冻融次数，判定本组样品冻融试验不合格。

⑧干燥后的试样和未经冻融的强度对比试样按相关规定进行抗压强度试验。

4）结果计算与评定：

①外观结果：冻融循环结束后，检查并记录试样在冻融过程中的冻裂长度、缺棱掉角和剥落等破坏情况。

②强度损失率（P_m）按下式计算。

$$P_m=100\times(P_0-P_1)/P_0$$

式中，P_m——强度损失率%；

P_0——试样冻融前强度，MPa；

P_1——试样冻融后强度，MPa。

③质量损失率（G_m）按下式计算。

$$G_m=100\times(m_0-m_1)/m_0$$

式中，G_m——强度损失率%；

m_0——试样冻融前强度，MPa；

m_1——试样冻融后强度，MPa。

④试验结果以试样冻后抗压强度损失率、冻后外观质量或质量损失率表示与评定。

（5）体积密度试验

1）仪器设备：

①电热鼓风干燥箱：最高温度 200℃。

②台秤：分度值不应大于 5 g。

③钢直尺：分度不应大于 1 mm。

④砖用卡尺：分度值为 0.5 mm。

2）试样数量：试样数量为 5 块，所取试样应外观完整。

3）试验步骤：

①清理试样表面，然后将试样置于（105±5）℃电热鼓风干燥箱中干燥至恒重（在干燥过

程中，前后两次称量相差不超过 0.2%，前后两次称量时间间隔为 2 h)，称其质量 m，并检查外观情况，不得有缺棱、掉角等破损。如有破损，须重新换取备用试样。

②按标准规定测量干燥后的试样尺寸各两次，取其平均值计算体积 V。

4）结果计算与评定：

①每块试样的体积密度（ρ）按下式计算。

$$\rho=\frac{m}{V}\times 10^9$$

式中，ρ ——体积密度，kg/m^3；

m——试样干质量，kg；

V——试样体积，mm^3。

②试验结果以试样体积密度的算术平均值表示。

5）结果判定：烧结多孔砖和多孔砌块、烧结空心砖和空心砌块尺寸偏差应符合各自产品标准密度等级的规定，否则判为不合格。

（6）石灰爆裂试验

1）仪器设备：

①蒸煮箱。

②钢直尺：分度值不应大于 1 mm。

2）试样数量：试样数量为 5 块，所取试样为未经雨淋或浸水，且近期生产的外观完整的试样。

3）试验步骤：

①试验前检查每块试样，将不属于石灰爆裂的外观缺陷做标记。

②将试样平行侧立于蒸煮箱内的篦子板上，试样间隔不得小于 50 mm，箱内水面应低于篦上板 40 mm。

③加盖蒸 6 h 后取出。

④检查每块试样上因石灰爆裂（含试验前已出现的爆裂）而造成的外观缺陷，记录其尺寸。

4）结果评定：以试样石灰爆裂区域的尺寸最大者表示。

5）结果判定：烧结普通砖、烧结多孔砖和多孔砌块、烧结空心砖和空心砌块石灰爆裂应符合各自产品标准石灰爆裂的规定，否则判为不合格。

（7）泛霜试验

1）仪器设备：

①鼓风干燥箱：最高温度 200℃。

②耐磨耐腐蚀的浅盘：容水深度 25～35 mm。

③透明材料：能完全覆盖浅盘，其中间部位开有大于试样宽度、高度或长度尺寸 5～10 mm 的矩形孔。

④温、湿度计

2）试样数量：试样数量为 5 块。

3）试验步骤：

①清理试样表面，然后置于 105℃±5℃鼓风干燥箱中干燥 24 h，取出冷却至常温。

②将试样顶面或有孔洞的面朝上分别置于浅盘中，往浅盘中注入蒸馏水，水面高度不应低于 20 mm。用透明材料覆盖在浅盘上，并将试样暴露在外面，记录时间。

③试样浸在盘中的时间为 7 d，试验开始 2 d 内经常加水以保持盘内水面高度，以后则保持浸在水中即可。试验过程中要求环境温度为 16～32℃，相对湿度 35%～60%。

④试验 7 d 后取出试样，在同样的环境条件下放置 4 d。然后在 105℃±5℃鼓风干燥箱中干燥至恒量。取出冷却至常温。记录干燥后的泛霜程度。

4）结果评定：

①泛霜程度根据记录以最严重者表示。

②泛霜程度划分如下：

无泛霜：试样表面的盐析几乎看不到。

轻微泛霜：试样表面出现一层细小明显的霜膜，但试样表面仍清晰。

中等泛霜：试样部分表面或棱角出现明显霜层。

严重泛霜：试样表面出现起砖粉、掉屑及脱皮现象。

5）结果判定：烧结普通砖、烧结多孔砖和多孔砌块、烧结空心砖和空心砌块泛霜应符合各自产品标准泛霜的规定，否则判为不合格。

（8）吸水率和饱和系数试验

1）仪器设备：

①电热鼓风干燥箱：最高温度 200℃。

②台秤：分度值不应大于 5 g。

③蒸煮箱。

2）试样数量：吸水率试验为 5 块，饱和系数试验为 5 块（所取试样尽可能用整块试样，如需制取应为整块试样的 1/2 或 1/4）。

3）试验步骤：

①清理试样表面，然后置于（105±5）℃电热鼓风干燥箱中干燥至恒重（在干燥过程中，前后两次称量相差不超过 0.2%，前后两次称量时间间隔为 2 h），除去粉尘后，称其干质量 m_0。

②将干燥试样浸入水中 24 h，水温为 10～30℃。

③取出试样，用湿毛巾拭去表面水分，立即称量。称量时试样表面毛细孔渗出于秤盘中水的质量也应计入吸水质量中，所得质量为浸泡 24 h 的湿质量 m_{24}。

④将浸泡 24 h 后的湿试样侧立放入蒸煮箱的篦子板上，试样间距不得小于 10 mm，注入清水，箱内水面应高于试样表面 50 mm，加热至沸腾，沸煮 3h，饱和系数试验沸煮 5 h，停止加热冷却至常温。

⑤按标准规定称量沸煮 3 h 的湿质量 m_3。饱和系数试验称量沸煮 5 h 的湿质量 m_5。

4）结果计算与评定：

①常温水浸泡 24 h 试样吸水率（W_{24}）按下式计算。

$$W_{24}=100\times(m_{24}-m_0)/m_0$$

式中，W_{24}——常温水浸泡 24 h 试样吸水率，%；

m_0——试样干质量，kg；

m_{24}——试样浸水 24 h 的湿质量，kg。

②试样沸煮 3 h 吸水率（W_3）按下式计算。

$$W_3=100\times(m_3-m_0)/m_0$$

式中，W_3——试样沸煮 3 h 的吸水率，%；

m_0——试样干质量，kg；

m_3——试样沸煮 3 h 的湿质量，kg。

③每块试样的饱和系数（K）按下式计算。

$$K=(m_{24}-m_0)/(m_5-m_0)$$

式中，K——试样饱和系数；

m_{24} ——常温水浸泡 24 h 试样湿质量，kg。

m_0 ——试样干质量，kg；

m_5 ——试样沸煮 5 h 的湿质量，kg。

④吸水率以试样的算术平均值表示；饱和系数以试样的算术平均值表示。

5）结果判定：烧结普通砖、烧结多孔砖和多孔砌块、烧结空心砖和空心砌块石吸水率和饱和系数以及冻融共同构成抗风化性能指标，所检测指标应符合各自产品标准抗风化的规定，否则判为不合格。

（9）孔洞率及孔洞结构测定

1）仪器设备：

①台秤：分度值不应大于 5 g。

②水池或水箱或水桶。

③吊架。

④砖用卡尺：分度值为 0.5 mm。

2）试样数量：试样数量为 5 块。

3）试验步骤：

①按标准规定测量试样的长度 L、宽度 B、高度 H 尺寸各 2 个，分别取其算术平均值，精确至 1 mm。

②将试样浸入室温的水中，水面应高出试样 20 mm 以上，24 h 后将其分别移到水中，称出试样的悬浸质量 m_1。

③称取悬浸质量的方法如下：将秤置于平稳的支座上，在支座的下方与磅秤中线重合处放置水池或水箱或水桶。在秤底盘上放置吊架，用铁丝把试样悬挂在吊架上，此时试样应离开水桶的底面且全部浸泡在水中，将秤读数减去吊架和铁丝的质量，即为悬浸质量 m_1。

④盲孔砖称取悬浸质量时，有孔洞的面朝上，称重前晃动砖体排出孔中的空气，待静置后称量。通孔砖任意放置。

⑤将试样从水中取出，放在铁丝网架上滴水 1 min，再用拧干的湿布拭去内、外表面的水，立即称其面干潮湿状态的质量 m_2，精确至 5 g。

⑥测量试样最薄处的壁厚、肋厚尺寸，精确至 1 mm。

4）结果计算与评定

①每个试样的孔洞率（Q）按下式计算。

$$Q = [1-(m_2-m_1)/(D\times L\times B\times H)]\times 100$$

式中，Q——试样的孔洞率，%；

m_1——试样的悬浸质量，kg；

m_2——试样面干潮湿状态的质量，kg；

L——试样长度，m；

B——试样宽度，m；

H——试样高度，m；

D——水的密度，1 000 kg/m^3。

②试样的孔洞率以试样孔洞率的算术平均值表示。

③孔洞结构以孔洞排数及壁、肋厚最小尺寸表示。

5）结果判定：烧结多孔砖和多孔砌块、烧结空心砖和空心砌块石孔洞率及孔洞结构指标应符合各自产品标准孔洞率及孔洞结构的规定，否则判为不合格。

（10）总判定

1）烧结普通砖：

①外观：外观检验的样品中有欠火砖、酥砖、螺旋纹砖，则判该批产品不合格。

②出厂检验：按出厂检验项目和在时效范围内最近一次型式检验中的抗风化性能、石灰爆裂及泛霜等项目的技术指标进行判定。其中有一项不合格，则判为不合格。

③型式检验：按尺寸偏差、外观质量、强度等级、抗风化性、泛霜、石灰爆裂、放射性核素限量指标判定。其中有一项不合格则判该批产品质量不合格。

2）烧结多孔砖和多孔砌块：

①外观检验的样品中有欠火砖（砌块）、酥砖（砌块），则判该批产品不合格。

②出厂检验的判定：按出厂检验项目和在时效范围内最近一次型式检验中的石灰爆裂、泛霜、抗风化性能等项目的技术指标进行判定。其中有一项不合格，则判为不合格。

③型式检验的判定：按尺寸允许偏差、外观质量、密度等级、强度等级、孔型结构及孔洞率、泛霜、石灰爆裂、抗风化性能、放射性核素限量指标判定。其中有一项不合格则判该批产品质量不合格。

3）烧结空心砖和空心砌块：

①样品中有欠火砖（砌块）、酥砖（砌块）则判该批产品不合格。

②出厂检验的判定：按出厂检验项目和在时效范围内最近一次型式检验进行判定。其中有一项不符合标准要求，则判为不合格。

③型式检验结果的判定：按尺寸允许偏差、外观质量、强度等级、密度等级、孔洞排列及其结构、泛霜、石灰爆裂、抗风化性能、放射性核素限量指标判定。其中有一项不符合标准要求，则判该批产品质量不合格。

2. 蒸压加气混凝土性能试验方法

（1）尺寸、外观检测方法

1）量具：采用钢直尺、钢卷尺、深度游标卡尺，最小刻度为 1 mm。

2）尺寸测量：长度、高度、宽度分别在两个对应面的端部测量。测量值大于规格尺寸的取最大值，测量值小于规格尺寸的取最小值。

3）缺棱掉角：缺棱或掉角个数，目测；测量砌块破坏部分对砌块的长、高、宽 3 个方向的投影面积尺寸。

4）裂纹：裂纹条数，目测；长度以所在面最大的投影尺寸为准。若裂纹从一面延伸至另一面，则以两个面上的投影尺寸之和为准。

5）平面弯曲：测量弯曲面的最大缝隙尺寸。

6）爆裂、粘模和损坏深度：将钢直尺平放在砌块表面，用深度游标卡尺垂直于钢直尺，测量其最大深度。

7）砌块表面油污、表面疏松、层裂：目测。

（2）干密度、含水率和吸水率检测方法

1）仪器设备：

①电热鼓风干燥箱：最高温度为 200℃。

②托盘天平或磅秤：称量为 2 000 g，感量为 1 g。

③钢板直尺：规格为 300 mm，分度值为 0.5 mm。

④恒温水槽：水温为 15～25℃。

2）试件：

①试件的制备，采用机锯和刀锯，锯时不得将试件弄湿。

②试件应沿制品发气方向中心部分上、中、下顺序锯取一组，“上”块上表面距离制品顶面 30 mm，“中”块在制品正中处，“下”块在下表面离底面 30 mm。制品的高度不同，试件间隔略有不同，以高 600 的制品方向为例，试件锯取部位如图 5-6 所示。

③试件表面必须平整，不得有裂缝或明显缺陷，尺寸允许偏差为±2 mm；试件应逐块加以编号，并标明锯取部位和发气方向。

④试件为 100 mm×100 mm×100 mm 正方体，共 2 组 6 块。

3）干密度和含水率试验：

①取试件一组 3 块，逐块量取长、宽、高 3 个方向的轴线尺寸方向，精确至 1 mm，并计算试件的体积；并称取试件质量 M，精确至 1 g。

②将试件放入电热鼓风干燥箱内，在（60±5）℃下保温 24 h，然后在（80±5）℃下保温 24 h，再在（105±5）℃下烘干至恒质（M_0）。恒质，指在烘干过程中间隔 4 h，前后两次质量差不超过试件质量的 0.5%。

4）吸水率试验：

①取试件一组 3 块，将试件放入电热鼓风干燥箱内，在（60±5）℃下保温 24 h，然后在（80±5）℃下保温 24 h，再在（105±5）℃下烘干至恒质（M_0）。

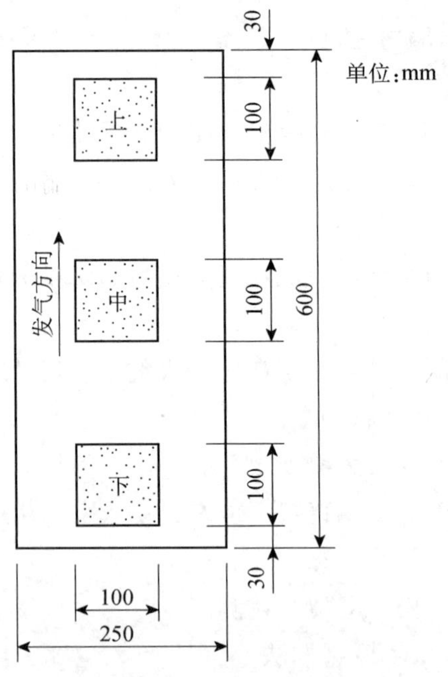

图 5-6　立方体试件锯取示意图

②试件冷却至室温后，放入水温为（20±5）℃恒温水槽中，然后加水至试件高度的 1/3，保持 24 h，再加水至试件高度的 2/3，经 24 h 后，加水面应高出试件 30 mm 以上，保持 24 h。

③将试件从水中取出，用湿布抹去表面水分，立即称量每块质量（M_g）精确至 1 g。

5）结果计算与评定：

①干密度按下式计算：

$$\gamma_0 = \frac{M_0}{V} \times 10^6$$

式中，γ_0——干密度，kg/m^3；

M_0——试件烘干后质量，g；

V——试件体积，mm^3。

②含水率按下式计算：

$$W_S = \frac{M - M_0}{M_0} \times 100$$

式中，W_s——含水率，%；

M_0——试件烘干后质量，g；

M——试件烘干前质量，g。

③吸水率按下式计算：

$$W_R = \frac{M_g - M_0}{M_0} \times 100$$

式中，W_R——吸水率，%；

M_0——试件烘干后质量，g；

M_g——试件吸水后质量，g。

④试验结果按 3 块试件试验值的算术平均值进行评定，干密度的计算精确至 1 kg/m^3，吸水率和吸水率精确至 0.1%。

（3）抗压强度检测方法

1）仪器设备：

①材料试验机：精度（示值的相对误差）应不低于±2%，其量程选择应能使试件的预期最大破坏荷载处在全量程的 20%～80%。

②托盘天平或磅秤：称量为 2 000 g，感量为 1 g。

③电热鼓风干燥箱：最高温度为 200℃。

④钢板直尺：规格为 300 mm，分度值为 0.5 mm。

2）试件：

①按前文条款加工试件。

②试件为 100 mm×100 mm×100 mm 立方体试件一组 3 块。

3）抗压强度试验：

①检查试件外观。

②用钢直尺测量试件的尺寸，精确至 1 mm，并计算受压面积 A_1。

③将试件放在材料试验机的下压板的中心位置，试件的受压方向应垂直于制品的发气方向。

④开动试验机，当上压板与试件接近时，调整球座，使接触均衡。

⑤以（2.0±0.5）kN/s 的速度连续而均匀地加荷，直至试件破坏，记录破坏荷载 P_1。

⑥将试验后地试件全部或部分立即称取质量，然后在（105±5）℃下烘干至恒质，计算其含水率。

4）结果计算与评定：

①抗压强度按下式计算。

$$f_{cc}=\frac{p_1}{A_1}$$

式中，f_{cc}——试件的抗压强度，MPa；

p_1——破坏荷载，N；

A_1——试件受压面积，mm^2。

②抗压强度计算精确至 0.1 MPa。

（4）干燥收缩

1）仪器设备：

①立式收缩仪：精度为 0.01 mm。

②收缩头：采用黄铜或不锈钢制成。

③电热鼓风干燥箱：最高温度为 200℃。

④调温调湿向：最高工作温度为 150℃，最高相对湿度为（95±3）%。

⑤天平：称量为 500 g，感量为 0.1 g。

⑥干燥器。

⑦干湿球温度计：最高温度为 100℃。

⑧恒温水槽：水温为（20±2）℃。

2）试件：

①试件从当天出釜的制品中部锯取，试件长度方向平行于制品的发气方向，其锯取部位如图 5-7 所示。锯好后立即将试件密封，以防止碳化。

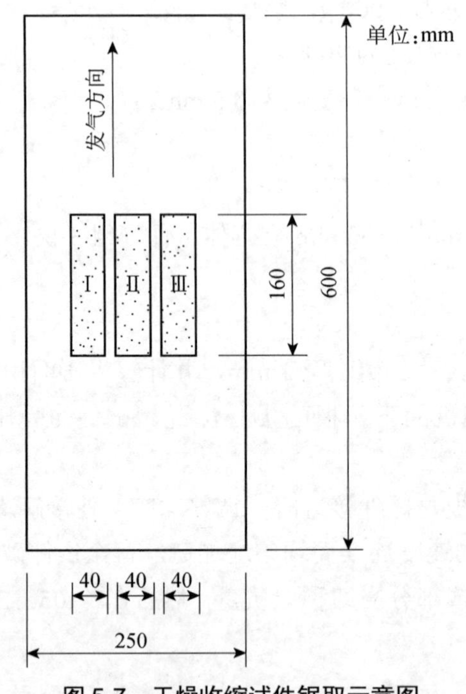

图 5-7　干燥收缩试件锯取示意图

②试件尺寸和数量：40 mm×40 mm×160 mm 一组 3 块；尺寸允许偏差为 0～1 mm。

③试件处理：

a. 在试件的两个端面中心，各钻一个直径 6～10 mm，深度 13 mm 孔洞。

b. 在孔洞内灌入水玻璃水泥浆（或其他黏结剂），然后埋置收缩头，收缩头中心线应与试件中心线重合，试件端面必须平整。2 h 后，检查收缩头安装是否牢固，否则重装。

3）试验步骤：

①标准试验方法：

a. 试件放置 1 d 后，浸入水温为（20±2）℃恒温水槽中，水面应高出试件 30 mm，保持 72 h。

b. 将试件从水中取出，用湿布抹去表面水分，并将收缩头擦干净，立即称取试件的质量。

c. 用标准杆调整仪表原点（一般取 5.00 m），然后按标明的测试方向立即测定试件初始长度，记下初始百分表读数。

d. 试件长度测试误差为±001 mm，称取质量误差为±0.1 g。

e. 将试件放在温度为（20±2）℃，相对湿度为（43±2）%的调温调湿箱中。

f. 试验的前 5 天每天将试件在（20±2）℃的房间内测长度一次，以后每隔 4 d 测长度一次，直至质量变化小于 0.1%为止，测前需校准仪器原点，要求每组试件在 10 min 内测完。

g. 每测一次长度，应同时称取试件的质量。

h. 试验前将试件烘至恒重，并称取质量。

②快速试验法：

a. 同标准试验方法 a。

b. 同标准试验方法 b。

c. 同标准试验方法 c。

d. 同标准试验方法 d。

e. 将试件置于调温调湿箱内，控制箱内温度为（50±1）℃，相对湿度为（30±2）%（当箱内湿度至 35%时，放入盛有氯化钙饱和溶液的瓷盘，用以调节箱内湿度；如果湿度不易下降时，用无水氯化钙调节）。

f. 试验的前两天每 4 h 从箱内取出试件测长度一次，以后每天测长度一次。当试件取出后应立即放入无吸湿剂的干燥器中，在（20±2）℃的房间内冷却 3 h 后进行测试。测前须校准仪器的百分表原点，要求每组试件在 10 min 测完。

g. 按 e、f 所述反复进行干燥、冷却和测试、直到质量变化小于 0.1%为止。

h. 每测一次长度，应同时称取试件的质量。

i. 试验结束，将试件烘至恒重，并称取质量。

4）结果处理与评定：

①干燥收缩值按下式计算。

$$\triangle=\frac{s_1-s_2}{s_0-(y_0-s_1)-s}\times 1\,000$$

式中，△——干燥收缩值，mm/m；

s_0——标准杆长度，mm；

y_0——百分表的原点，mm；

s_1——试件初始长度（百分表读数），mm；

s_2——试件干燥后长度（百分表读数），mm；

s——2 个收缩头之和，mm。

②收缩值以 3 块试件试验值的算术平均值进行评定，精确至 0.01 mm/m。

③含水率按下式计算。

$$W_S=\frac{M-M_0}{M_0}\times 100$$

式中，W_s——含水率，%；

M_0——试件烘干后质量，g；

M——试件烘干前质量，g。

④干燥收缩特性曲线绘制：干燥收缩特性曲线是反映蒸压加气混凝土在不同含水状态下

至干燥后收缩曲线，由各测试点的计算干燥收缩值绘制。

a. 各测试点的含水率按③中公式计算。

b. 各测试点的干燥收缩值按下式计算。

$$\Delta_i = \frac{s_i - s_2}{s_0 - (y_0 - s_i) - s} \times 1000$$

式中，Δ_i——各测试点干燥收缩值，mm/m；

s_0——标准杆长度，mm；

y_0——百分表的原点，mm；

s_i——试件在各测试点长度（百分表读数），mm；

s_2——试件干燥后长度（百分表读数），mm；

s——2 个收缩头之和，mm。

c. 以 3 块试件在各测试点的收缩值和含水率的算术平均值（精确至 0.01mm/m），在图 5-8 绘出对应于含水率的干燥收缩曲线。

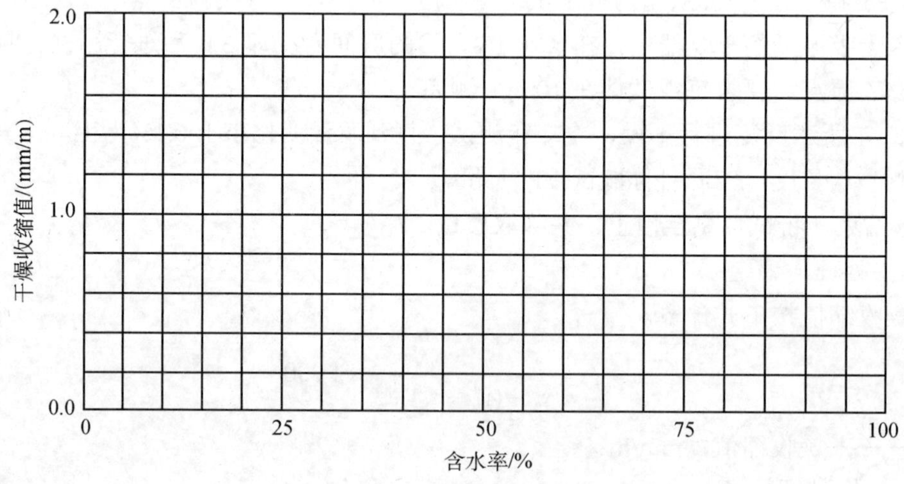

图 5-8　干燥收缩曲线

（5）抗冻性

1）仪器设备：

①低温箱或冷冻室：最低工作温度为−30℃以下。

②恒温水槽：水温为（20±5）℃。

③托盘天平或磅秤：称量为 2 000 g，感量为 1 g。

④电热鼓风干燥箱：最高温度为 200℃。

2）试件：

①试件按试件制备按前文条款规定进行。

②试件尺寸和数量：100 mm×100 mm×100 mm 立方体试件一组 3 块。

3）试验步骤：

①将冻融试件放在电热鼓风干燥箱内，在（60±5）℃下保温 24 h，然后在（80±5）℃下

保温 24 h，再在（105±5）℃下烘至恒重。

②试件冷却至室温后，立即称取质量，精确至 1 g，然后浸入水温为（20±5）℃恒温水槽中，水面应高出试件 30 mm，保持 48 h。

③取出试件，用湿布抹去表面水分，放入预先降温至−15℃以下的低温箱或冷冻室中，其间距不小于 20 mm，当温度降至−18℃时记录时间。在（−20±2）℃下冻 6 h 取出，放入水温为（20±5）℃的恒温水槽中，融化 5 h 作为一次冻融循环，如此冻融循环 15 次为止。

④每隔 5 次循环检查并记录试件在冻融过程中的破坏情况。

⑤冻融过程中，发现试件呈明显的破坏，应取出试件，停止冻融试验，并记录冻融次数。

⑥将经 15 次冻融后的试件，放入电热鼓风干燥箱内，按相关规定烘至恒重。

⑦试件冷却至室温后，立即称取质量，精确至 1 g。

⑧将冻融后试件按抗压强度试验有关规定，进行抗压强度试验。

4）结果计算与评定：

①质量损失率按下式计算：

$$M_m = \frac{M_0 - M_s}{M_0} \times 100$$

式中，M_m——质量损失率，%；

M_0——冻融试件试验前的干质量，g；

M_s——经冻融试验后试件的干质量，g。

②冻后试件的抗压压强度按下式计算：

$$f_{cc} = \frac{p_1}{A_1}$$

式中，f_{cc}——试件的抗压强度，MPa，精确至 0.1 MPa；

p_1——破坏荷载，N；

A_1——试件受压面积，mm^2。

③抗冻性按冻融试件的质量损失率平均值和冻后的抗压强度平均值进行评定。质量损失率精确至 0.1%。

（6）导热系数检验

导热系数试验按照标准《绝热材料稳态热阻及有关特性的测定防护热板法》（GB/T 10294—2008）的规定进行。

（7）产品判定规则

1）出厂检验判定规则：

①若受检的 50 块砌块中，尺寸偏差和外观质量不符合产品标准相应参数规定的砌块数量不超过 5 块时，判定该批砌块符合相应等级；若不符合产品标准相应参数规定的砌块数量超过 5 块时，判定该批砌块不符合相应等级。

②以 3 组干密度试件的测定结果平均值判定砌块的干密度级别，符合产品标准规定时则判定该批砌块合格。

③以 3 组抗压强度试件测定结果按产品标准判定其强度级别。当强度和干密度级别关系

符合产品标准规定，同时，3 组试件中各个单组抗压强度平均值全部大于产品标准规定的此强度级别的最小值时，判定该批砌块符合相应等级；若有 1 组或 1 组以上此强度级别的最小值时，判定该批砌块不符合相应等级。

④出厂检验中受检验产品的尺寸偏差、外观质量、立方体抗压强度、干密度各项检验全部符合相应等级的技术要求规定时，判定为相应等级；否则降等或判定为不合格。

2）型式检验判定规则：

①若受检的 80 块砌块中，尺寸偏差和外观质量不符合产品标准相应参数规定的砌块数量不超过 7 块时，判定该批砌块符合相应等级；若不符合产品标准相应参数规定的砌块数量超过 7 块时，判定该批砌块不符合相应等级。

②以 3 组干密度试件的测定结果平均值判定砌块的干密度级别，符合产品标准规定时则判定该批砌块合格。

③以 5 组抗压强度试件测定结果按产品标准规定判定其强度级别。当强度和干密度级别关系符合产品标准规定，同时，5 组试件中各个单组抗压强度平均值全部大于产品标准规定的此强度级别的最小值时，判定该批砌块符合相应等级；若有 1 组或 1 组以上此强度级别的最小值时，判定该批砌块不符合相应等级。

④干燥收缩测定结果，当其单组最大值符合产品标准规定时，判定该项合格。

⑤抗冻性测定结果，当质量损失单组最大值和冻后强度单组最小值符合产品标准规定的相应等级时，判定该批砌块符合相应等级，否则判定不符合相应等级。

⑥导热系数符合产品标准的规定，判定此项指标合格，否则判定该批砌块不合格。

⑦型式检验中受检验产品的尺寸偏差、外观质量、立方体抗压强度、干密度、干燥收缩值、抗性、导热系数各项检验全部符合相应等级的技术要求规定时，判定为相应等级；否则降等或判定为不合格。

第六节　钢筋原材

钢筋是指钢筋混凝土和预应力钢筋混凝土用钢材，其横截面为圆形，有时为带有圆角的方形。其包括光圆钢筋、带肋钢筋、扭转钢筋。

钢筋混凝土用钢筋是指钢筋混凝土配筋用的直条或盘条状钢材，其外形分为光圆钢筋和变形钢筋两种，交货状态为直条和盘圆两种。

光圆钢筋实际上就是普通低碳钢的小圆钢和盘圆。变形钢筋是表面带肋的钢筋，通常带有 2 道纵肋和沿长度方向均匀分布的横肋。横肋的外形为螺旋形、人字形、月牙形 3 种，用公称直径的毫米数表示。变形钢筋的公称直径相当于横截面相等的光圆钢筋的公称直径。钢筋的公称直径为 6～50 mm。钢筋在混凝土中主要承受拉应力。变形钢筋由于肋的作用，和混凝土有较大的黏结能力，因而能更好地承受外力的作用。钢筋广泛用于各种建筑结构。特别是大型、重型、轻型薄壁和高层建筑结构。

钢筋常规检验项目：力学性能（屈服强度或规定非比例伸长应力、抗拉强度、断后伸长率或最大力总延伸率）和工艺性能（冷弯或反向弯曲或反复弯曲）。

一、热轧光圆钢筋

1. 概述

（1）定义

经热轧成型，横截面通常为圆形，表面光滑的成品钢筋。

（2）牌号的构成及含义

热轧光圆钢筋的牌号构成及含义见表 5-68。

表 5-68　热轧钢筋牌号的构成及含义

类　别	牌　号	牌 号 构 成	英文字母含义
热轧光圆钢筋	HPB300	由 HPB+屈服强度特征值构成	HPB——热轧光圆钢筋的英文（Hot rolled Plain Bars）缩写

2. 技术质量要求

（1）重量偏差

热轧光圆钢筋的实际重量与理论重量的允许偏差应符合表 5-69 的规定。

表 5-69　热轧光圆钢筋实际重量与理论重量的允许偏差

公称直径/mm	实际重量与理论重量的偏差/%
6～12	±6.0
14～22	±5.0

（2）力学性能、工艺性能

热轧光圆钢筋的力学性能特征值应符合表 5-70 的规定。按表 5-70 规定的弯芯直径弯曲 180° 后，钢筋受弯表面不得产生裂纹。

表 5-70　热轧光圆钢筋力学与工艺性能

牌号	下屈服强度（R_{eL}）/MPa	抗拉强度（R_m）/MPa	断后伸长率（A）/%	最大力总延伸率（A_{gt}）/%	冷弯试验 180°
	不小于				
HPB300	300	420	25	10.0	$d=a$

注：d 为弯心直径；a 为钢筋公称直径。

3. 检验规则

（1）组批规则

1）钢筋应按批进行检查和验收，每批由同一牌号、同一炉罐号、同一规格的钢筋组成。每批重量通常不大于 60 t。超过 60 t 的部分，每增加 40 t（或不足 40 t 的余数），增加一个拉伸试验试样和一个弯曲试验试样。

2）允许由同一牌号、同一冶炼方法、同一浇注方法的不同炉罐号组成混合批，但各炉罐号含碳量之差不大于0.02%，含锰量之差不大于0.15%。混合批的重量不大于60 t。

（2）检验项目、取样数量及取样方法

检验项目、取样数量及取样方法应符合表5-71的规定。

表5-71 钢筋检验项目、取样数量及取样方法

序号	检验项目	取样数量	取样方法
1	重量偏差	不少于5支	从不同的钢筋截取，每支长度不小于500 mm
2	拉伸	2	从不同根（盘）钢筋切取，长度根据试验设备确定
3	弯曲	2	从不同根（盘）钢筋切取，长度根据试验设备确定

注：拉伸、弯曲试验试样不准许进行车削加工。

4. 检验方法

（1）重量偏差

1）仪器设备：

①钢直尺：分度值不应大于1 mm。

②电子天平：感量1 g。

2）试验步骤：

①逐支测量试样长度，精确到1 mm。

②测量试样总重量，应精确到不大于总重量的1%。

3）试验结果处理：钢筋实际重量与理论重量偏差按下式计算：

$$\text{重量偏差}=\frac{\text{试样实际总重量}-(\text{试样总长度}\times\text{理论重量})}{\text{试样总长度}\times\text{理论重量}}\times 100\%$$

（2）力学性能、工艺性能

按《钢筋混凝土用钢材试验方法》（GB/T 28900—2012）的规定进行试验。

5. 检验结果

重量偏差应符合表5-69的规定，力学性能应符合表5-70的有关规定。

6. 复验与判定

钢筋的复验与判定应符合《钢及钢产品　交货一般技术要求》（GB/T 17505—2016）的规定。但钢筋的重量偏差不合格时不准许复验。

二、热轧带肋钢筋

1. 概述

（1）定义

横截面通常为圆形，且表面带肋的热轧钢筋。

（2）牌号构成及含义

热轧带肋钢筋的牌号构成及含义见表5-72。

表 5-72　热轧带肋钢筋牌号的构成及含义

类　别	牌　号	牌号构成	英文字母含义
普通热轧钢筋	HRB400	由 HRB+屈服强度特征值构成	HRB——热轧带肋钢筋的英文（Hot rolled Ribbed Bars）缩写 E——“地震”的英文（Earthquake）首位字母
	HRB500		
	HRB600		
	HRB400E	由 HRB+屈服强度特征值+E 构成	
	HRB500E		
细晶粒热轧钢筋	HRBF400	由 HRBF+屈服强度特征值构成	HRBF——热轧带肋钢筋的英文缩写加“细”（Fine）首位字母 E——“地震”的英文（Earthquake）首位字母
	HRBF500		
	HRBF400E	由 HRBF+屈服强度特征值+E 构成	
	HRBF500E		

2. 技术质量要求

（1）重量偏差

热轧带肋钢筋实际重量与理论重量的允许偏差应符合表 5-73 的规定。

表 5-73　热轧带肋钢筋实际重量与理论重量的允许偏差

公称直径/mm	实际重量与理论重量的偏差/%
6～12	±6.0
14～20	±5.0
22～50	±4.0

（2）力学性能

热轧带肋钢筋的力学性能特征值应符合表 5-74 的规定。

表 5-74　热轧带肋钢筋力学性能

牌号	下屈服强度 R_{eL}（MPa）	抗拉强度 R_m（MPa）	断后伸长率 A（%）	最大力总延伸率 A_{gt}（%）	强屈比 R^0_m/R^0_{eL}	超屈比 R^0_{eL}/R_{eL}
	不小于					不大于
HRB400	400	540	16	7.5	—	—
HRB400E			—	9.0	1.25	1.30
HRB500	500	630	15	7.5	—	—
HRB500E			—	9.0	1.25	1.30
HRB600	600	730	14	7.5	—	—

注：1. R^0_m 为钢筋实测抗拉强度，R^0_{eL} 为钢筋实测下屈服强度。

2. 公称直径 28～40 mm 各牌号钢筋的断后伸长率 A 可降低 1%；公称直径大于 40 mm 各牌号钢筋的断后伸长率 A 可降低 2%。

3. 对于没有明显屈服强度的钢筋，下屈服强度特征值 R_{eL} 应采用规定塑性延伸强度 $R_{P0.2}$。

（3）工艺性能

1）弯曲性能：钢筋应进行弯曲试验，按表 5-75 规定的弯曲压头直径弯曲 180° 后，钢筋弯曲部位表面不得产生裂纹。

表 5-75 弯曲压头直径　　单位：mm

牌号	公称直径 d	弯曲压头直径
HRB400 HRB400E	6～25	4 d
	28～40	5 d
	＞40～50	6 d
HRB500 HRB500E	6～25	6 d
	28～40	7 d
	＞40～50	8 d
HRB600	6～25	6 d
	28～40	7 d
	＞40～50	8 d

2）反向弯曲：

①对牌号带 E 的钢筋应进行反向弯曲试验，经反向弯曲试验后，钢筋受弯曲部位表面不得产生裂纹。其他热轧带肋钢筋也可协商进行反向弯曲试验，代替弯曲试验。

②反向弯曲试验的弯曲压头直径比弯曲试验相应增加一个钢筋公称直径。

3. 检验规则

（1）组批规则

1）钢筋应按批进行检查和验收，每批由同一牌号、同一炉罐号、同一规格的钢筋组成。每批重量通常不大于 60 t。超过 60 t 的部分，每增加 40 t（或不足 40 t 的余数），增加一个拉伸试验试样和一个弯曲试验试样。

2）允许由同一牌号、同一冶炼方法、同一浇注方法的不同炉罐号组成混合批，但各炉罐号含碳量之差不大于 0.02%，含锰量之差不大于 0.15%。混合批的重量不大于 60 t。

（2）检验项目、取样数量及取样方法

钢筋检验项目、取样方法及取样数量应符合表 5-76 的规定。

表 5-76 钢筋检验项目、取样方法及取样数量

序号	检验项目	取样数量	取样方法
1	重量偏差	不少于 5 支	从不同的钢筋截取，每支长度不小于 500 mm
2	拉伸	2	从不同根（盘）钢筋切取，长度根据试验设备确定
3	弯曲	2	从不同根（盘）钢筋切取，长度根据试验设备确定
4	反向弯曲	1	从任 1 根（盘）钢筋切取，长度根据试验设备确定

注：拉伸、弯曲试验试样不准许进行车削加工。

4. 检验方法

检验方法同热轧光圆钢筋。

5. 检验结果

重量偏差应符合表 5-73 的规定，力学性能应符合表 5-74 的有关规定。

6. 复验与判定

钢筋的复验与判定应符合《钢及钢产品　交货一般技术要求》（GB/T 17505—2016）的规

定。但钢筋的重量偏差不合格时不准许复验。

三、冷轧带肋钢筋

1. 概述

（1）定义

热轧圆盘条经冷轧后，在其表面带有沿长度方向均匀分布的横肋的钢筋。

（2）分类及代号

冷轧带肋钢筋按延性高低分为两类：

1）冷轧带肋钢筋，代号：CRB。

2）高延性冷轧带肋钢筋，代号：CRB+抗拉强度特征值+H。

C、R、B、H 分别为冷轧（Cold rolled）、带肋（Ribbed）、钢筋（Bar）、高延性（Highelongation）4 个词的英文首字母。

（3）牌号

冷轧带肋钢筋分为 CRB550、CRB650、CRB800、CRB600H、CRB680H 和 CRB800H 6 个牌号。CRB550、CRB600H 为普通钢筋混凝土用钢筋，CRB650、CRB800、CRB800H 为预应力混凝土用钢筋，CRB680H 既可作为普通钢筋混凝土用钢筋，也可作为预应力混凝土用钢筋使用。

（4）公称直径及外形

CRB550、CRB600H、CRB680H 钢筋的公称直径范围为 4～12 mm。CRB650 及以上牌号钢筋的公称直径为 4 mm、5 mm、6 mm。

热轧带肋钢筋表面横肋有二面肋、三面肋和四面肋。二面肋与三面肋钢筋横肋呈月牙形，四面肋横肋的纵截面应为月牙状并且不应与横肋相交。

2. 技术质量要求

（1）重量偏差

冷轧带肋钢筋的实际重量与理论重量的偏差为±4%。

（2）力学性能和工艺性能

冷轧带肋钢筋的力学性能和工艺性能应符合表 5-77 的规定。当进行弯曲试验时，受弯曲部位不得产生裂纹。反复弯曲试验的弯曲半径应符合表 5-78 的规定。

表 5-77 冷轧带肋钢筋的力学性能和工艺性能

分类	牌号	规定塑性延伸强度（$R_{p0.2}$）/MPa ≥	抗拉强度（R_m）/MPa ≥	$R_m/R_{p0.2}$ ≥	断后伸长率/%≥		最大力总延伸率/%≥	弯曲试验[a] 180°	反复弯曲次数	应力松弛初始应力应相当于公称抗拉强度的70%
					A	A_{100}	A_{gt}			1 000 h/%≤
普通钢筋混凝土用	CRB550	500	550	1.05	11.0	—	2.5	D=3 d	—	—
	CRB600H	540	600	1.05	14.0	—	5.0	D=3 d	—	—
	CRB680H[b]	600	680	1.05	14.0	—	5.0	D=3 d	4	5

续表

分类	牌号	规定塑性延伸强度（$R_{p0.2}$）/MPa ≥	抗拉强度（R_m）/MPa ≥	$R_m/R_{p0.2}$ ≥	断后伸长率/%≥		最大力总延伸率/%≥	弯曲试验[a] 180°	反复弯曲次数	应力松弛初始应力应相当于公称抗拉强度的70%
					A	A_{100}	A_{gt}			1 000 h/%≤
预应力混凝土用	CRB650	585	650	1.05	—	4.0	2.5	—	3	8
	CRB800	720	800	1.05	—	4.0	2.5	—	3	8
	CRB800H	720	800	1.05	—	7.0	4.0	—	4	5

注：[a] D 为弯心直径，d 为钢筋公称直径。

[b] 当该牌号钢筋作为普通钢筋混凝土用钢筋使用时，对反复弯曲和应力松弛不做要求；当该牌号钢筋作为预应力混凝土用钢筋使用时应进行反复弯曲试验代替 180° 弯曲试验，并检测松弛率。

表 5-78　冷轧带肋钢筋反复弯曲试验的弯曲半径　　单位：mm

钢筋公称直径	4	5	6
弯曲半径	10	15	15

3. 检验规则

（1）组批规则

冷轧带肋钢筋应按批进行检查和验收，每批由同一牌号、同一外形、同一规格、同一生产工艺和同一交货状态的钢筋组成。每批不大于 60 t。

（2）检验项目、取样数量及取样方法

冷轧带肋钢筋冷轧带肋钢筋检验项目、取样数量和取样方法应符合表 5-79 的规定。

表 5-79　冷轧带肋钢筋检验项目、取样数量和取样方法

序号	检验项目	取样数量	取样方法
1	重量偏差	1 个	长度不应小于 500 mm
2	拉伸试验	每盘 1 个	在每（任）盘中随机切取
3	弯曲试验	每批 2 个	
4	反复弯曲试验	每批 2 个	
5	应力松弛试验	定期 1 个	

4. 检验方法

（1）重量偏差

测量钢筋重量偏差时，试样长度应不小于 500 mm。长度测量精确到 1 mm，重量测定应精确到 1 g。钢筋重量偏差（%）按下式计算。

$$\text{重量偏差}=\frac{\text{试样实际总重量}-（\text{试样总长度}\times\text{理论重量}）}{\text{试样总长度}\times\text{理论重量}}\times 100\%$$

（2）力学性能、工艺性能

用于普通混凝土时按《钢筋混凝土用钢材试验方法》（GB/T 28900—2012）的规定进行试验，用于预应力混凝土时按《预应力混凝土用钢材试验方法》（GB/T 21839—2008）的规定进行试验。

5. 检验结果

重量偏差应为±4%，力学性能应符合表 5-77 的规定。

6. 复验与判定

钢筋的复验与判定应符合《钢及钢产品　交货一般技术要求》（GB/T 17505—2016）的规定。但钢筋的重量偏差不合格时不准许复验。

第七节　防水材料

一、概述

建筑物的围护结构要防止雨水、雪水和地下水的渗透；要防止空气中的湿气、蒸汽和其他有害气体与液体的侵蚀；分隔结构要防止给排水的渗漏。这些防渗透、渗漏和侵蚀的材料统称为防水材料。

按原材料性质划分为：沥青防水卷材、高聚物改性沥青防水卷材、合成高分子防水卷材、防水涂料、密封材料等。按防水材料形态划分为：柔性防水材料、刚性防水材料、堵漏防水材料、瓦类等。按产品的使用功能划分为：防水混凝土、防水砂浆以及止水堵漏材料等。建筑防水材料的分类和目前常用的品种如下：

- 防水卷材
  - 高聚物改性沥青防水卷材
    - 弹性体改性沥青防水卷材
    - 塑性体改性沥青防水卷材
    - 改性沥青聚乙烯胎防水卷材
    - 沥青复合胎柔性防水卷材
    - 自粘橡胶沥青防水卷材
    - 自粘聚合物改性沥青防水卷材
  - 合成高分子防水卷材
    - 高分子防水卷材
    - 聚氯乙烯防水卷材
    - 氯化聚乙烯防水卷材
    - 再生胶油毡
    - 三元丁橡胶防水卷材
    - 氯化聚乙烯—橡胶共混防水卷材
  - 沥青防水卷材
    - 石油沥青纸胎油毡
    - 石油沥青玻璃纤维胎油毡
    - 石油沥青玻璃布胎油毡
    - 铝箔面油毡
    - 煤沥青纸胎油毡

- 防水涂料
  - 高聚物改性沥青防水涂料
    - 溶剂型橡胶沥青防水涂料
    - 聚氯乙烯弹性防水涂料
  - 合成高分子防水涂料
    - 聚氨酯防水涂料
    - 聚合物乳液建筑防水涂料
    - 聚合物水泥防水涂料
  - 沥青防水涂料
    - 水性沥青基防水涂料
    - 皂液乳化沥青涂料
  - 建筑表面用有机硅防水剂涂料

- 刚性防水材料
  - 防水混凝土
    - 普通防水混凝土
    - 补偿收缩防水混凝土
    - 减水剂防水混凝土
    - 密实剂防水混凝土
    - 纤维混凝土
  - 防水砂浆
    - 补偿收缩防水砂浆
    - 金属皂液防水砂浆
    - 氯盐类防水砂浆
    - 硫酸盐类防水砂浆
    - 聚合物类防水砂浆
    - 纤维水泥防水砂浆

- 防水密封材料
  - 水泥基渗透结晶型防水材料
  - 改性沥青密封材料——建筑防水沥青嵌缝油膏
  - 合成高分子密封材料
    - 硅酮建筑密封胶
    - 聚氨酯建筑密封膏
    - 丙烯酸酯建筑密封膏
    - 聚硫建筑密封膏
    - 聚氯乙烯建筑防水接缝材料

- 止水堵漏材料
  - 止水带
    - 塑料止水带
    - 橡胶止水带
    - 复合止水带
  - 遇水膨胀橡胶
    - 制品型遇水膨胀橡胶
    - 腻子型遇水膨胀橡胶
  - 无机防水堵漏材料

工程中最为常见的主要有：弹性体改性沥青防水卷材、塑性体改性沥青防水卷材、改性沥青聚乙烯胎防水卷材、自黏聚合物改性沥青防水卷材、高分子防水材料（片材、止水带、遇水膨胀橡胶）、聚氨酯防水涂料、聚合物水泥防水涂料、水泥基渗透结晶型防水材料，本节主要介绍以上几种产品的技术要求、检验规则、检验方法。

二、防水卷材

1. 弹性体改性沥青防水卷材

（1）技术要求

1）单位面积质量、面积及厚度应符合表 5-80 的规定。

表 5-80　单位面积质量、面积及厚度

规格（公称厚度）/mm		3			4			5		
上表面材料		PE	S	M	PE	S	M	PE	S	M
下表面材料		PE	PE、S		PE	PE、S		PE	PE、S	
面积/（m^2/卷）	公称面积	10、15			10、7.5			7.5		
	偏差	±0.10			±0.10			±0.10		
单位面积质量/（kg/ m^2）　≥		3.3	3.5	4.0	4.3	4.5	5.0	5.3	5.5	6.0
厚度/mm	平均值　≥	3.0			4.0			5.0		
	最小单值	2.7			3.7			4.7		

2）外观：

①成卷卷材应卷紧、卷齐，端面里进外出不得超过 10 mm。

②成卷卷材在 4～50℃任一产品温度下展开，在距卷芯 1 000 mm 长度外不应有 10 mm 以上的裂纹或黏结。

③胎基应浸透，不应有未被浸渍处。

④卷材表面应平整，不允许有孔洞、缺边和裂口、疙瘩，矿物粒料粒度应均匀一致并紧密地黏附于卷材表面。

⑤每卷卷材接头处不应超过一个，较短的一段长度不应少于 1 000 mm，接头应剪切整齐，并加长 150 mm。

3）材料性能应符合表 5-81 的规定。

表 5-81　材料性能

序号	项　目		指标				
			Ⅰ		Ⅱ		
			PY	G	PY	G	PYG
1	可溶物含量/（g/ m^2）　≥	3 mm	2 100				—
		4 mm	2 900				—
		5 mm	3 500				
		试验现象	—	胎基不燃	—	胎基不燃	—

续表

序号	项目		指标				
			I		II		
			PY	G	PY	G	PYG
2	耐热性	℃	90		105		
		≤mm	2				
		试验现象	无流淌、滴落				
3	低温柔性/℃		−20		−25		
			无裂缝				
4	不透水性 30 min		0.3 MPa	0.2 MPa	0.3 MPa		
5	拉力	最大峰拉力/（N/50 mm）≥	500	350	800	500	900
		次高峰拉力/（N/50 mm）≥	—	—	—	—	800
		试验现象	拉伸过程中，试件中部无沥青涂盖层开裂或与胎基分离的现象				
6	延伸率	最大峰时延伸率/% ≥	30	—	40	—	
		第二峰时延伸率/% ≥	—		—		15
7	浸水后质量增加/% ≤	PE、S	1.0				
		M	2.0				
8	热老化	拉力保持率/% ≥	90				
		延伸保持率/% ≥	80				
		低温柔性/℃	−15		−20		
			无裂缝				
		尺寸变化率/% ≤	0.7	—	0.7	—	0.3
		质量损失/% ≤	1.0				
9	渗油性	张数 ≤	2				
10	接缝剥离强度/（N/mm） ≥		1.5				
11	钉杆撕裂强度[a]/N ≥		—				300
12	矿物粒料黏附性[b]/g ≤		2.0				
13	卷材下表面沥青涂盖层厚度[c]/mm ≥		1.0				
14	人工气候加速老化	外观	无滑动、流淌、滴落				
		拉力保持率/% ≥	80				
		低温柔性/℃	−15		−20		
			无裂缝				

注：a 为仅适用于单层机械固定施工方式卷材。

b 为仅适用于矿物粒料表面的卷材。

c 为仅适用于热熔施工的卷材。

（2）组批规则、取样方法及取样数量

1）组批：以同一类型、同一规格 1 万 m^2 为一批，不足 1 万 m^2 亦可作为一批。

2）抽样：从每批产品中随机抽取 5 卷进行单位面积质量、面积、厚度及外观检查。从单位面积质量、面积、厚度及外观检查合格的卷材中任取一卷进行材料性能试验。

3）试样制备：将取样卷材切除距外层卷头 2 500 mm 后，取 1 m 长的卷材按《建筑防水卷材试验方法　第 4 部分：沥青防水卷材》（GB/T 328.4—2007）取样方法均匀分布裁取试件，卷材性能试件的形状和数量按表 5-82 裁取。

表 5-82　试件形状和数量

序号	试验项目		试验形状（纵向×横向）/mm	数量/个
1	可溶物含量		100×100	3
2	耐热性		125×100	纵向 3
3	低温柔性		150×25	纵向 10
4	不透水性		150×150	3
5	拉力及延伸率		（250～320）×50	纵横向各 5
6	浸水后质量增加		（250～320）×50	纵向 5
7	热老化	拉力及延伸保持率	（250～320）×50	纵横向各 5
		低温柔性	150×25	纵向 10
		尺寸变化率及质量损失	（250～320）×50	纵向 5
8	渗油性		50×50	3
9	接缝剥离强度		400×200（搭接边处）	纵向 2
10	钉杆撕裂强度		200×100	纵向 5
11	矿物粒料黏附性		265×50	纵向 3
12	卷材下表面沥青涂盖层厚度		200×50	横向 3
13	人工气候加速老化	拉力保持率	120×25	纵横向各 5
		低温柔性	120×25	纵向 10

（3）检验方法

按标准《弹性体改性沥青防水卷材》（GB 18242—2008）的相关规定及《建筑防水卷材试验方法》（GB/T 328—2007）的相关规定执行。

（4）判定规则

1）单项判定：

①单位面积质量、面积、厚度及外观：抽取的 5 卷样品均符合规定时，判为单位面积质量、面积、厚度及外观合格。若其中有一项不符合规定，允许从该批产品中再随机抽取 5 卷样品，对不合格项进行复查。如全部达到标准规定时则判为合格；否则，判该批产品不合格。

②材料性能：从单位面积质量、面积、厚度及外观合格的卷材中任取一卷进行材料性能试验。

a. 可溶物含量、拉力、延伸率、吸水率、耐热性、接缝剥离强度、钉杆撕裂强度、矿物粒料黏附性、卷材下表面沥青涂盖层厚度以其算术平均值达到标准规定的指标判为该项合格。

b. 不透水性以 3 个试件分别达到标准规定判为该项合格。

c. 低温柔性两面分别达到标准规定时判为该项合格。

d. 渗油性以最大值符合标准规定判为该项合格。

e. 热老化、人工气候加速老化各项结果达到规定时判为该项合格。

f. 各项试验结果均符合规定，则判该批产品材料性能合格。若有一项指标不符合规定，允许在该批产品中再随机抽取 5 卷，从中任取一卷对不合格项进行单项复验。达到标准规定时，则判该批产品材料性能合格。

2）总判定

试验结果符合规定的全部要求时，判该批产品合格。

2. 塑性体改性沥青防水卷材

（1）技术要求

1）单位面积质量、面积及厚度应符合表 5-83 的规定。

表 5-83　单位面积质量、面积及厚度

规格（公称厚度）/mm		3			4			5		
上表面材料		PE	S	M	PE	S	M	PE	S	M
下表面材料		PE	PE、S		PE	PE、S		PE	PE、S	
面积/（m^2/卷）	公称面积	10、15			10、7.5			7.5		
	偏差	±0.10			±0.10			±0.10		
单位面积质量/（kg/m^2）≥		3.3	3.5	4.0	4.3	4.5	5.0	5.3	5.5	6.0
厚度/mm	平均值≥	3.0			4.0			5.0		
	最小单值	2.7			3.7			4.7		

2）外观：

①成卷卷材应卷紧卷齐，端面里进外出不得超过 10 mm。

②成卷卷材在 4～50℃任一产品温度下展开，在距卷芯 1 000 mm 长度外不应有 10 mm 以上的裂纹或黏结。

③胎基应浸透，不应有未被浸渍处。

④卷材表面应平整，不允许有孔洞、缺边和裂口、疙瘩，矿物粒料粒度应均匀一致并紧密地黏附于卷材表面。

⑤每卷卷材接头处不应超过一个，较短的一段长度不应少于 1 000 mm，接头应剪切整齐，并加长 150 mm。

3）材料性能应符合表 5-84 的规定。

表 5-84　材料性能

序号	项目		指标				
			Ⅰ		Ⅱ		
			PY	G	PY	G	PYG
1	可溶物含量/（g/m^2）≥	3 mm	2 100				—
		4 mm	2 900				—
		5 mm	3 500				
		试验现象	—	胎基不燃	—	胎基不燃	—

续表

序号	项目		指标				
			I		II		
			PY	G	PY	G	PYG
2	耐热性	℃	110		130		
		≤mm	2				
		试验现象	无流淌、滴落				
3	低温柔性/℃		−7		−15		
			无裂缝				
4	不透水性 30 min		0.3 MPa	0.2 MPa	0.3 MPa		
5	拉力	最大峰拉力/（N/50 mm）≥	500	350	800	500	900
		次高峰拉力/（N/50 mm）≥	—	—	—	—	800
		试验现象	拉伸过程中，试件中部无沥青涂盖层开裂或与胎基分离现象				
6	延伸率	最大峰时延伸率/% ≥	25	—	40	—	
		第二峰时延伸率/% ≥	—		—		15
7	浸水后质量增加/% ≤	PE、S	1.0				
		M	2.0				
8	热老化	拉力保持率/% ≥	90				
		延伸保持率/% ≥	80				
		低温柔性/℃	−2		−10		
			无裂缝				
		尺寸变化率/% ≤	0.7	—	0.7	—	0.3
		质量损失/% ≤	1.0				
9	接缝剥离强度/（N/mm） ≥		1.0				
10	钉杆撕裂强度[a]/N ≥		—				300
11	矿物粒料黏附性[b]/g ≤		2.0				
12	卷材下表面沥青涂盖层厚度[c]/mm ≥		1.0				
13	人工气候加速老化	外观	无滑动、流淌、滴落				
		拉力保持率/% ≥	80				
		低温柔性/℃	−2		−10		
			无裂缝				

注：a 为仅适用于单层机械固定施工方式卷材。

b 为仅适用于矿物粒料表面的卷材。

c 为仅适用于热熔施工的卷材。

（2）组批规则、取样方法及取样数量

1）组批：以同一类型、同一规格 1 万 m^2 为一批，不足 1 万 m^2 亦可作为一批。

2）抽样：从每批产品中随机抽取 5 卷进行单位面积质量、面积、厚度及外观检查。从单位面积质量、面积、厚度及外观检查合格的卷材中任取一卷进行材料性能试验。

3）试样制备：将取样卷材切除距外层卷头 2 500 mm 后，取 1 m 长的卷材按《建筑防水卷材试验方法　第 4 部分：沥青防水卷材厚度、单位面积质量》（GB/T 328.4—2007）取样方法均匀分布裁取试件，卷材性能试件的形状和数量按表 5-82 裁取。

（3）检验方法

按《塑性体改性沥青防水卷材》（GB 18243—2008）及《建筑防水卷材试验方法》（GB/T 328—2007）的相关规定执行。

（4）判定规则

1）单项判定：

①单位面积质量、面积、厚度及外观：抽取的 5 卷样品均符合规定时，判为单位面积质量、面积、厚度及外观合格。若其中有一项不符合规定，允许从该批产品中再随机抽取 5 卷样品，对不合格项进行复查。如全部达到标准规定时则判为合格；否则，判该批产品不合格。

②材料性能：从单位面积质量、面积、厚度及外观合格的卷材中任取一卷进行材料性能试验。

a. 可溶物含量、拉力、延伸率、吸水率、耐热性、接缝剥离强度、钉杆撕裂强度、矿物粒料黏附性、卷材下表面沥青涂盖层厚度以其算术平均值达到标准规定的指标判为该项合格。

b. 不透水性以 3 个试件分别达到标准规定判为该项合格。

c. 低温柔性两面分别达到标准规定时判为该项合格。

d. 热老化、人工气候加速老化各项试验结果达到规定时，判为该项合格。

e. 各项试验结果均符合规定，则判该批产品材料性能合格。若有一项指标不符合规定，允许在该批产品中再随机抽取 5 卷，从中任取一卷对不合格项进行单项复验。达到标准规定时，则判该批产品材料性能合格。

2）总判定：

试验结果符合规定的全部要求时，判该批产品合格。

3. 改性沥青聚乙烯胎防水卷材

（1）技术要求

1）单位面积质量及规格尺寸应符合表 5-85 的规定。

表 5-85　单位面积质量及规格尺寸

公称厚度/mm			2	3	4
单位面积质量/（kg/m^2）		≥	2.1	3.1	4.2
每卷面积偏差/m^2			±0.2		
厚度/mm	平均值	≥	2.0	3.0	4.0
	最小单位	≥	1.8	2.7	3.7

2）外观：

①成卷卷材应卷紧卷齐，端面里进外出不得超过 20 mm。

②成卷卷材在 4～45℃任一产品温度下展开，在距卷芯 1 000 mm 长度外不应有裂纹或长度 10 mm 以上的黏结。

③卷材表面应平整，不允许有孔洞、缺边和裂口、疙瘩或任何其他能观察到的缺陷存在。

④每卷卷材接头处不应超过一个，最短的一段长度不应少于 1 000 mm，接头应剪切整齐，并加长 150 mm。

3）物理力学性能应符合表 5-86 的规定。

表 5-86 物理力学性能

<table>
<tr><th rowspan="3">序号</th><th rowspan="3" colspan="3">项目</th><th colspan="5">技术指标</th></tr>
<tr><th colspan="4">T</th><th>S</th></tr>
<tr><th>O</th><th>M</th><th>P</th><th>R</th><th>M</th></tr>
<tr><td>1</td><td colspan="3">不透水性</td><td colspan="5">0.4 MPa，30 min 不透水</td></tr>
<tr><td rowspan="3">2</td><td rowspan="3" colspan="3">耐热性/℃</td><td colspan="4">90</td><td>70</td></tr>
<tr><td colspan="4" rowspan="2">无流淌，无起泡</td><td>无流淌</td></tr>
<tr><td>无起泡</td></tr>
<tr><td rowspan="2">3</td><td rowspan="2" colspan="3">低温柔性/℃</td><td>−5</td><td>−10</td><td>−20</td><td>−20</td><td>−20</td></tr>
<tr><td colspan="5">无裂纹</td></tr>
<tr><td rowspan="4">4</td><td rowspan="4">拉伸性能</td><td rowspan="2">拉力/（N/50 mm）≥</td><td>纵向</td><td colspan="3" rowspan="2">200</td><td rowspan="2">400</td><td rowspan="2">200</td></tr>
<tr><td>横向</td></tr>
<tr><td rowspan="2">断裂延伸率/%</td><td>纵向</td><td colspan="5" rowspan="2">120</td></tr>
<tr><td>横向</td></tr>
<tr><td rowspan="2">5</td><td rowspan="2" colspan="2">尺寸稳定性</td><td>℃</td><td colspan="4">90</td><td>70</td></tr>
<tr><td>% ≤</td><td colspan="5">2.5</td></tr>
<tr><td>6</td><td colspan="3">卷材下表面沥青涂盖层厚度/mm ≥</td><td colspan="4">1.0</td><td>—</td></tr>
<tr><td rowspan="2">7</td><td rowspan="2" colspan="2">剥离强度/（N/mm）</td><td>卷材与卷材</td><td colspan="4">—</td><td>1.0</td></tr>
<tr><td>卷材与铝板</td><td colspan="4">—</td><td>1.5</td></tr>
<tr><td>8</td><td colspan="3">钉杆水密性</td><td colspan="4">—</td><td>通过</td></tr>
<tr><td>9</td><td colspan="3">持黏性/min ≥</td><td colspan="4">—</td><td>15</td></tr>
<tr><td>10</td><td colspan="3">自黏沥青再剥离强度（与铝板）/N/mm ≥</td><td colspan="4">—</td><td>1.5</td></tr>
<tr><td rowspan="4">11</td><td rowspan="4">热空气老化</td><td colspan="2">纵向拉力/（N/50 mm）≥</td><td colspan="3">200</td><td>400</td><td>200</td></tr>
<tr><td colspan="2">纵向断裂延伸率/% ≥</td><td colspan="5">120</td></tr>
<tr><td colspan="2" rowspan="2">低温柔性/℃</td><td>5</td><td>0</td><td>−10</td><td>−10</td><td>−10</td></tr>
<tr><td colspan="5">无裂纹</td></tr>
</table>

4）耐根穿刺卷材应用性能

高聚物改性沥青耐根穿刺防水卷材（R）的性能除符合表 5-89 的要求外，其耐根穿刺与霉菌腐蚀性能应符合《种植层面用耐根穿刺防水卷材》（JC/T 1075—2008）的相关规定。

（2）组批规则、取样方法及取样数量

1）组批：以同一类型、同一规格 1 万 m^2 为一批，不足 1 万 m^2 亦可作为一批。

2）抽样：从每批产品中随机抽取 5 卷进行单位面积质量、面积、厚度及外观检查。从单位面积质量、面积、厚度及外观检查合格的卷材中任取一卷至少 1.5 m^2 的试样进行物理力学性能检测。

3）试样制备：

在 23℃±2℃条件下，去除试件的防黏材料，将卷材轻放在与卷材同样尺寸的胶合板（五合板）上。用质量为 2 kg、宽度 50～60 mm 的压辊依次来回滚压 3 次使其与胶合板黏合。胶合板不应重复使用。

在胶合板下放两个木块作支撑，以便于将钉子钉入。将长 30 mm±4 mm，直径 3.5～4 mm 的无翼镀锌无螺纹钉，从卷材表面钉入胶合板，钉入两颗钉子，位置在试件的中心附近，钉子之间相距 25～50 mm，将钉子钉入到钉帽与卷材表面平齐，然后从背面轻敲钉头使钉子升起，使钉帽与卷材表面距离 6 mm。

共制备两块试件。

（3）检验方法

按《改性沥青聚乙烯胎防水卷材》（GB 18967—2009）及《建筑防水卷材试验方法》（GB/T 328—2007）执行。

（4）判定规则

1）单项判定

①单位面积质量及规格尺寸：抽取的 5 卷样品均符合规定时，判为单位面积质量及规格尺寸合格。若其中有一项不符合规定，允许从该批产品中再随机抽取 5 卷样品，对不合格项进行复查。如全部达到标准规定时则判为合格；否则，判该批产品不合格。

②物理力学性能：

a. 耐热性、拉力、断裂延伸率、尺寸稳定性、卷材下表面涂盖层厚度，以其算术平均值达到标准规定的指标判为该项合格。

b. 不透水性，钉杆水密性，以每个试件分别达到标准规定时判为该项合格。

c. 低温柔性两面分别达到标准规定时判为该项合格。

d. 剥离强度、持黏性、自黏沥青再剥离强度（与铝板）、热空气老化，以试验结果符合规定时，判为该项合格。

e. 各项试验结果均符合规定，则判该批产品物理力学性能合格。若有一项指标不符合规定，允许在该批产品中再随机抽取一卷对不合格项进行单项复验。达到标准规定时，则判该批产品物理力学性能合格。

f. 高聚物改性沥青耐根穿刺防水卷材符合规定时，判定该批产品应用性能合格。

2）总判定

试验结果符合规定的全部要求时，判该批产品合格。

4. 自黏聚合物改性沥青防水卷材

（1）技术要求

1）面积、单位面积质量、厚度：

①面积不小于产品面积标记值的 99%。

②N 类（无胎基）单位面积质量、厚度应符合表 5-87 的规定。

③PY 类（聚酯胎基）单位面积质量、厚度应符合表 5-88 的规定。

④由供需双方商定的规格，厚度 N 类不得小于 1.2 mm，PY 类不得小于 2.0 mm。

表 5-87　N 类单位面积质量、厚度

厚度规格/mm		1.2	1.5	2.0
上表材料		PE、PET、D	PE、PET、D	PE、PET、D
单位面积质量/（kg/m²）　≥		1.2	1.5	2.0
厚度/mm	平均值　≥	1.2	1.5	2.0
	最小单值	1.0	1.3	1.7

表 5-88　PY 类单位面积质量、厚度

厚度规格/mm		2.0		3.0		4.0	
上表材料		PE、D	S	PE、D	S	PE、D	S
单位面积质量/（kg/m²）　≥		2.1	2.2	3.1	3.2	4.1	4.2
厚度/mm	平均值　≥	2.0		3.0		4.0	
	最小单值	1.8		2.7		3.7	

2）外观：

①成卷卷材应卷紧卷齐，端面里进外出不得超过 20 mm。

②成卷卷材在 4～50℃任一产品温度下展开，在距卷芯 1 000 mm 长度外不应有裂纹或长度 10 mm 以上的黏结。

③PY 类产品，其胎基应浸透，不应有未被浸渍的浅色条纹。

④卷材表面应平整，不允许有孔洞、结块、气泡、缺边和裂口，上表面为细砂的，矿物粒料粒度细砂应均匀一致并紧密地黏附于卷材表面。

⑤每卷卷材接头处不应超过一个，较短的一段长度不应少于 1 000 mm，接头应剪切整齐，并加长 150 mm。

3）物理力学性能：

①N 类卷材物理力学性能应符合表 5-89 的规定。

②PY 类卷材物理力学性能应符合表 5-90 的规定。

表 5-89　N 类卷材物理力学性能

序号	项目		指标				
			PE		PET		D
			I	II	I	II	
1	拉伸性能	拉力/（N/50 mm）　≥	150	200	150	200	—
		最大拉力时延伸率/ %　≥	200		30		—
		沥青断裂延伸率/ %　≥	250		150		450
		拉伸时现象	拉伸过程中，在膜断裂前无沥青盖层与膜分离现象				—

续表

<table>
<tr><th rowspan="3">序号</th><th rowspan="3" colspan="2">项目</th><th colspan="5">指　标</th></tr>
<tr><th colspan="2">PE</th><th colspan="2">PET</th><th rowspan="2">D</th></tr>
<tr><th>I</th><th>II</th><th>I</th><th>II</th></tr>
<tr><td>2</td><td colspan="2">钉杆撕裂强度/N　≥</td><td>60</td><td>110</td><td>30</td><td>40</td><td>—</td></tr>
<tr><td>3</td><td colspan="2">耐热性</td><td colspan="5">70℃无滑动、流淌、滴落</td></tr>
<tr><td rowspan="2">4</td><td rowspan="2" colspan="2">低温柔性/℃</td><td>−20</td><td>−30</td><td>−20</td><td>−30</td><td>−20</td></tr>
<tr><td colspan="5">无裂纹</td></tr>
<tr><td>5</td><td colspan="2">不透水性</td><td colspan="4">0.2 MPa，120 min 不透水</td><td>—</td></tr>
<tr><td rowspan="2">6</td><td rowspan="2">剥离强度/（N/mm）≥</td><td>卷材与卷材</td><td colspan="5">1.0</td></tr>
<tr><td>卷材与铝板</td><td colspan="5">1.5</td></tr>
<tr><td>7</td><td colspan="2">钉杆水密性</td><td colspan="5">通过</td></tr>
<tr><td>8</td><td colspan="2">渗油性/张数　≤</td><td colspan="5">2</td></tr>
<tr><td>9</td><td colspan="2">持黏性/min　≥</td><td colspan="5">20</td></tr>
<tr><td rowspan="5">10</td><td rowspan="5">热老化</td><td>拉力保持率/%　≥</td><td colspan="5">80</td></tr>
<tr><td>最大拉力时延伸率/%</td><td colspan="2">200</td><td colspan="2">30</td><td>400（沥青层断裂延伸率）</td></tr>
<tr><td rowspan="2">低温柔性/℃</td><td>−18</td><td>−28</td><td>−18</td><td>−28</td><td>−18</td></tr>
<tr><td colspan="5">无裂纹</td></tr>
<tr><td>剥离强度卷材与铝板/（N/mm）</td><td colspan="5">1.5</td></tr>
<tr><td rowspan="2">11</td><td rowspan="2">热稳定性</td><td>外观</td><td colspan="5">无起鼓、皱褶、滑动、流淌</td></tr>
<tr><td>尺寸变化/%　≤</td><td colspan="5">2</td></tr>
</table>

表 5-90　PY 类卷材物理力学性能

<table>
<tr><th rowspan="2">序号</th><th rowspan="2" colspan="3">项　目</th><th colspan="2">指标</th></tr>
<tr><th>I</th><th>II</th></tr>
<tr><td rowspan="3">1</td><td rowspan="3">可溶物含量/（g/m²）</td><td colspan="2">2.0 mm</td><td>1 300</td><td>—</td></tr>
<tr><td colspan="2">3.0 mm</td><td colspan="2">2 100</td></tr>
<tr><td colspan="2">4.0 mm</td><td colspan="2">2 900</td></tr>
<tr><td rowspan="4">2</td><td rowspan="4">拉伸性能</td><td rowspan="3">拉力/（N/50mm）≥</td><td>2.0 mm</td><td>350</td><td>—</td></tr>
<tr><td>3.0 mm</td><td>450</td><td>600</td></tr>
<tr><td>4.0 mm</td><td>450</td><td>800</td></tr>
<tr><td colspan="2">最大拉力时延伸率/%　≥</td><td>30</td><td>40</td></tr>
<tr><td>3</td><td colspan="3">耐热性</td><td colspan="2">70℃无滑动、流淌、滴落</td></tr>
<tr><td rowspan="2">4</td><td rowspan="2" colspan="3">低温柔性/℃</td><td>−20</td><td>−30</td></tr>
<tr><td colspan="2">无裂缝</td></tr>
<tr><td>5</td><td colspan="3">不透水性</td><td colspan="2">0.3 MPa，120 min 不透水</td></tr>
<tr><td rowspan="2">6</td><td rowspan="2">剥离强度/（N/mm）≥</td><td colspan="2">卷材与卷材</td><td colspan="2">1.0</td></tr>
<tr><td colspan="2">卷材与铝板</td><td colspan="2">1.5</td></tr>
</table>

续表

<table>
<tr><th rowspan="2">序号</th><th rowspan="2" colspan="3">项　目</th><th colspan="2">指标</th></tr>
<tr><th>I</th><th>II</th></tr>
<tr><td>7</td><td colspan="3">钉杆水密性</td><td colspan="2">通过</td></tr>
<tr><td>8</td><td colspan="2">渗油性/张数</td><td>≤</td><td colspan="2">2</td></tr>
<tr><td>9</td><td colspan="2">持黏性/min</td><td>≥</td><td colspan="2">15</td></tr>
<tr><td rowspan="5">10</td><td rowspan="5">热老化</td><td colspan="2">最大拉力时延伸率/ %</td><td>30</td><td>40</td></tr>
<tr><td colspan="2" rowspan="2">低温柔性/ ℃</td><td>−18</td><td>−28</td></tr>
<tr><td colspan="2">无裂纹</td></tr>
<tr><td colspan="2">剥离强度卷材与铝板/（N/mm）</td><td colspan="2">1.5</td></tr>
<tr><td>尺寸稳定性/ %</td><td>≤</td><td>1.5</td><td>1.0</td></tr>
<tr><td>11</td><td colspan="2">自黏沥青再剥离强度/（N/mm）</td><td>≥</td><td colspan="2">1.5</td></tr>
</table>

（2）组批规则、取样方法及取样数量

1）组批：以同一类型、同一规格 1 万 m^2 为一批，不足 1 万 m^2 亦可作为一批。

2）抽样：从每批产品中随机抽取 5 卷进行面积、厚度、外观、单位面积质量检查。在上述合格后，从中随机抽取一卷至少 1.5 m^2 的试样进行物理力学性能检测。

3）试样制备

试样在 23℃±2℃放置 24 h 后裁取，每组试件在卷材宽度方向均匀分布裁样，避开卷材切边缘 100 mm 以上。

N 类卷材试件尺寸与数量见表 5-91，PY 类卷材试件尺寸与数量见表 5-92。

表 5-91　N 类卷材试件尺寸与数量

<table>
<tr><th>序号</th><th colspan="2">试验项目</th><th>试验形状（纵向×横向）/mm</th><th>数量/个</th></tr>
<tr><td>1</td><td colspan="2">拉伸性能</td><td>100×25</td><td>纵横向各 5</td></tr>
<tr><td>2</td><td colspan="2">钉杆撕裂强度</td><td>100×200</td><td>横向 5</td></tr>
<tr><td>3</td><td colspan="2">耐热性</td><td>100×50</td><td>3</td></tr>
<tr><td>4</td><td colspan="2">低温柔性</td><td>150×25</td><td>10</td></tr>
<tr><td>5</td><td colspan="2">不透水性</td><td>150×150</td><td>3</td></tr>
<tr><td rowspan="2">6</td><td rowspan="2">剥离强度</td><td>卷材与卷材</td><td>50×150</td><td>10（5 个试件）</td></tr>
<tr><td>卷材与铝板</td><td>250×250</td><td>5</td></tr>
<tr><td>7</td><td colspan="2">钉杆水密性</td><td>300×300</td><td>2</td></tr>
<tr><td>8</td><td colspan="2">渗油性</td><td>50×50</td><td>3</td></tr>
<tr><td>9</td><td colspan="2">持黏性</td><td>150×150</td><td>5</td></tr>
<tr><td>10</td><td colspan="2">热老化</td><td>250×250</td><td>3</td></tr>
<tr><td>11</td><td colspan="2">热稳定性</td><td>300×300</td><td>1</td></tr>
</table>

表 5-92　PY 类卷材试件尺寸与数量

序号	试验项目	试验形状（纵向×横向）/mm	数量/个
1	可溶物含量	100×100	3
2	拉伸性能	（250～300）×50	纵横向各 5

续表

序号	试验项目		试验形状（纵向×横向）/mm	数量/个
3	耐热性		125×50	3
4	低温柔性		150×25	10
5	不透水性		150×150	3
6	剥离强度	卷材与卷材	50×150	10（5个试件）
		卷材与铝板	250×250	5
7	钉杆水密性		300×300	2
8	渗油性		50×50	3
9	持黏性		150×150	5
10	热老化	延伸率	（250～300）×50	纵横向各5
		低温柔性	150×25	10
		剥离强度卷材与铝板	250×50	5
		尺寸稳定性	（250～300）×50	纵向5
11	热稳定性		300×300	5

（3）检验方法

按《自黏性聚合物改性沥青防水卷材》（GB 23441—2009）及《建筑防水卷材试验方法》（GB/T 328—2007）的相关规定执行。

（4）判定规则

1）面积、单位面积质量、厚度、外观：面积、单位面积质量、厚度、外观均符合规定时，判其面积、单位面积质量、厚度、外观合格。若其中有一项不符合规定，允许从该批产品中再随机抽取5卷样品，对不合格项进行复查。如全部达到标准规定时则判为合格；否则，判该批产品不合格。

2）物理力学性能：试验结果符合规定，判该批产品物理力学性能合格。若其中仅有一项不符合标准规定，允许在该批产品中随机另抽一卷进行单项复测。若该项目符合标准规定，则判该批产品物理力学性能合格；否则，判该批产品不合格。

3）总判定：试验结果符合标准全部要求时判该批产品合格。

三、高分子防水材料

1. 高分子防水材料（片材）

（1）技术要求

1）规格尺寸：片材的规格尺寸及允许偏差见表5-93、表5-94，特殊规格由供需双方商定。

表5-93　片材的规格尺寸

项目	厚度/mm	宽度/m	长度/m
橡胶类	1.0、1.2、1.5、1.8、2.0	1.0、1.1、1.2	≥20*
树脂类	＞0.5	1.0、1.2、1.5、2.0、2.5、3.0、4.0、6.0	

注：*橡胶类片材在每卷20 m长度中允许有一处接头，且最小块长度应≥3 m，并应加长15 cm备作搭接；树脂类片材在每卷至少20 mm长度内不允许有接头；自黏片材及异形片材每卷10 m长度内部允许有接头。

表 5-94　允许偏差

项目	厚度		宽度	长度
允许偏差	＜1.0 mm	≥1.0 mm	±1%	不允许出现负值
	±10%	±5%		

2）外观质量：

①片材表面应平整，不能有影响使用性能的杂质、机械损伤、折痕及异常黏着等缺陷。

②在不影响使用的条件下，片材表面缺陷应符合下列规定：

a. 凹痕深度，橡胶类片材不得超过片材厚度的 20%；树脂类片材不得超过 5%。

b. 气泡深度，橡胶类不得超过片材厚度的 20%，每 1 m^2 内气泡面积不得超过 7 mm^2；树脂类片材不允许有。

③异型片表面应边缘整齐、无裂纹、孔洞、粘连、气泡、疤痕及其他机械损伤缺陷。

3）物理性能：

①均质片：均质片的物理性能应符合表 5-95 的规定。

表 5-95　均质片的物理性能

项目		指标									适用试验条目
		硫化橡胶类			非硫化橡胶类			树脂类			
		JL1	JL2	JL3	JF1	JF2	JF3	JS1	JS2	JS3	
拉伸强度/MPa	常温（23℃）≥	7.5	6.0	6.0	4.0	3.0	5.0	10	16	14	6.3.2
	高温（60℃）≥	2.3	2.1	1.8	0.8	0.4	1.0	4	6	5	
拉断伸长率/%	常温（23℃）≥	450	400	300	400	200	200	200	550	500	
	低温（−20℃）≥	200	200	170	200	100	100	—	350	300	
撕裂强度/（kN/m）≥		25	24	23	18	10	10	40	60	60	6.3.3
不透水性（30 min）		0.3 MPa 无渗漏	0.3 MPa 无渗漏	0.2 MPa 无渗漏	0.3 MPa 无渗漏	0.2 MPa 无渗漏	0.2 MPa 无渗漏	0.3 MPa 无渗漏	0.3 MPa 无渗漏	0.3 MPa 无渗漏	6.3.4
低温弯折		−40℃ 无裂纹	−30℃ 无裂纹	−30℃ 无裂纹	−30℃ 无裂纹	−20℃ 无裂纹	−20℃ 无裂纹	−20℃ 无裂纹	−35℃ 无裂纹	−35℃ 无裂纹	6.3.5
加热伸缩量/mm	延伸 ≤	2	2	2	2	4	4	2	2	2	6.3.6
	收缩 ≤	4	4	4	4	6	10	6	6	6	
热空气老化/（80℃×168 h）	拉伸强度保持率/% ≥	80	80	80	90	60	80	80	80	80	6.3.7
	拉断伸长率保持率/% ≥	70	70	70	70	70	70	70	70	70	

续表

<table>
<tr><td colspan="2" rowspan="3">项目</td><td colspan="9">指标</td><td rowspan="3">适用试验条目</td></tr>
<tr><td colspan="3">硫化橡胶类</td><td colspan="3">非硫化橡胶类</td><td colspan="3">树脂类</td></tr>
<tr><td>JL1</td><td>JL2</td><td>JL3</td><td>JF1</td><td>JF2</td><td>JF3</td><td>JS1</td><td>JS2</td><td>JS3</td></tr>
<tr><td rowspan="2">耐碱性［饱和 $Ca(OH)_2$ 溶液 23℃×168 h］</td><td>拉伸强度保持率/% ≥</td><td>80</td><td>80</td><td>80</td><td>80</td><td>70</td><td>70</td><td>80</td><td>80</td><td>80</td><td rowspan="2">6.3.8</td></tr>
<tr><td>拉断伸长率保持率/% ≥</td><td>80</td><td>80</td><td>80</td><td>90</td><td>80</td><td>70</td><td>80</td><td>90</td><td>90</td></tr>
<tr><td rowspan="3">臭氧老化（40℃×168 h）</td><td>伸长率 40%，500 $\times 10^{-8}$</td><td>无裂纹</td><td>—</td><td>—</td><td>无裂纹</td><td>—</td><td>—</td><td>—</td><td>—</td><td>—</td><td rowspan="3">6.3.9</td></tr>
<tr><td>伸长率 20%，200 $\times 10^{-8}$</td><td>—</td><td>无裂纹</td><td>—</td><td>—</td><td>—</td><td>—</td><td>—</td><td>—</td><td>—</td></tr>
<tr><td>伸长率 20%，100 $\times 10^{-8}$</td><td>—</td><td>—</td><td>无裂纹</td><td>—</td><td>无裂纹</td><td>无裂纹</td><td>—</td><td>—</td><td>—</td></tr>
<tr><td rowspan="2">人工气候老化</td><td>拉伸强度保持率/% ≥</td><td>80</td><td>80</td><td>80</td><td>80</td><td>70</td><td>80</td><td>80</td><td>80</td><td>80</td><td rowspan="2">6.3.10</td></tr>
<tr><td>拉断伸长率保持率/% ≥</td><td>70</td><td>70</td><td>70</td><td>70</td><td>70</td><td>70</td><td>70</td><td>70</td><td>70</td></tr>
<tr><td rowspan="2">黏结剥离强度（片材与片材）</td><td>标准实验条件/（N/mm） ≥</td><td colspan="9">1.5</td><td rowspan="2">6.3.11</td></tr>
<tr><td>浸水保持率（23℃×168 h）/% ≥</td><td colspan="9">70</td></tr>
</table>

注：1. 人工气候老化和黏结剥离强度为推荐项目。

2. 非外露使用可以不考核臭氧老化、人工气候老化、加热伸缩量、60℃拉伸强度性能。

3. 适用试验条目为《高分子防水材料　第 1 部分：片材》（GB 18173.1—2012）规定的试验方法。

②复合片：

a. 复合片的物理性能应符合表 5-96 的规定。

表 5-96　复合片的物理性能

<table>
<tr><td colspan="2" rowspan="2">项目</td><td colspan="4">指标</td><td rowspan="3">适用试验条目</td></tr>
<tr><td rowspan="2">硫化橡胶类 FL</td><td rowspan="2">非硫化橡胶类 FF</td><td colspan="2">树脂类</td></tr>
<tr><td colspan="2"></td><td>FS1</td><td>FS2</td></tr>
<tr><td rowspan="2">拉伸强度/（N/cm）</td><td>常温（23℃） ≥</td><td>80</td><td>60</td><td>100</td><td>60</td><td rowspan="2">6.3.2</td></tr>
<tr><td>高温（60℃） ≥</td><td>30</td><td>20</td><td>40</td><td>30</td></tr>
</table>

续表

<table>
<tr><th colspan="2" rowspan="3">项目</th><th colspan="4">指标</th><th rowspan="3">适用试验条目</th></tr>
<tr><th rowspan="2">硫化橡胶类 FL</th><th rowspan="2">非硫化橡胶类 FF</th><th colspan="2">树脂类</th></tr>
<tr><th>FS1</th><th>FS2</th></tr>
<tr><td rowspan="2">拉断伸长率/%</td><td>常温（23℃）　≥</td><td>300</td><td>250</td><td>150</td><td>400</td><td rowspan="2">6.3.2</td></tr>
<tr><td>低温（−20℃）　≥</td><td>150</td><td>50</td><td>—</td><td>300</td></tr>
<tr><td colspan="2">撕裂强度/N　≥</td><td>40</td><td>20</td><td>20</td><td>50</td><td>6.3.3</td></tr>
<tr><td colspan="2">不透水性（0.3 MPa，30 min）</td><td>无渗漏</td><td>无渗漏</td><td>无渗漏</td><td>无渗漏</td><td>6.3.4</td></tr>
<tr><td colspan="2">低温弯折</td><td>−35℃ 无裂纹</td><td>−20℃ 无裂纹</td><td>−30℃ 无裂纹</td><td>−20℃ 无裂纹</td><td>6.3.5</td></tr>
<tr><td rowspan="2">加热伸缩量/mm</td><td>延伸　≤</td><td>2</td><td>2</td><td>2</td><td>2</td><td rowspan="2">6.3.6</td></tr>
<tr><td>收缩　≤</td><td>4</td><td>4</td><td>2</td><td>4</td></tr>
<tr><td rowspan="2">热空气老化（80℃×168 h）</td><td>拉伸强度保持率/%　≥</td><td>80</td><td>80</td><td>80</td><td>80</td><td rowspan="2">6.3.7</td></tr>
<tr><td>拉断伸长率保持率/%　≥</td><td>70</td><td>70</td><td>70</td><td>70</td></tr>
<tr><td rowspan="2">耐碱性［饱和 Ca（OH）$_2$溶液 23℃×168 h］</td><td>拉伸强度保持率/%　≥</td><td>80</td><td>60</td><td>80</td><td>80</td><td rowspan="2">6.3.8</td></tr>
<tr><td>拉断伸长率保持率/%　≥</td><td>80</td><td>60</td><td>80</td><td>80</td></tr>
<tr><td colspan="2">臭氧老化（40℃×168 h），200×10^{-8}，伸长率 20%</td><td>无裂纹</td><td>无裂纹</td><td>—</td><td>—</td><td>6.3.9</td></tr>
<tr><td rowspan="2">人工气候老化</td><td>拉伸强度保持率/%　≥</td><td>80</td><td>70</td><td>80</td><td>80</td><td rowspan="2">6.3.10</td></tr>
<tr><td>拉断伸长率保持率/%　≥</td><td>70</td><td>70</td><td>70</td><td>70</td></tr>
<tr><td rowspan="2">黏结剥离强度（片材与片材）</td><td>标准试验条件/（N/mm）　≥</td><td>1.5</td><td>1.5</td><td>1.5</td><td>1.5</td><td rowspan="2">6.3.11</td></tr>
<tr><td>浸水保持率（23℃×168 h）/%　≥</td><td colspan="3">70</td><td>70</td></tr>
<tr><td colspan="2">复合强度（FS2 型表层与芯层）/MPa　≥</td><td colspan="3">—</td><td>0.8</td><td>6.3.12</td></tr>
</table>

注：1. 人工气候老化和黏合性能项目为推荐项目。

2. 非外露使用可以不考核臭氧老化、人工气候老化、加热伸缩量、高温（60℃）拉伸强度性能。

3. 适用试验条目为《高分子防水材料　第 1 部分：片材》（GB 18173.1—2012）规定的试验方法。

b. 对于聚酯胎上涂覆三元乙丙橡胶的 FF 类片材，拉断伸长率（纵/横）指标不得小于 100%，其他性能指标应符合表 5-96 的规定。

c. 对于总厚度小于 1.0 mm 的 FS2 类复合片材，拉伸强度（纵/横）指标常温（23℃）时不得小于 50 N/cm，高温（60℃）时不得小于 30 N/cm；拉断伸长率（纵/横）指标常温（23℃）时不得小于 100%，低温（−20℃）时不得小于 80%；其他性能应符合表 5-96 规定值要求。

③自粘片：自粘片的主体材料应符合表 5-95、表 5-96 中相关类别的要求，自粘层性能应符合表 5-97 规定。

表 5-97　自粘层性能

项目	指标	适用试验条目
低温弯折	−20℃无裂纹	6.3.5
持粘性/min　≥	20	6.3.13.1

续表

项目			指标	适用试验条目
剥离强度/（N/mm）	标准试验条件	片材与片材 ≥	0.8	6.3.13.2
		片材与铝板 ≥	1.0	
		片材与水泥砂浆板 ≥	1.0	
	热空气老化后（80℃×168 h）	片材与片材 ≥	1.0	
		片材与铝板 ≥	1.2	
		片材与水泥砂浆板 ≥	1.2	

注：适用试验条目为《高分子防水材料　第 1 部分：片材》（GB 18173.1—2012）规定的试验方法。

④异型片：异型片的物理性能应符合表 5-98 的规定。

表 5-98　异型片的物理性能

项目		指标			适用试验条目
		膜片厚度<0.8 mm	膜片厚度0.8～1.0 mm	膜片厚度≥1.0 mm	
拉伸强度/（N/cm） ≥		40	56	72	6.3.2.2
拉断伸长率/% ≥		25	35	50	
抗压性能	抗压强度/kPa ≥	100	150	300	6.3.14
	壳体高度压缩 50%后外观	无破损			
排水截面积/cm² ≥		30			6.3.15
热空气老化（80℃×168 h）	拉伸强度保持率/% ≥	80			6.3.7
	拉断伸长率保持率/% ≥	70			
耐碱性［饱和 $Ca(OH)_2$ 溶液 23℃×168 h］	拉伸强度保持率/% ≥	80			6.3.8
	拉断伸长率保持率/% ≥	80			

注：1. 壳体形状和高度无具体要求，但性能指标须满足本表规定。

2. 适用试验条目为《高分子防水材料　第 1 部分：片材》（GB 18173.1—2012）规定的试验方法。

⑤点（条）粘片

点（条）粘片主体材料应符合表 5-95 中相关类别的要求，粘接部位的性能应符合表 5-99 的规定。

表 5-99　点（条）粘片粘接部位的物理性能

项目	指标			适用试验条目
	DS1/TS1	DS2/TS2	DS3/TS3	
常温（23℃）拉伸强度/（N/cm） ≥	100	60		6.3.2.1.3
常温（23℃）拉断伸长率/% ≥	150	400		
剥离强度/（N/cm） ≥	1			6.3.11

注：适用试验条目为《高分子防水材料　第 1 部分：片材》（GB 18173.1—2012）规定的试验方法。

（2）组批规则、取样方法及取样数量

1）组批：以连续生产的同品种、同规格的 5 000 m^2 片材为一批（不足 5 000 m^2 时，以连续生产的同品种、同规格的片材量为一批，日产量超过 8 000 m^2 则以 8 000 m^2 为一批）。

2）抽样：随机抽取 3 卷进行规格尺寸和外观质量检验，在上述检验合格的样品中再随机抽取足够的试样进行物理性能检验。

3）试样制备：将规格尺寸检测合格的卷材展平后在标准状态下静置 24 h，裁取试验所需的足够长度试样，均质片、复合片、自粘片和点（条）粘片按图 5-9 及表 5-100 裁取所需试样；用于自粘层性能检测的试样按图 5-10 及表 5-101 裁取所需试样；异形片按图 5-11 及表 5-102 裁取所需试样；试片距卷材边缘不得小于 100 mm。裁切复合片时应顺着织物的纹路，尽量不破坏纤维并使工作部分保证最大的纤维根数。

表 5-100　均质片、复合片、自粘片和点（条）粘片试样的形状、尺寸与数量

<table>
<tr><th colspan="2" rowspan="2">项目</th><th rowspan="2">试样代号</th><th colspan="3" rowspan="2">试样形状及尺寸</th><th colspan="2">试样数量</th></tr>
<tr><th>纵向</th><th>横向</th></tr>
<tr><td colspan="2">不透水性</td><td>A</td><td colspan="3">140 mm×140 mm</td><td colspan="2">3</td></tr>
<tr><td rowspan="3">拉伸性能</td><td>常温（23℃）</td><td>B，B′</td><td rowspan="3">GB/T 528 中 I 型哑铃片</td><td rowspan="3">FS2 类片材</td><td>200 mm×25 mm</td><td>5</td><td>5</td></tr>
<tr><td>高温（60℃）</td><td>D，D′</td><td rowspan="2">100 mm×25 mm</td><td>5</td><td>5</td></tr>
<tr><td>低温（−20℃）</td><td>E，E′</td><td>5</td><td>5</td></tr>
<tr><td colspan="2">撕裂强度</td><td>C，C′</td><td colspan="3">GB/T 529 中直角形试片</td><td>5</td><td>5</td></tr>
<tr><td colspan="2">低温弯折</td><td>S，S′</td><td colspan="3">120 mm×50 mm</td><td>2</td><td>2</td></tr>
<tr><td colspan="2">加热伸缩量</td><td>F，F′</td><td colspan="3">300 mm×30 mm</td><td>3</td><td>3</td></tr>
<tr><td colspan="2">热空气老化</td><td>G，G′</td><td rowspan="2">GB/T 528 中 I 型哑铃片</td><td colspan="2">—</td><td>3</td><td>3</td></tr>
<tr><td colspan="2">耐碱性</td><td>I，I′</td><td colspan="2">FS2 类片材，200 mm×25 mm</td><td>3</td><td>3</td></tr>
<tr><td colspan="2">臭氧老化</td><td>L，L′</td><td rowspan="2">GB/T 528 中 I 型哑铃片</td><td colspan="2" rowspan="2">FS2 类片材，200 mm×25 mm</td><td>3</td><td>3</td></tr>
<tr><td colspan="2">人工气候老化</td><td>H，H′</td><td>3</td><td>3</td></tr>
<tr><td rowspan="2">粘接剥离强度</td><td>标准试验条件</td><td>M</td><td colspan="3" rowspan="2">200 mm×150 mm</td><td>2</td><td>—</td></tr>
<tr><td>浸水 168 h</td><td>N</td><td>2</td><td>—</td></tr>
<tr><td colspan="2">复合强度</td><td>K</td><td colspan="3">FS2 类片材，50 mm×50 mm</td><td>5</td><td>—</td></tr>
</table>

注：试样代号中，字母上方有“′”者应横向取样。

单位：mm
1 000
1 000
A-1
B-1 B-2 D-1 D-2
M-1
F-1 F-2 G-1 H-1 I-1 L-1 C-1 C-2
B′-2 H′-1 L′-1
D′-2 F′-1 L′-2
E′-2 B′-4 L′-3
B′-3 B′-5 H′-2
F-1
B′-1
D′-1
E′-1
G′-1
S′-1
C′-1
C′-2
M-2
纵向
L-2 L-3 C-3
N-1
N-2
C-4 C-5
S-1
A-2
S-2
B-3 B-4 D-3 D-4 E-3 E-4 G-2 H-2 I-2
D′-3 D′-4 G′-2
E′-3 E′-4 F′-2
F′-1
F′-2
F′-3
B-5 D-5 E-5 G-3 H-3 I-3
D′-5 H′-3
E′-5 F′-3
C′-3 C′-3
C′-4 C′-5
N-1
N-2
F-2
K-1
K-2
K-3
K-4
K-5
S′-2
A-3
F-3
横向

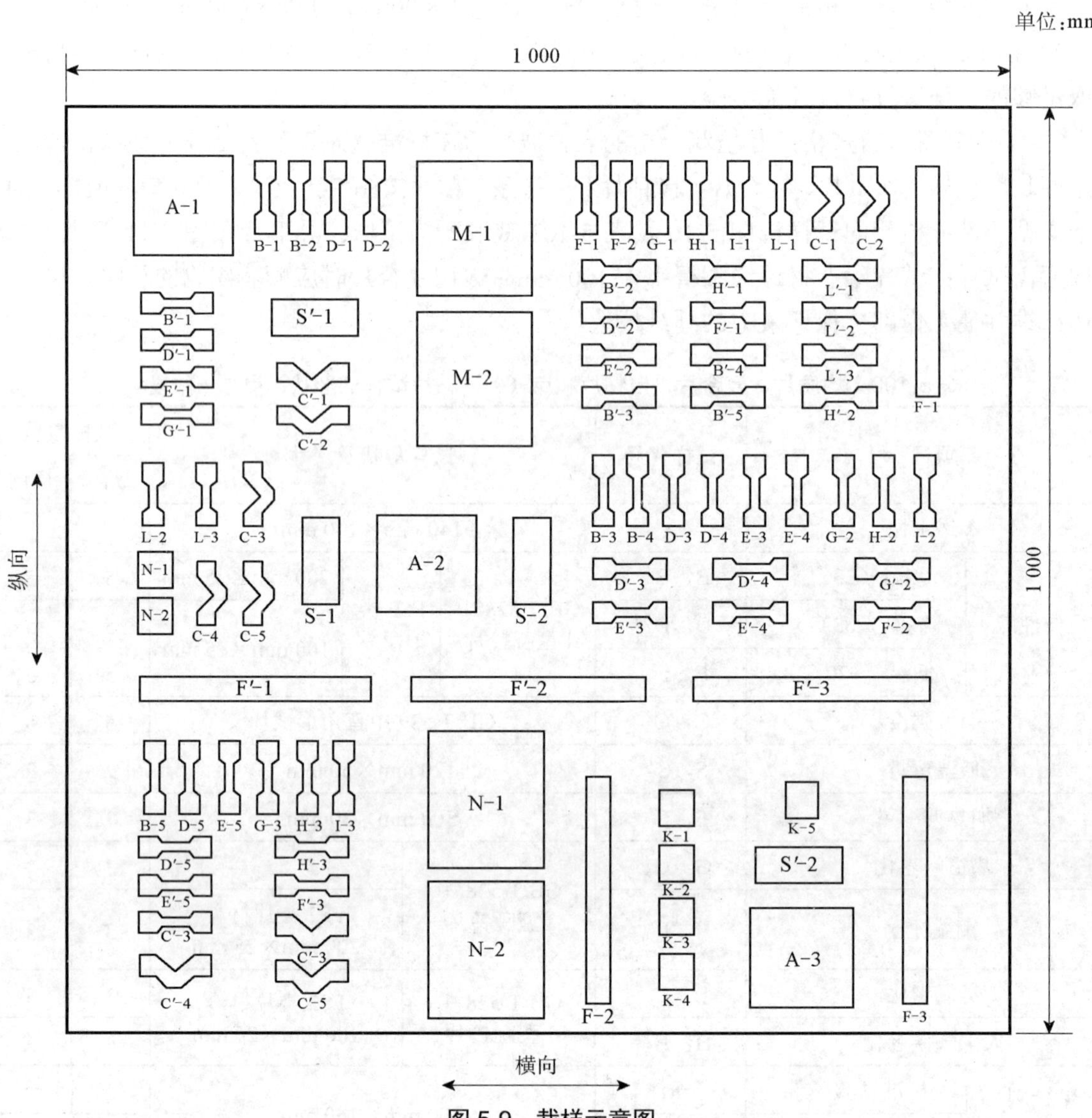

图 5-9 裁样示意图

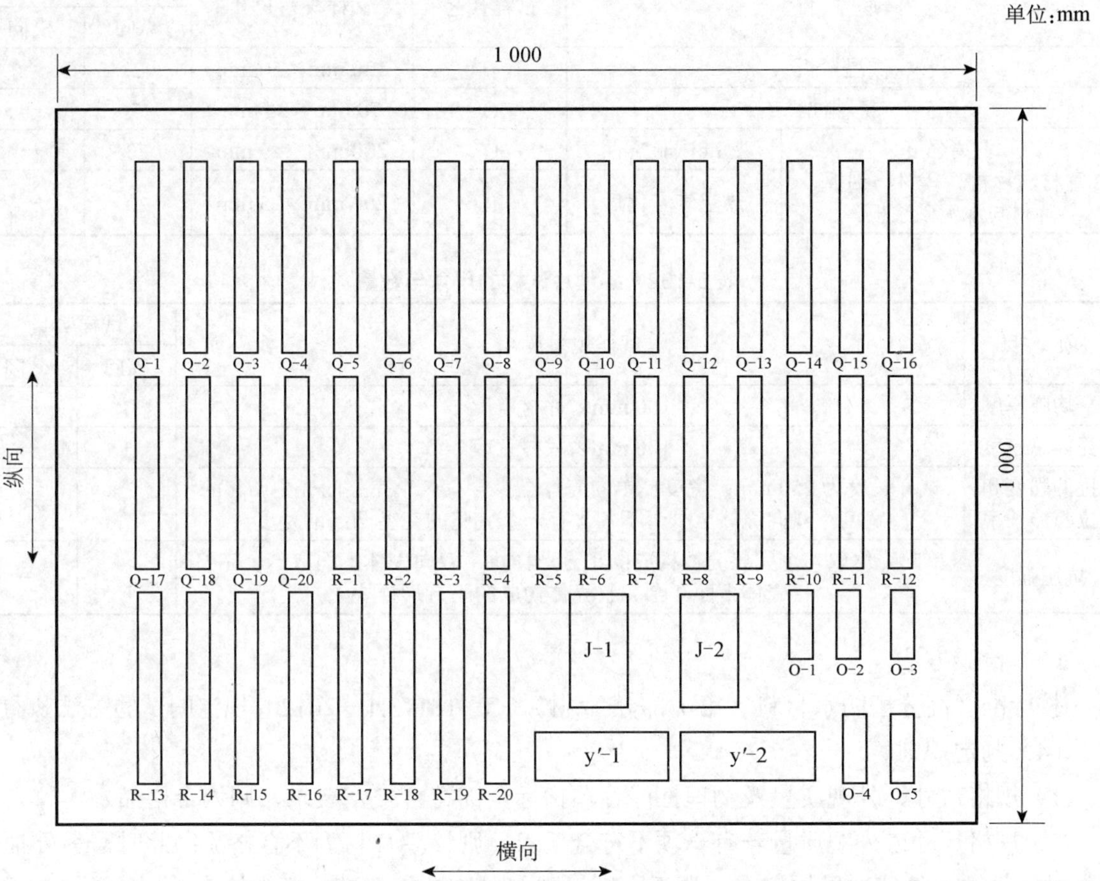

单位:mm
1 000
1 000
纵向
横向
Q-1 Q-2 Q-3 Q-4 Q-5 Q-6 Q-7 Q-8 Q-9 Q-10 Q-11 Q-12 Q-13 Q-14 Q-15 Q-16
Q-17 Q-18 Q-19 Q-20 R-1 R-2 R-3 R-4 R-5 R-6 R-7 R-8 R-9 R-10 R-11 R-12
R-13 R-14 R-15 R-16 R-17 R-18 R-19 R-20
J-1
J-2
y′-1
y′-2
O-1 O-2 O-3
O-4 O-5

图 5-10　用于自粘层性能检测的试样裁样示意图

a/2
a
上凸形壳体
下凸形壳体
(单向壳体)
(双向壳体)

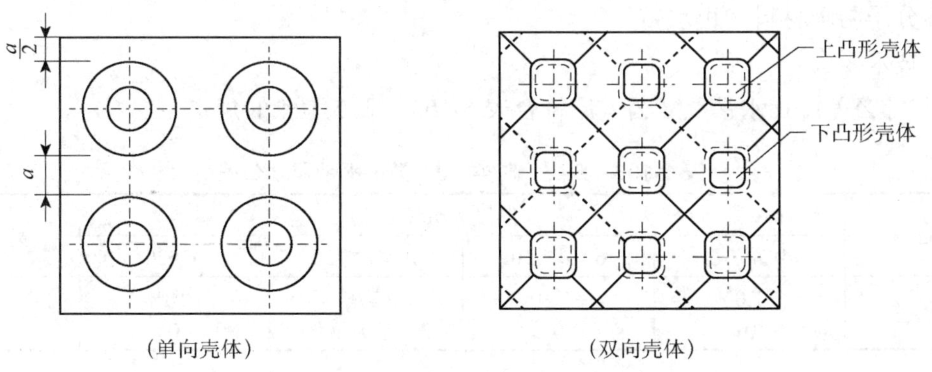

图 5-11　异型片抗压强度裁样示意图

表 5-101　用于自粘层性能检测的试样尺寸与数量

项　目		试样代号	试样规格尺寸	试样数量	
				纵向	横向
低温弯折		J，J′	120 mm×50 mm	2	2
持粘性		O	70 mm×25 mm	5	—
剥离强度（片材与片材、片材与铝板、片材与水泥砂浆板）	标准试验条件	Q	200 mm×25 mm	20	—
	热空气老化后	R	200 mm×25 mm	20	—

表 5-102　异型片试样的尺寸与数量

项　目	试样规格尺寸	试样数量	
		纵向	横向
平均膜厚度	100 mm×片材宽度	1	—
壳体总厚度	100 mm×片材宽度	1	—
拉伸强度和拉断伸长率	试样长度为 250 mm；宽度：单向壳体至少含有一个完整的壳型凸起的宽度，双向壳体至少上下各含有一个完整的壳型凸起的宽度	3	3
抗压强度	单向壳休取 4 个完整壳体构成的正方形样块，双向壳体上面取 5 个完整壳体下面 4 个完整壳体构成的正方形样块	5	—

（3）检验方法

按标准《高分子防水材料　第 1 部分:片材》（GB 18173.1—2012）规定的试验方法执行。

（4）判定规则

1）规格尺寸、外观质量及物理性能各项指标全部符合技术要求，则为合格品。

2）规格尺寸或外观质量若有一项不符合要求，则该卷片材为不合格品；此时需另外抽取 3 卷进行复试，复试结果如仍有一卷不合格，则应对该批产品进行逐卷检查，剔除不合格品。

3）物理性能有一项指标不符合技术要求，应另取双倍试样进行该项复试，复试结果若仍不合格，则该批产品为不合格品。

2. 高分子防水材料（止水带）

（1）技术要求

1）尺寸公差：止水带尺寸公差应符合表 5-103、表 5-104 的规定。

表 5-103　B 类、S 类、JX 类止水带尺寸公差

项目	厚度 δ/mm				宽度 b/%
	$4\leqslant\delta\leqslant6$	$6<\delta\leqslant10$	$10<\delta\leqslant20$	$\delta>20$	
极限偏差	+1.00 0	+1.30 0	+2.00 0	+10% 0	±3

表 5-104　JY 类止水带尺寸公差

项目	厚度 δ/mm			宽度 b/%	
	$\delta\leqslant160$	$160<\delta\leqslant300$	$\delta>300$	$\delta<300$	$\delta\geqslant300$
极限偏差	±1.50	±2.00	±2.50	±2	±2.5

2）外观质量：

①止水带中心孔偏差不允许超过壁厚设计值的 1/3。

②止水带表面不允许有开裂、海绵状等缺陷。

③在 1 m 长度范围内，止水带表面深度不大于 2 mm、面积不大于 10 mm^2 的凹痕、气泡、杂质、明疤等缺陷不得超过 3 处。

3）物理性能：

①止水带橡胶材料的物理性能要求应符合表 5-105 的规定。

表 5-105　止水带的物理性能

项　　目			指　　标		
			B、S	J	
				JX	JX
硬度（邵尔 A）/度			60+5	60+5	40–70[a]
拉伸强度/MPa		≥	10	16	16
拉断伸长率/%		≥	380	400	400
压缩永久变形/%	70℃×24 h，25%	≤	35	30	30
	23℃×168 h，25%	≤	20	20	15
撕裂强度/kN/m		≥	30	30	20
脆性温度/℃		≤	−45	−40	−50
热空气老化 70℃×168 h	硬度变化（邵尔 A）[a]/度	≤	+8	+6	+10
	拉伸强度/MPa	≥	9	13	13
	扯断伸长率/%/	≥	300	320	300
臭氧老化 50×10^{-8}：20%，（40±2）℃×48 h			无裂纹		
橡胶与金属黏合[b]			橡胶间破坏	—	—
橡胶与帘布黏合强度[c]			—	5	—

遇水膨胀橡胶复合止水带中的遇水膨胀橡胶部分按《高分子防水材料　第 3 部分：遇水膨胀橡胶》（GB/T 18173.3—2014）的规定执行。

注：若有其他特殊需要时，可由供需双方协议适当增加检验项目。

[a] 该橡胶硬度范围为推荐值，供不同沉管隧道工程 JY 类止水带设计参考使用。

[b] 橡胶与金属黏合项仅适用于与钢边复合的止水带。

[c] 橡胶与帘布黏合项仅适用于与帘布复合的 JX 类止水带。

②止水带接头部位的拉伸强度指标应不低于表 5-105 规定的 80%（现场施工接头除外）。

（2）组批规则、取样方法及取样数量

1）组批：B 类、S 类止水带以同标记、连续生产的 5 000 m 为一批（不足 5 000 m 按一批计）。J 类止水带以每 100 m 制品所需要的胶料为一批。

2）抽样：从外观质量和尺寸公差检验合格的样品中随机抽取足够的试样，进行橡胶材料的物理性能检验。J 类止水带抽取足够胶料单独制样进行橡胶材料的物理性能检验。

3）试样制备：在规格尺寸和外观质量检验合格的制品上裁取试验所需的足够长度试样，按《橡胶物理试验方法试样制备和调节通用程序》（GB/T 2941—2006）的规定制备试样，并在标准状态下静置 24 h 后要求进行试验。

（3）检验方法

按《高分子防水材料　第 2 部分：止水带》（GB 18173.2—2014）规定的试验方法执行。

（4）判定规则

1）尺寸公差、外观质量及橡胶材料物理性能各项指标全部符合技术要求，则为合格品。

2）尺寸公差或外观质量若有一项不合格，则为不合格品。

3）橡胶材料物理性能若有一项指标不符合技术要求，则应在同批次产品中另取双倍试样进行该项复试，复试结果若仍不合格，则该批产品为不合格品。

3. 高分子防水材料（遇水膨胀橡胶）

（1）技术要求

1）制品型尺寸公差：遇水膨胀橡胶尺寸公差应符合表 5-106 的规定。

表 5-106　尺寸公差

规格尺寸	≤5	>5～10	>10～30	>30～60	>60～150	>150
极限偏差	±0.5	±1.0	+1.5 −1.0	+3.0 −2.0	+4.0 −3.0	+4% −3%

注：其他规格制品尺寸公差由供需双方协商确定。

2）制品型外观质量：每米表面允许有深度不大于 2 mm、面积不大于 16 mm^2 的凹痕、气泡、杂质、明疤等缺陷不超过 4 处。

3）物理性能：

①制品型遇水膨胀橡胶胶料物理性能应符合表 5-107 的规定。

表 5-107　制品型遇水膨胀橡胶胶料物理性能

项　目		指　标				适用试验条目
		PZ—150	PZ—250	PZ—400	PZ—600	
硬度（邵尔 A）/度		42±10		45±10	48±10	6.3.2
拉伸强度/MPa　≥		3.5		3		6.3.3
拉断伸长率/%　≥		450		350		
体积膨胀倍率/%　≥		150	250	400	600	6.3.4
反复浸水试验	拉伸强度/MPa　≥	3		2		6.3.5
	拉断伸长率/%　≥	350		250		
	体积膨胀倍率/%　≥	150	250	300	500	
低温弯折（−20℃×2h）		无裂纹				6.3.6

注：1. 成品切片测试拉伸强度、拉断伸长率应达到本标准的 80%；接头部分的拉伸强度、拉断伸长率应达到本标准的 50%。
2. 适用试验条目为《高分子防水材料　第 3 部分：遇水膨胀橡胶》（GB 18173.3—2014）规定的试验方法。

②腻子型遇水膨胀橡胶胶料物理性能应符合表 5-108 的规定。

表 5-108　腻子型遇水膨胀橡胶胶料物理性能

项　目	指　标			适用试验条目
	PN—150	PN—220	PN—300	
体积膨胀倍率 [a]/%　≥	150	220	300	6.3.4
高温流淌性（80℃×5 h）	无流淌	无流淌	无流淌	6.3.7
低温试验（−20℃×2 h）	无脆裂	无脆裂	无脆裂	6.3.8

[a] 检验结果应注明试验方法。

注：适用试验条目为《高分子防水材料　第 3 部分：遇水膨胀橡胶》（GB 18173.3—2014）规定的试验方法。

（2）组批规则、取样方法及取样数量

1）组批：以 1 000 m 或 5 t 同标记的遇水膨胀橡胶为一批。

2）抽样：抽取 1%进行外观质量检验，并在任意 1 m 处随机取 3 点进行规格尺寸检验（腻子型除外）；在上述检验合格的样品中随机抽取足够的试样，进行物理性能检验。

3）试样制备：制品型试样应采用与制品相当的硫化条件，沿压延方向制取标准试样，成品测试从经规格尺寸和外观质量检验合格的制品上裁取试验所需的足够长度，按《橡胶物理试验方法试样制备和调节通用程序》（GB/T 2941—2006）的规定制备试样，经 70℃±2℃恒温 8 h 后，在标准状态下停放 4 h，按要求进行试验；腻子型试样直接取自产品，按试验方法规定尺寸规定。

（3）检验方法

按《高分子防水材料　第 3 部分：遇水膨胀橡胶》（GB 18173.3—2014）规定的试验方法执行。

（4）判定规则

1）尺寸公差、外观质量及物理性能各项指标全部符合技术要求，则为合格品。

2）规格尺寸或外观质量若有一项不符合要求，则另外抽取 100 m 进行复试，复试结果如仍有不合格项，则应对该批产品进行 100%检验，剔除不合格品。

3）物理性能若有一项指标不符合技术要求，应另取双倍试样进行该项复试，复试结果如仍不合格，则该批产品为不合格品。

四、防水涂料

1.聚氨酯防水涂料

（1）技术要求

1）外观：产品为均匀黏稠体，无凝胶、结块。

2）物理力学性能：

①基本性能：聚氨酯防水涂料基本性能应符合表 5-109 的规定。

表 5-109　基本性能

序号	项　　目		技术指标		
			Ⅰ	Ⅱ	Ⅲ
1	固体含量/%　≥	单组分	85.0		
		多组分	92.0		
2	表干时间/h　≤		12		
3	实干时间/h　≤		24		
4	流动性[a]		20 min 时，无明显齿痕		
5	拉伸强度/MPa　≥		2.00	6.00	12.0
6	断裂伸长率/%　≥		500	450	250
7	撕裂强度/（N/mm）　≥		15	30	40
8	低温弯折性		−35℃，无裂纹		
9	不透水性		0.3 MPa，120 min，不透水		
10	加热伸缩率/%		−4.0～+1.0		

续表

序号	项目		技术指标		
			Ⅰ	Ⅱ	Ⅲ
11	黏结强度/MPa ≥		1.0		
12	吸水率/% ≤		5.0		
13	定伸老化	加热老化	无裂纹及变形		
		人工气候老化[b]	无裂纹及变形		
14	热处理（80℃，168 h）	拉伸强度保持率/%	80～150		
		断裂伸长率/% ≥	450	400	200
		低温弯折性	−30℃，无裂纹		
15	碱处理［0.1%NaOH+饱和 $Ca(OH)_2$ 溶液，168 h］	拉伸强度保持率/%	80～150		
		断裂伸长率/% ≥	450	400	200
		低温弯折性	−30℃，无裂纹		
16	酸处理［2%H_2SO_4 溶液，168 h］	拉伸强度保持率/%	80～150		
		断裂伸长率/% ≥	450	400	200
		低温弯折性	−30℃，无裂纹		
17	人工气候老化[b]（1 000 h）	拉伸强度保持率/%	80～150		
		断裂伸长率/% ≥	450	400	200
		低温弯折性	−30℃，无裂纹		
18	燃烧性能[b]		B_2-E（点火 15 s，燃烧 20 s，Fs≤150 mm，无燃烧滴落物引燃滤纸）		

注：[a] 该项性能不适用于单组分和喷涂施工的产品。流平性时间也可根据工程要求和施工环境由供需双方商定并在订货合同与产品包装上明示。

[b] 仅外露产品要求测定。

②可选性能：聚氨酯防水涂料可选性能应符合表 5-110 的规定，根据产品应用的工程或环境条件由供需双方商定选用，并在订货合同与产品包装上明示。

表 5-110　基本性能

序号	项目	技术指标	应用的工程条件
1	硬度（邵 AM） ≥	60	上人屋面，停车场等外露同行部位
2	耐磨性（750 g，500 r）/mg ≤	50	上人屋面，停车场等外露同行部位
3	耐冲击性/（kg・m） ≥	1.0	上人屋面，停车场等外露同行部位
4	接缝动态变形能力/10 000 次	无裂纹	桥梁、桥面等动态变形部位

（2）组批规则、取样方法及取样数量

1）组批：以同一类型 15 t 为一批，不足 15 t 亦可作为一批（多组分产品按组分配套组批）。

2）抽样：在每批产品中随机抽取两组样品，一组样品用于检验；另一组样品封存备用。每组至少 5 kg（多组分产品按配比抽取），抽样前产品应搅拌均匀。若采用喷涂方式取样量根据需要抽取。

3）试样制备：

①在试件制备前，试样及所用试验器具应在标准试验条件下放置至少 24 h。

②在标准试验条件下称取所需的试样量，保证最终涂膜厚度 1.5 mm±0.2 mm。

将放置后的试样混合均匀，不得加入稀释剂。若试样为多组分涂料，则按产品生产企业要求的配合比混合后在不混入气泡的情况下充分搅拌 5 min，静置 2 min，倒入模框中；也可按生产企业要求使用喷涂设备制备涂膜。模框不得翘曲且表面平滑，为便于脱模，涂覆前可用脱模剂。多组分试样一次涂覆到规定厚度，单组分试样分 3 次涂覆到规定厚度，试样也可按生产企业的要求次数涂覆（最多 3 次，每次间隔不超过 24 h），涂覆后间隔 5 min，轻轻刮去表面的气泡，最后一次将表面刮平。制备的涂膜在标准试验条件下养护 96 h，然后脱膜，涂膜翻面后继续在标准试验条件下养护 72 h。

③试件形状及数量见表 5-111。

表 5-111　试件形状及数量

序号	项　目		试件形状	数量/个
1	拉伸性能		符合《硫化橡胶或热塑性橡胶拉伸应力应变性能的测定》（GB/T 528—2009）规定的哑铃Ⅰ型	5
2	撕裂强度		符合《硫化橡胶或热塑性橡胶撕裂强度的测定（裤形、直角形和新月形试样）》（GB/T 529—2008）中规定的无割口直角形	5
3	低温弯折性		100 mm×25 mm	3
4	不透水性		150 mm×150 mm	3
5	加热伸缩率		300 mm×30 mm	3
6	吸水率		50 mm×50 mm	3
7	定伸时老化	热处理	符合《硫化橡胶或热塑性橡胶拉伸应力应变性能的测定》（GB/T 528—2009）规定的哑铃Ⅰ型	3
		人工气候老化		3
8	热处理	拉伸性能	符合《硫化橡胶或热塑性橡胶拉伸应力应变性能的测定》（GB/T 528—2009）规定的哑铃Ⅰ型	5
		低温弯折性	100 mm×25 mm	3
9	碱处理	拉伸性能	120 mm×30 mm，处理后取出再裁取符合《硫化橡胶或热塑性橡胶拉伸应力应变性能的测定》（GB/T 528—2009）规定的哑铃Ⅰ型	5
		低温弯折性	100 mm×25 mm	3
10	酸处理	拉伸性能	120 mm×30 mm，处理后取出再裁取符合《硫化橡胶或热塑性橡胶拉伸应力应变性能的测定》（GB/T 528—2009）规定的哑铃Ⅰ型	5
		低温弯折性	100 mm×25 mm	3
11	人工气候老化	拉伸性能	120 mm×30 mm，处理后取出再裁取符合《硫化橡胶或热塑性橡胶拉伸应力应变性能的测定》（GB/T 528—2009）规定的哑铃Ⅰ型	5
		低温弯折性	100 mm×25 mm	3
12	燃烧性能		250 mm×90 mm	5
13	硬度（邵 AM）		120 mm×30 mm	3
14	耐磨性		100 mm×100 mm 或 ϕ 100 mm	3
15	耐冲击性		150 mm×150 mm	1

（3）检验方法

按《聚氨酯防水涂料》（GB/T 19250—2013）及《建筑防水涂料试验方法》（GB/T 16777—2008）的相关规定执行。

（4）判定规则

1）单项判定：

①外观：抽取的样品外观符合标准规定时，判该项合格。

②物理力学性能：固体含量、拉伸强度、断裂伸长率、撕裂强度、处理后拉伸强度保持率、处理后断裂伸长率、加热伸缩率、黏结强度、吸水率、耐磨性以其平均值达到标准规定的指标判为该项合格。

硬度项目以其中值达到标准规定的指标判为该项合格。

不透水性、低温弯折性和定伸时老化项目以 3 个试件均达到标准规定判为该项合格。

流平性、表干时间、实干时间、燃烧性能、耐冲击性和接缝动态变形能力项目达到标准规定时判为该项合格。

各项试验结果均符合标准规定，则判该批产品性能合格。若有一项指标不符合标准规定，则用备用样对不合格项进行单项复验。若符合标准规定时，则判该批产品性能合格，否则判定为不合格。

③有害物质限量：按产品标记和规范规定的 A 类或 B 类判定，符合则判相应类别合格。

2）总判定：外观、基本性能按规范规定的可选性能和有害物质限量均符合标准规定的要求时，判该批产品合格。

2. 聚合物水泥防水涂料

（1）技术要求

1）外观：产品的两组分经分别搅拌后，其液体组分应为无杂质、无凝胶的均匀乳液；固体组分应为无杂质、无结块的粉末。

2）物理力学性能：产品的物理力学性能应符合表 5-112 的要求。

表 5-112　物理力学性能

序号	试验项目			技术指标		
				Ⅰ型	Ⅱ型	Ⅲ型
1	固体含量/%		≥	70	70	70
2	拉伸强度	无处理/MPa	≥	1.2	1.8	1.8
		加热处理后保持率/%	≥	80	80	80
		碱处理后保持率/%	≥	60	70	70
		浸水处理后保持率/%	≥	60	70	70
		紫外线处理后保持率/%	≥	80	—	—
3	断裂伸长率	无处理/%	≥	200	80	30
		加热处理/%	≥	150	65	20
		碱处理/%	≥	150	65	20
		浸水处理/%	≥	150	65	20
		紫外线处理/%	≥	150	—	—
4	低温柔性（Φ10 mm 棒）			−10℃ 无裂纹	—	—

续表

序号	试验项目			技术指标		
				Ⅰ型	Ⅱ型	Ⅲ型
5	黏结强度	无处理/MPa	≥	0.5	0.7	1.0
		潮湿基层/MPa	≥	0.5	0.7	1.0
		碱处理/MPa	≥	0.5	0.7	1.0
		浸水处理/MPa	≥	0.5	0.7	1.0
6	不透水性（0.3 MPa，30 min）			不透水	不透水	不透水
7	抗渗性（砂浆背水面）/MPa		≥	—	0.6	0.8

3）自闭性：产品的自闭性为可选项目，指标由供需双方商定。

（2）组批规则、取样方法及取样数量

1）组批：以同一类型的 10 t 产品为一批，不足 10 t 也作为一批。

2）抽样：产品的液体组分抽样按《色漆、清漆和色漆与清漆用原材料　取样》（GB/T 3186—2006）的规定进行，配套固体组分的抽样按《水泥取样方法》（GB/T 12573—2008）中袋装水泥的规定进行，两组分共取 5 kg 样品。

3）试样制备：将在标准试验条件下放置后的样品按生产厂指定的比例分别称取适量液体和固体组分，混合后机械搅拌 5 min，静置 1～3 min，以减少气泡，然后倒入规定的模具中涂覆。为方便脱模，模具表面可用脱模剂进行处理。试样制备时分 2 次或 3 次涂覆，后道涂覆应在前道涂层实干后进行，两道间隔时间为 12～24 h，使试样厚度达到 1.5 mm±0.2 mm。将最后一道涂覆试样的表面刮平后，于标准条件下静置 96 h，然后脱模。将脱模后的试样反面向上在 40℃±2℃干燥箱中处理 48 h，取出后置于干燥器中冷却至室温。用切片机将试样冲切成试验所需试件。拉伸试验所需的试件数量和形状见表 5-113。

表 5-113　拉伸试验试件数量

试验项目		试件形状	试件数量/个
拉伸强度和断裂伸长率	无处理	符合《硫化橡胶或热塑性橡胶拉伸应力应变性能的测定》（GB/T 528—2009）规定的Ⅰ型哑铃形试件	6
	加热处理		6
	紫外线处理		6
	碱处理	120 m×25 mm	6
	浸水处理	120 m×25 mm	6

注：每组试件试验 5 个，1 个备用。

（3）检验方法

按《聚合物水泥防水涂料》（GB/T 23445—2009）及《建筑防水涂料试验方法》（GB/T 16777—2008）的相关规定执行。

（4）判定规则

1）单项判定：

①外观质量符合规定时，则判该项目合格。否则判该批产品不合格。

②低温柔性、不透水性试验每个试件均符合规定，则判该项目合格。

③抗渗性试验结果符合规定，则判该项目合格。

④其余项目试验结果的算术平均值符合规定，则判该项目合格。

2）综合判定：在出厂检验和型式检验中所有项目的检验结果均符合全部要求时，则判该批产品合格。

有两项或两项以上指标不符合标准时，则判该批产品为不合格；若有一项指标不符合标准时，允许在同批产品中加倍抽样进行单项复验，若该项仍不符合标准，则判该批产品为不合格。

3. 水泥基渗透结晶型防水材料

（1）技术要求

1）水泥基渗透结晶型防水涂料：水泥基渗透结晶型防水涂料应符合表 5-114 的规定。

表 5-114　水泥基渗透结晶型防水涂料

试验项目			性能指标
外观			均匀、无结块
含水率/%		≤	1.5
细度，0.63 mm 筛余/%		≤	5
氯离子含量/%		≤	0.10
施工性	加水搅拌后		刮涂无障碍
	20 min		刮涂无障碍
抗折强度/MPa，28 d		≥	2.8
抗压强度/MPa，28 d		≥	15.0
湿基面黏结强度/MPa，28 d		≥	1.0
砂浆抗渗性能	带涂层砂浆的抗渗压力[a]/MPa，28 d		报告实测值
	抗渗压力比（带涂层）/%，28 d	≥	250
	去除涂层砂浆的抗渗压力[a]/MPa，28 d		报告实测值
	抗渗压力比（去除涂层）/%，28 d	≥	175
混凝土抗渗性能	带涂层混凝土的抗渗压力[a]/MPa，28 d		报告实测值
	抗渗压力比（带涂层）/%，28 d	≥	250
	去除涂层混凝土的抗渗压力[a]/MPa，28 d		报告实测值
	抗渗压力比（去除涂层）/%，28 d	≥	175
	带涂层混凝土的第二次抗渗压力/MPa，56 d	≥	0.8

注：[a] 基准砂浆和基准混凝土 28 d 抗渗压力应为 $0.4^{+0.0}_{-0.1}$ MPa，并在产品质量检验报告中列出。

2）水泥基渗透结晶型防水剂：水泥基渗透结晶型防水剂应符合表 5-115 的规定。

表 5-115　水泥基渗透结晶型防水剂

试验项目		性能指标
外观		均匀、无结块
含水率/%	≤	1.5
细度，0.63 mm，筛余/%	≤	5

续表

试验项目			性能指标
氯离子含量/%		≤	0.10
总碱量/%		≤	报告实测值
减水率/%		<	8
含气量/%		≤	3.0
凝结时间差	初凝/min	>	−90
	终凝/h		—
抗压强度比/%	7 d	≥	100
	28 d	≥	100
收缩率比/%，28 d		≤	125
混凝土抗渗性能	掺防水剂混凝土的抗渗压力[a]/MPa，28 d		报告实测值
	抗渗压力比/%，28 d	≥	200
	掺防水剂混凝土的第二次抗渗压力/MPa，56 d		报告实测值
	第二次抗渗压力比/%，56 d	≥	150

注：[a] 基准混凝土 28 d 抗渗压力应为 $0.4^{+0.0}_{-0.1}$ MPa，并在产品质量检验报告中列出。

（2）组批规则、取样方法及取样数量

1）组批：连续生产，同一配料工艺条件制得的同一类型产品 50 t 为一批，不足 50 t 按一批计。

2）抽样：每批产品随机抽样，抽取 10 kg 样品，充分混匀。取样后，将样品一分为二。一份检验，一份留样备用。

3）试样制备：根据检测参数，按《水泥基渗透结晶型防水材料》（GB 18445—2012）方法制备。

（3）检验方法

按《水泥基渗透结晶型防水材料》（GB 18445—2012）的相关规定执行。

（4）判定规则

按标准规定的方法试验，若全部试验结果符合标准规定时，则判该批产品合格；若有两项或两项以上不符合标准要求，则判该批产品不合格。若试验结果中仅有一项不符合标准要求，可用留样对该项目复检。若该复检项目符合标准规定，则判该批产品合格；否则，则判为该批产品不合格。

第八节　外加剂

一、概述

1. 定义

混凝土外加剂是一种在混凝土搅拌之前或搅拌过程中加入的、用以改善新拌混凝土和硬化混凝土性能的材料，其掺量一般不超过胶凝材料用量的 5%（特殊情况例外）。

2. 分类

按外观状态不同，分为粉状和液体两种；按化学成分不同，可分为无机类、有机类和复合类；按其主要功能不同，又可分为以下 4 类：

①改善混凝土拌合物流变性能的外加剂。如减水剂、引气剂和泵送剂。

②调节混凝土凝结时间、硬化性能的外加剂。如缓凝剂、早强剂、速凝剂。

③改善混凝土耐久性的外加剂。如引气剂、防水剂、防锈剂。

④改善混凝土其他性能的外加剂。如膨胀剂、防冻剂、防水剂、脱模剂、养护剂等。

3. 减水剂

减水剂是指在保证混凝土坍落度不变的条件下，能减少拌和用水量的外加剂。按减水效果差异，可分为普通型、高效型及高性能型；按凝结时间不同，分为标准型、早强型和缓凝型，其中高效减水剂没有早强型。普通减水剂是减水率在 5%～10%的减水剂，高效减水剂与普通减水剂相比，具有高减水率、低引气性等特点，高性能减水剂比高效减水剂具有更高的减水率、更好的坍落度保持性能、较小干燥收缩，且具有一定引气性能的减水剂。

二、技术质量要求

1. 受检混凝土性能指标

根据现行国家标准《混凝土外加剂》（GB 8076—2008）的要求，外加剂技术质量要求见表 5-116。

表 5-116　受检混凝土性能指标

<table>
<tr><th colspan="2" rowspan="3">项目</th><th colspan="8">外加剂品种</th></tr>
<tr><th colspan="3">高性能减水剂 HPWR</th><th colspan="2">高效减水剂 HWR</th><th colspan="3">普通减水剂 WR</th></tr>
<tr><th>早强型
HPWR-A</th><th>标准型
HPWR-S</th><th>缓凝型
HPWR-R</th><th>标准型
HWR-S</th><th>缓凝型
HWR-R</th><th>早强型
WR-A</th><th>标准型
WR-S</th><th>缓凝型
WR-R</th></tr>
<tr><td colspan="2">减水率/%　≥</td><td>25</td><td>25</td><td>25</td><td>14</td><td>14</td><td>8</td><td>8</td><td>8</td></tr>
<tr><td colspan="2">泌水率比/%　≤</td><td>50</td><td>60</td><td>70</td><td>90</td><td>100</td><td>95</td><td>100</td><td>100</td></tr>
<tr><td colspan="2">含气量/%</td><td>≤6.0</td><td>≤6.0</td><td>≤6.0</td><td>≤3.0</td><td>≤4.5</td><td>≤4.0</td><td>≤4.0</td><td>≤5.5</td></tr>
<tr><td rowspan="2">凝结时间之差/min</td><td>初凝</td><td rowspan="2">−90～+90</td><td rowspan="2">−90～+120</td><td>>+90</td><td rowspan="2">−90～+120</td><td>>+90</td><td rowspan="2">−90～+90</td><td rowspan="2">−90～+120</td><td>>+90</td></tr>
<tr><td>终凝</td><td>—</td><td>—</td><td>—</td></tr>
<tr><td rowspan="2">1 h 经时变化量</td><td>坍落度/min</td><td>—</td><td>≤80</td><td>≤60</td><td>—</td><td>—</td><td>—</td><td>—</td><td>—</td></tr>
<tr><td>含气量/%</td><td>—</td><td>—</td><td>—</td><td>—</td><td>—</td><td>—</td><td>—</td><td>—</td></tr>
<tr><td rowspan="4">抗压强度比/%
≥</td><td>1 d</td><td>180</td><td>170</td><td>—</td><td>140</td><td>—</td><td>135</td><td>—</td><td>—</td></tr>
<tr><td>3 d</td><td>170</td><td>160</td><td>—</td><td>130</td><td>—</td><td>130</td><td>115</td><td>—</td></tr>
<tr><td>7 d</td><td>145</td><td>150</td><td>140</td><td>125</td><td>125</td><td>110</td><td>115</td><td>110</td></tr>
<tr><td>28 d</td><td>130</td><td>140</td><td>130</td><td>120</td><td>120</td><td>100</td><td>110</td><td>110</td></tr>
</table>

续表

项目		外加剂品种							
		高性能减水剂 HPWR			高效减水剂 HWR		普通减水剂 WR		
		早强型 HPWR-A	标准型 HPWR-S	缓凝型 HPWR-R	标准型 HWR-S	缓凝型 HWR-R	早强型 WR-A	标准型 WR-S	缓凝型 WR-R
收缩率比/% ≤	28 d	110	110	110	135	135	135	135	135
相对耐久性（200 次）/% ≥		—	—	—	—	—	—	—	—

注：1. 表中抗压强度比、收缩率比、相对耐久性为强制性指标，其余为推荐性指标。

2. 除含气量和相对耐久性外，表中所列数据为掺外加剂混凝土与基准混凝土的差值或比值。

3. 凝结时间之差性能指标中的“−”号表示提前，“+”号表示延缓。

4. 相对耐久性（200 次）性能指标中的“≥80”表示将 28 d 龄期的受检混凝土试件快速冻融循环 200 次后，动弹性模量保留值≥80%。

5. 1h 含气量经时变化量指标中的“−”号表示含气量增加，“+”号表示含气量减少。

6. 其他品种的外加剂是否需要测定相对耐久性指标，由供需双方协商确定。

7. 当用户对泵送剂等产品有特殊要求时，需要进行的补充试验项目、试验方法及指标，由供需双方协商决定。

2. 匀质性指标

匀质性指标应符合表 5-117 的要求。

表 5-117 匀质性指标

项 目	指 标
氯离子含量/%	不超过生产厂控制值
总碱量/%	不超过生产厂控制值
含固量/%	S＞25%时，应控制在 0.95 S～1.05 S； S≤25%时，应控制在 0.90 S～1.10 S
含水率/%	W＞5%时，应控制在 0.90 W～1.10 W； W≤5%，应控制在 0.80 W～1.20 W
密度/（g/cm^3）	D＞1.1 时，应控制在 D±0.03； D≤1.1 时，应控制在 D±0.02
细度	应在生产厂控制范围内
pH 值	应在生产厂控制范围内
硫酸钠含量/%	不超过生产厂控制值

注：1. 生产厂应在相关的技术资料中明示产品匀质性指标的控制值。

2. 对相同和不同批次之间的匀质性和等效性的其他要求，可由供需双方商定。

3. 表中的 S、W 和 D 分别为含固量、含水率和密度的生产厂控制值。

三、检验规则

1. 组批规则

生产厂应根据产量和生产设备条件，将产品分批编号。掺量大于 1%（含 1%）同品种的外加剂每一批号为 100 t，掺量小于 1%的外加剂每一批号为 50 t。不足 100 t 或 50 t 的也应按一个批量计，同一批号的产品必须混合均匀。

2. 取样方法

点样是在一次生产产品时所取得的一个试样。混合样是 3 个或更多的点样等量均匀混合而取得的试样。

3. 取样数量

每一批号取样量不少于 0.2 t 水泥所需用的外加剂量。

四、检验方法

1. 材料

（1）水泥

采用现行国家标准《混凝土外加剂》（GB 8076—2008）附录 A 规定的水泥。

（2）砂

符合《建设用砂》（GB/T 14684—2011）中Ⅱ区要求的中砂，但细度模数为 2.6～2.9，含泥量小于 1%。

（3）石子

符合《建设用卵石、碎石》（GB/T 14685—2010）要求的公称粒径为 5～20 mm 的碎石或卵石，采用二级配，其中 5～10 mm 占 40%，10～20 mm 占 60%，满足连续级配要求，针片状物质含量小于 10%，空隙率小于 47%，含泥量小于 0.5%。如有争议，以碎石结果为准。

（4）水

符合《混凝土用水标准》（JGJ 63—2006）规定的混凝土拌和用水的技术要求。

（5）外加剂

需要检测的外加剂。

2. 配合比

基准混凝土配合比按《普通混凝土配合比设计规程》（JGJ 55—2011）进行设计。掺非引气型外加剂的受检混凝土和其对应的基准混凝土的水泥、砂、石的比例相同。配合比设计应符合以下规定：

1）水泥用量：掺高性能减水剂或泵送剂的基准混凝土和受检混凝土的单位水泥用量为 360 kg/m^3；掺其他外加剂的基准混凝土和受检混凝土单位水泥用量为 330 kg/m^3。

2）砂率：掺高性能减水剂或泵送剂的基准混凝土和受检混凝土的砂率均为 42%～47%；掺其他外加剂的基准混凝土和受检混凝土的砂率为 36%～40%；但掺引气减水剂或引气剂的受检混凝土的砂率应比基准混凝土的砂率低 1%～3%。

3）外加剂掺量：按生产厂家指定掺量。

4）用水量：掺高性能减水剂或泵送剂的基准混凝土和受检混凝土的坍落度控制在（210±10）mm，用水量为坍落度在（210±10）mm 时的最小用水量；掺其他外加剂的基准混凝土和受检混凝土的坍落度控制在（80±10）mm。用水量包括液体外加剂、砂、石材料中所含的水量。

3. 混凝土搅拌

采用符合《混凝土试验用搅拌机》（JG 3036—1996）要求的公称容量为 60 L 的单卧轴式强制搅拌机。搅拌机的拌合量应不少于 20 L，不宜大于 45 L。

外加剂为粉状时，将水泥、砂、石、外加剂一次投入搅拌机，干拌均匀，再加入拌和水，一起搅拌 2 min。外加剂为液体时，将水泥、砂、石一次投入搅拌机，干拌均匀，再加入掺有外加剂的拌和水一起搅拌 2 min。

出料后，在铁板上用人工翻拌至均匀，再进行试验。各种混凝土试验材料及环境温度均应保持在（20±3）℃。

4. 试件制作及试验所需试件数量

（1）试件制作

混凝土试件制作及养护按《普通混凝土力学性能试验方法标准》（GB/T 50081—2002）进行，但混凝土预养温度为（20±3）℃。

（2）试验项目及数量

试验项目及数量详见表 5-118。

表 5-118　试验项目及所需数量

<table>
<tr><th colspan="2" rowspan="2">试验项目</th><th rowspan="2">外加剂类别</th><th rowspan="2">试验类别</th><th colspan="4">试验所需数量</th></tr>
<tr><th>混凝土拌合批数</th><th>每批取样数目</th><th>基准混凝土总取样数目</th><th>受检混凝土总取样数目</th></tr>
<tr><td colspan="2">减水率</td><td>除早强剂、缓凝剂外的各种外加剂</td><td rowspan="6">混凝土拌合物</td><td>3</td><td>1 次</td><td>3 次</td><td>3 次</td></tr>
<tr><td colspan="2">泌水率比</td><td rowspan="3">各种外加剂</td><td>3</td><td>1 个</td><td>3 个</td><td>3 个</td></tr>
<tr><td colspan="2">含气量</td><td>3</td><td>1 个</td><td>3 个</td><td>3 个</td></tr>
<tr><td colspan="2">凝结时间差</td><td>3</td><td>1 个</td><td>3 个</td><td>3 个</td></tr>
<tr><td rowspan="2">1 h 经时变化量</td><td>坍落度</td><td>高性能减水型、泵送剂</td><td>3</td><td>1 个</td><td>3 个</td><td>3 个</td></tr>
<tr><td>含气量</td><td>引气剂、引气减水剂</td><td>3</td><td>1 个</td><td>3 个</td><td>3 个</td></tr>
<tr><td colspan="2">抗压强度比</td><td rowspan="2">各种外加剂</td><td>硬化混凝土</td><td>3</td><td>6 块、9 块或 12 块</td><td>18 块、27 块或 36 块</td><td>18 块、27 块或 36 块</td></tr>
<tr><td colspan="2">收缩率比</td><td></td><td>3</td><td>1 条</td><td>3 条</td><td>3 条</td></tr>
<tr><td colspan="2">相对耐久性</td><td>引气减水剂、引气剂</td><td>硬化混凝土</td><td>3</td><td>1 条</td><td>3 条</td><td>3 条</td></tr>
</table>

注：1. 试验时，检验同一种外加剂的三批混凝土的制作宜在开始试验一周内的不同日期完成。对比的基准混凝土和受检混凝土应同时成型。

2. 试验龄期参考表中试验项目栏。

3. 试验前后应仔细观察试样，对有明显缺陷的试样和试验结果都应舍除。

5. 混凝土拌合物性能试验方法

（1）坍落度和坍落度 1 h 经时变化量测定

每批混凝土取一个试样。坍落度和坍落度 1 h 经时变化量均以 3 次试验结果的平均值表示。3 次试验的最大值和最小值与中间值之差有一个超过 10 mm 时，将最大值和最小值一并舍去，取中间值作为该批的试验结果；最大值和最小值与中间值之差均超过 10 mm 时，则应重做。

坍落度及坍落度 1 h 经时变化量测定值以 mm 表示，结果表达修约到 5 mm。

1）坍落度测定：混凝土坍落度按照《普通混凝土拌合物性能试验方法标准》（GB/T 50080—2016）测定；但坍落度为（210±10）mm 的混凝土，分两层装料，每层装入高度为筒高的一半，每层用插捣棒插捣 15 次。

2）坍落度 1 h 经时变化量测定：当要求测定此项时，应将按照混凝土搅拌的混凝土留下足够一次混凝土坍落度的试验数量，并装入用湿布擦过的试样筒内，容器加盖，静置至 1 h（从加水搅拌时开始计算），然后倒出，在铁板上用铁锹翻拌至均匀后，再按照坍落度测定方法测定坍落度。计算出机时和 1 h 之后的坍落度之差值，即得到坍落度的经时变化量。

坍落度 1 h 经时变化量按式（5-38）计算。

$$\Delta Sl = Sl_0 - Sl_{1h} \tag{5-38}$$

式中，ΔSl——坍落度经时变化量，mm；

Sl_0——出机时测得的坍落度，mm；

Sl_{1h}——1 h 后测得的坍落度，mm。

（2）减水率测定

减水率为坍落度基本相同时，基准混凝土和受检混凝土单位用水量之差与基准混凝土单位用水量之比。减水率按式（5-39）计算，应精确到 0.1%。

$$W_R = \frac{W_0 - W_1}{W_0} \times 100 \tag{5-39}$$

式中，W_R——减水率，%；

W_0——基准混凝土单位用水量，kg/m^3；

W_1——受检混凝土单位用水量，kg/m^3。

W_R 以 3 批试验的算术平均值计，精确到 1%。若 3 批试验的最大值或最小值中有一个与中间值之差超过中间值的 15%时，则把最大值与最小值一并舍去，取中间值作为该组试验的减水率。若有 2 个测值与中间值之差均超过 15%时，则该批试验结果无效，应该重做。

（3）泌水率比测定

泌水率比按式（5-40）计算，应精确到 1%。

$$R_B = \frac{B_t}{B_c} \times 100 \tag{5-40}$$

式中，R_B——泌水率比，%；

B_t——受检混凝土泌水率，%；

B_c——基准混凝土泌水率，%。

泌水率的测定和计算方法如下：

先用湿布润湿容积为 5 L 的带盖筒（内径为 185 mm，高 200 mm），将混凝土拌合物一次装入，在振动台上振动 20 s，然后用抹刀轻轻抹平，加盖以防水分蒸发。试样表面应比筒口边低约 20 mm。自抹面开始计算时间，在前 60 min，每隔 10 min 用吸液管吸出泌水一次，以后每隔 20 min 吸水一次，直至连续 3 次无泌水为止。每次吸水前 5 min，应将筒底一侧垫高约 20 mm，使筒倾斜，以便于吸水。吸水后，将筒轻轻放平盖好。将每次吸出的水都注入带塞量筒，最后计算出总的泌水量，精确至 1 g，并按式（5-41）、式（5-42）计算泌水率。

$$R = \frac{V_w}{(W/G)\ G_w} \times 100 \tag{5-41}$$

$$G_w = G_1 - G_0 \tag{5-42}$$

式中，B——泌水率，%；

V_W——泌水总质量，g；

W——混凝土拌合物的用水量，g；

G——混凝土拌合物的总质量，g；

G_W——试样质量，g；

G_1——筒及试样质量，g；

G_0——筒质量，g。

试验时，从每批混凝土拌合物中取一个试样，泌水率取 3 个试样的算术平均值，精确到 0.1%。若 3 个试样的最大值或最小值中有一个与中间值之差大于中间值的 15%，则把最大值与最小值一并舍去，取中间值作为该组试验的泌水率，如果最大值和最小值与中间值之差均大于中间值的 15%时，则应重做。

（4）含气量和含气量 1 h 经时变化量的测定

试验时，从每批混凝土拌合物取一个试样，含气量以 3 个试样测值的算术平均值来表示。若 3 个试样中的最大值或最小值中有一个与中间值之差超过 0.5%时，将最大值与最小值一并舍去，取中间值作为该批的试验结果；如果最大值和最小值与中间值之差均超过 0.5%，则应重做。含气量和 1 h 经时变化量测定值精确到 0.1%。

1）含气量测定：按《普通混凝土拌合物性能试验方法标准》（GB/T 50080—2016）用气水混合式含气量测定仪，并按仪器说明进行操作，但混凝土拌合物应一次装满并稍高于容器，用振动台振实 15～20 s。

2）含气量 1 h 经时变化量测定：当要求测定此项时，将按照混凝土搅拌的混凝土留下足够一次含气量试验的数量，并装入用湿布擦过的试样筒内，容器加盖，静置至 1 h（从加水搅拌时开始计算），然后倒出，在铁板上用铁锹翻拌均匀后，再按照含气量测定方法测定含气量。计算出机时和 1 h 之后的含气量之差值，即得到含气量的经时变化量。

含气量 1 h 经时变化量按式（5-43）计算。

$$\Delta A = A_0 - A_{1H} \tag{5-43}$$

式中，ΔA——含气量经时变化量，%；

A_0——出机后测得的含气量，%；

A_{1h}——1 h 后测得的含气量，%。

3）凝结时间差测定

凝结时间差按式（5-44）计算。

$$\Delta A = T_t - T_c \tag{5-44}$$

式中，ΔT——凝结时间之差，min；

T_t——受检混凝土的初凝或终凝时间，min；

T_c——基准混凝土的初凝或终凝时间，min。

凝结时间采用贯入阻力仪测定，仪器精度为10N，凝结时间测定方法如下：

将混凝土拌合物用5 mm（圆孔筛）振动筛筛出砂浆，拌匀后装入上口内径为160 mm，下口内径为150 mm，净高150 mm的刚性不渗水的金属圆筒，试样表面应略低于筒口约10 mm，用振动台振实，3～5 s，置于（20±2）℃的环境中，容器加盖。一般基准混凝土在成型后3～4 h，掺早强剂的在成型后1～2 h，掺缓凝剂的在成型后4～6 h开始测定，以后每0.5 h或1 h测定一次，但在临近初、终凝时，可以缩短测定间隔时间。每次测点应避开前一次测孔，其净距为试针直径的2倍，但至少不小于15 mm，试针与容器边缘之距离不小于25 mm。测定初凝时间用截面积为100 mm^{2}的试针，测定终凝时间用20 mm^{2}的试针。

测试时，将砂浆试样筒置于贯入阻力仪上，测针端部与砂浆表面接触，然后在（10±2）s内均匀地使测针贯入砂浆（25±2）mm深度。记录贯入阻力，精确至10 N，记录测量时间，精确至1 min。贯入阻力按式（5-45）计算，精确到0.1 MPa。

$$\Delta A = \frac{P}{A} \tag{5-45}$$

式中，R——贯入阻力值，MPa；

P——贯入深度达25 mm时所需的净压力，N；

A——贯入阻力仪试针的截面积，mm^2。

根据计算结果，以贯入阻力值为纵坐标，测试时间为横坐标，绘制贯入阻力值与时间关系曲线，求出贯入阻力值达3.5 MPa时，对应的时间作为初凝时间；贯入阻力值达28 MPa时，对应的时间作为终凝时间。从水泥与水接触时开始计算凝结时间。

试验时，每批混凝土拌合物取一个试样，凝结时间取3个试样的平均值。若3批试验的最大值或最小值之中有一个与中间值之差超过30 min，把最大值与最小值一并舍去，取中间值作为该组试验的凝结时间。若两测值与中间值之差均超过30 min组试验结果无效，则应重做。凝结时间以min表示，并修约到5 min。

6. 硬化混凝土性能试验方法

（1）抗压强度比测定

抗压强度比以掺外加剂混凝土与基准混凝土同龄期抗压强度之比表示，按式（5-46）计算，精确到1%。

$$R_f = \frac{f_t}{f_c} \times 100 \tag{5-46}$$

式中，R_f——抗压强度比，%；

f_t——受检混凝土的抗压强度，MPa；

f_c——基准混凝土的抗压强度，MPa。

受检混凝土与基准混凝土的抗压强度按《普通混凝土力学性能试验方法标准》（GB/T 50081—2002）进行试验和计算。试件制作时，用振动台振动 15～20 s。试件预养温度为（20±3）℃。试验结果以 3 批试验测值的平均值表示，若 3 批试验中有一批的最大值或最小值与中间值的差值超过中间值的 15%，则把最大值与最小值一并舍去，取中间值作为该批的试验结果，如有两批测值与中间值的差均超过中间值的 15%，则试验结果无效，应该重做。

（2）收缩率比测定

收缩率比以 28 d 龄期时受检混凝土与基准混凝土的收缩率的比值表示，按式（5-47）计算：

$$R_f = \frac{\xi_t}{\xi_c} \times 100 \tag{5-47}$$

式中，R_f——收缩率比，%；

ξ_t——受检混凝土的收缩率，%；

ξ_c——基准混凝土的收缩率，%。

受检混凝土及基准混凝土的收缩率按《普通混凝土长期性能和耐久性能试验方法》（GBJ 82—85）测定和计算。试件用振动台成型，振动 15～20 s。每批混凝土拌合物取一个试样，以 3 个试样收缩率比的算术平均值表示，计算精确 1%。

（3）相对耐久性试验

按《普通混凝土长期性能和耐久性能试验方法》（GBJ 82—85）进行，试件采用振动台成型，振动 15～20 s，标准养护 28 d 后进行冻融循环试验快冻法。

相对耐久性指标是以掺外加剂混凝土冻融 200 次后的动弹性模量是否不小于 80%来评定外加剂的质量。每批混凝土拌合物取一个试样，相对动弹性模量以 3 个试件测值的算术平均值表示。

7. 匀质性试验方法

（1）氯离子含量测定

氯离子含量按《混凝土外加剂匀质性试验方法》（GB/T 8077—2012）进行测定，或按现行国家标准《混凝土外加剂》（GB 8076—2008）的方法测定，仲裁时采用《混凝土外加剂》（GB 8076—2008）附录 B 的方法。

（2）含固量、总碱量、含水率、密度、细度、pH 值、硫酸钠含量的测定按《混凝土外加剂匀质性试验方法》（GB/T 8077—2012）进行。

第六章　施工过程主要检测项目的取样和送检

第一节　钢筋接头（连接）检测的基础知识

一、钢筋焊接

1. 钢筋焊接接头的种类及工艺特点

钢筋焊接接头的种类及工艺特点见表 6-1。

表 6-1　钢筋焊接接头的种类及工艺特点

焊接种类	工艺特点
电阻点焊	将两钢筋（丝）安放成交叉叠接形式，压紧于两电极之间，利用电阻热熔化母材金属，加压形成焊点的一种压焊方法
闪光对焊	将两钢筋以对接形式水平安放在对焊机上，利用电阻热使接触点金属熔化，产生强烈闪光和飞溅，迅速施加顶锻力完成的一种压焊方法
电弧焊	钢筋焊条电弧焊是以焊条作为一极，钢筋为另一极，利用焊接电流通过产生的电弧热进行焊接的一种熔焊方法。 钢筋二氧化碳气体保护电弧焊以焊丝作为一极，钢筋为另一极，并以二氧化碳气体作为电弧介质，保护金属熔滴、焊接熔池和焊接区高温金属的一种熔焊方法。二氧化碳气体保护电弧焊简称 CO_2 焊
电渣压力焊	将两钢筋安放成竖向对接形式，通过直接引弧法或间接引弧法，利用焊接电流通过两钢筋端面间隙，在焊剂层下形成电弧过程和电渣过程，产生电弧热和电阻热，熔化钢筋，加压完成的一种压焊方法
气压焊	采用氧乙炔火焰或氧液化石油气火焰（或其他火焰），对两钢筋对接处加热，使其达到热塑性状态（固态）或熔化状态（熔态）后，加压完成的一种压焊方法
预埋件 钢筋埋弧压力焊	预埋件钢筋埋弧压力焊：将钢筋与钢板安放成 T 形接头形式，利用焊接电流通过，在焊剂层下产生电弧，形成熔池，加压完成的一种压焊方法
预埋件 钢筋埋弧螺柱焊	预埋件钢筋埋弧螺柱焊：用电弧螺柱焊焊枪夹持钢筋，使钢筋垂直对准钢板，采用螺柱焊电源设备产生强电流、短时间的焊接电弧，在熔剂层保护下使钢筋焊接端面与钢板间产生熔池后，适时将钢筋插入熔池，形成 T 形接头的焊接方法

2. 钢筋焊接接头检验规则

（1）组批规则及取样数量

1）闪光对焊接头：

①在同一台班内，由同一个焊工完成的 300 个同牌号、同直径钢筋焊接接头应作为一批。

当同一台班内焊接的接头数量较少，可在一周之内累计计算；累计仍不足 300 个接头时，应按一批计算。

②力学性能检验时，应从每批接头中随机切取 6 个接头，其中 3 个做拉伸试验，3 个做弯曲试验。

③异径钢筋接头可只做拉伸试验。

④箍筋闪光对焊接头应分批进行外观质量检查和力学性能检验，并应符合下列规定：

a. 在同一台班内，由同一焊工完成的 600 个同牌号、同直径箍筋闪光对焊接头作为一个检验批；如超出 600 个接头，其超出部分可以与下一台班完成接头累计计算。

b. 每个检验批中应随机切取 3 个对焊接头做拉伸试验。

2）电弧焊接头：

①在现浇混凝土结构中，应以 300 个同牌号钢筋、同形式接头作为一批；在房屋结构中，应在不超过连续二楼层中 300 个同牌号钢筋、同形式接头作为一批；每批随机切取 3 个接头，做拉伸试验。

②在装配式结构中，可按生产条件制作模拟试件，每批 3 个，做拉伸试验。

③钢筋与钢板搭接焊接头可只进行外观质量检查。

（注：在同一批中若有 3 种不同直径的钢筋焊接接头，应在最大直径钢筋接头和最小直径钢筋接头中分别切取 3 个试件进行拉伸试验。钢筋电渣压力焊接头、钢筋气压焊接头取样均同。）

3）电渣压力焊接头：

①在现浇钢筋混凝土结构中，应以 300 个同牌号钢筋接头作为一批。

②在房屋结构中，应在不超过连续二楼层中 300 个同牌号钢筋接头作为一批；当不足 300 个接头时，仍应作为一批。

③每批随机切取 3 个接头试件做拉伸试验。

4）气压焊接头：

①在现浇钢筋混凝土结构中，应以 300 个同牌号钢筋接头作为一批；在房屋结构中，应在不超过连续二楼层中 300 个同牌号钢筋接头作为一批；当不足 300 个接头时，仍应作为一批。

②在柱、墙的竖向钢筋连接中，应从每批接头中随机切取 3 个接头做拉伸试验；在梁、板的水平钢筋连接中，应另切取 3 个接头做弯曲试验。

③在同一批中，异径钢筋气压焊接头可只做拉伸试验。

5）预埋件钢筋 T 形接头：力学性能检验时，应以 300 件同类型预埋件作为一批。一周内连续焊接时，可累计计算。当不足 300 件时，亦应按一批计算。应从每批预埋件中随机切取 3 个接头做拉伸试验。试件的钢筋长度应大于或等于 200 mm，钢板（锚板）的长度和宽度应等于 60 mm，并视钢筋直径的增大而适当增大。

（2）判定规则

1）钢筋闪光对焊接头、电弧焊接头、电渣压力焊接头、气压焊接头、箍筋闪光对焊接头、预埋件钢筋 T 形接头的拉伸试验，应从每一检验批接头中随机切取 3 个接头进行试验并应按下列规定对试验结果进行评定：

①符合下列条件之一，应评定该检验批接头拉伸试验合格：

a. 3 个试件均断于钢筋母材，呈延性断裂，其抗拉强度大于或等于钢筋母材抗拉强度标准值。

b. 2 个试件断于钢筋母材，呈延性断裂，其抗拉强度大于或等于钢筋母材抗拉强度标准值：另一试件断于焊缝，呈脆性断裂，其抗拉强度大于或等于钢筋母材抗拉强度标准值的 1.0 倍。

［注：①热影响区：焊接或热切割过程中，钢筋母材因受热的影响（但未熔化），使金属组织和力学性能发生变化的区域。

②延性断裂：形成暗淡且无光泽的纤维状剪切断口的断裂。

③脆性断裂：由解理断裂或许多晶粒沿晶界断裂而产生有光泽断口的断裂。

④试件断于热影响区，呈延性断裂，应视作与断于钢筋母材等同；试件断于热影响区，呈脆性断裂，应视作与断于焊缝等同。］

②符合下列条件之一，应进行复验：

a. 2 个试件断于钢筋母材，呈延性断裂，其抗拉强度大于或等于钢筋母材抗拉强度标准值；另一试件断于焊缝，或热影响区，呈脆性断裂，其抗拉强度小于钢筋母材抗拉强度标准值的 1.0 倍。

b. 1 个试件断于钢筋母材，呈延性断裂，其抗拉强度大于或等于钢筋母材抗拉强度标准值；另 2 个试件断于焊缝或热影响区，呈脆性断裂。

c. 3 个试件均断于焊缝，呈脆性断裂，其抗拉强度均大于或等于钢筋母材抗拉强度标准值的 1.0 倍，应进行复验。当 3 个试件中有 1 个试件抗拉强度小于钢筋母材抗拉强度标准值的 1.0 倍，应评定该检验批接头拉伸试验不合格。

d. 复验时，应切取 6 个试件进行试验。试验结果，若有 4 个或 4 个以上试件断于钢筋母材，呈延性断裂，其抗拉强度大于或等于钢筋母材抗拉强度标准值。另 2 个或 2 个以下试件断于焊缝。呈脆性断裂，其抗拉强度大于或等于钢筋母材抗拉强度标准值的 1.0 倍，应评定该检验批接头拉伸试验复验合格。

e. 可焊接余热处理钢筋 RRB400W 焊接接头拉伸试验结果，其抗拉强度应符合同级别热轧带肋钢筋抗拉强度标准值 540 MPa 的规定。

f. 预埋件钢筋 T 形接头拉伸试验结果，3 个试件的抗拉强度均大于或等于表 6-2 的规定值时，应评定该检验批接头拉伸试验合格。若有一个接头试件抗拉强度小于表 6-2 的规定值时，应进行复验。

复验时，应切取 6 个试件进行试验。复验结果，其抗拉强度均大于或等于表 6-2 的规定值时，应评定该检验批接头拉伸试验复验合格。

表 6-2　预埋件钢筋 T 形接头抗拉强度规定值

钢筋牌号	抗拉强度规定值/MPa
HPB300	400
HRB335　HRBF335	435

续表

钢筋牌号	抗拉强度规定值/MPa
HRB400　HRBF400	520
HRB500　HRBF500	620
RRB400W	520

2）钢筋闪光对焊接头、气压焊接头进行弯曲试验时，应从每一个检验批接头中随机切取 3 个接头，焊缝应处于弯曲中心点，弯心直径和弯曲角度应符合表 6-3 的规定。

表 6-3　接头弯曲试验指标

钢筋牌号	弯心直径/mm	弯曲角度/（°）
HPB300	$2d$	90
HRB335　HRBF335	$4d$	90
HRB400　HRBF400　RRB400W	$5d$	90
HRB500　HRBF500	$7d$	90

注：1. d 为钢筋直径，mm。
2. 直径大于 25 mm 的钢筋焊接接头，弯心直径应增加 1 倍钢筋直径。

弯曲试验结果应按下列规定进行评定：

a. 当试验结果，弯曲至 90°，有 2 个或 3 个试件外侧（含焊缝和热影响区）未发生宽度达到 0.5 mm 的裂纹，应评定该检验批接头弯曲试验合格。

b. 当有 2 个试件发生宽度达到 0.5 mm 的裂纹，应进行复验。

c. 当有 3 个试件发生宽度达到 0.5 mm 的裂纹，应评定该检验批接头弯曲试验不合格。

d. 复验时，应切取 6 个试件进行试验。复验结果，当不超过 2 个试件发生宽度达到 0.5 mm 的裂纹时，应评定该检验批接头弯曲试验复验合格。

3. 检验方法

（1）拉伸试验

1）各种钢筋焊接接头的拉伸试样的尺寸可按表 6-4 的规定取用。

表 6-4　拉伸试样的尺寸

焊接种类	接头样式	试样尺寸/mm	
		l_s	$L \geqslant$
电阻点焊	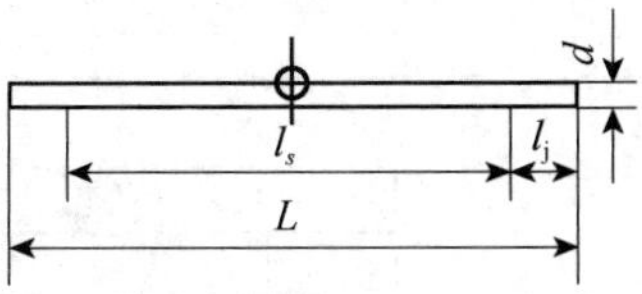 d　l_s　l_j　L	$\geqslant 20d$	l_s+2l_j
闪光对焊	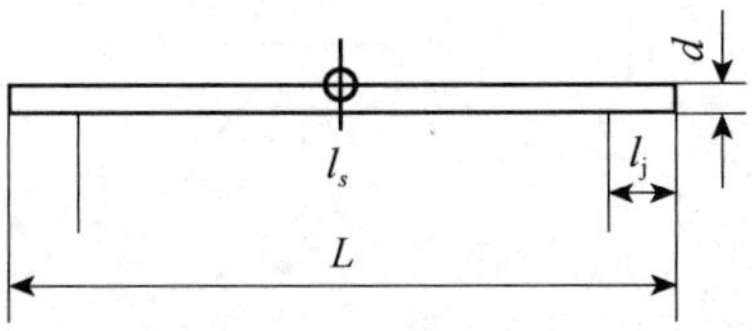 d　l_s　l_j　L	$8d$	l_s+2l_j

续表

焊接种类		接头样式	试样尺寸/mm	
			l_s	$L \geqslant$
电弧焊	双面帮条焊	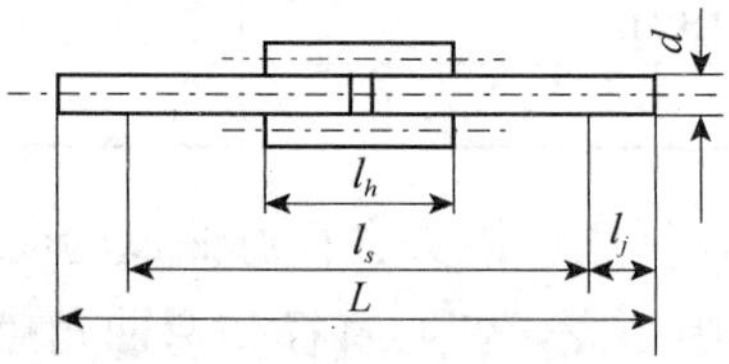	$8d$	l_s+2l_j
	单面帮条焊	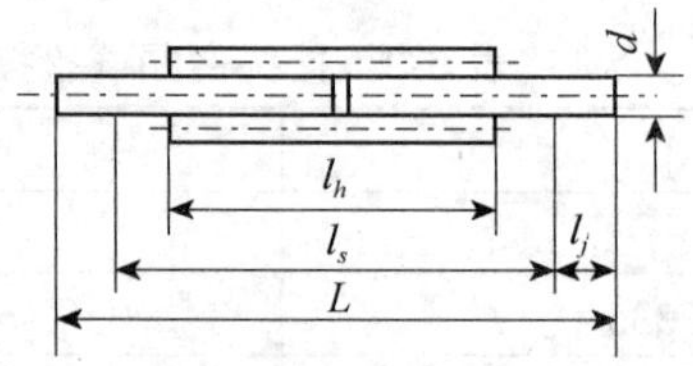	$5d+l_h$	l_s+2l_j
	双面搭接焊	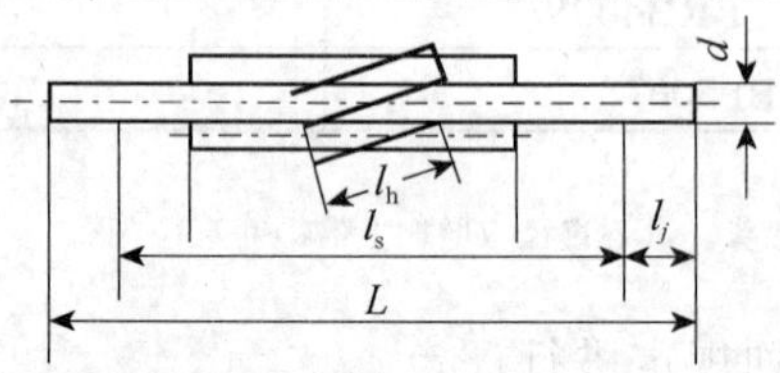	$5d+l_h$	l_s+2l_j
	单面搭接焊	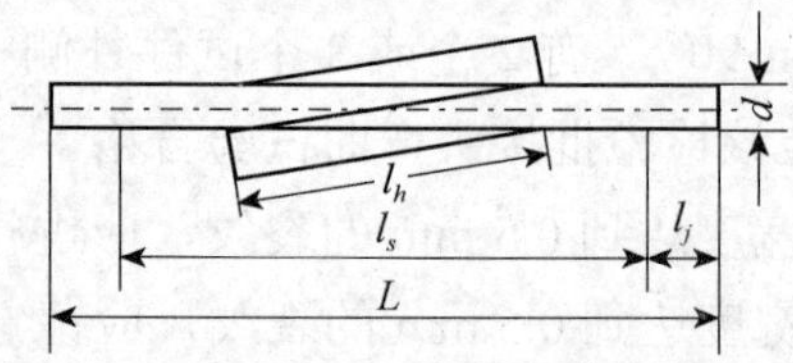	$8d+l_h$	l_s+2l_j
	熔槽帮条焊	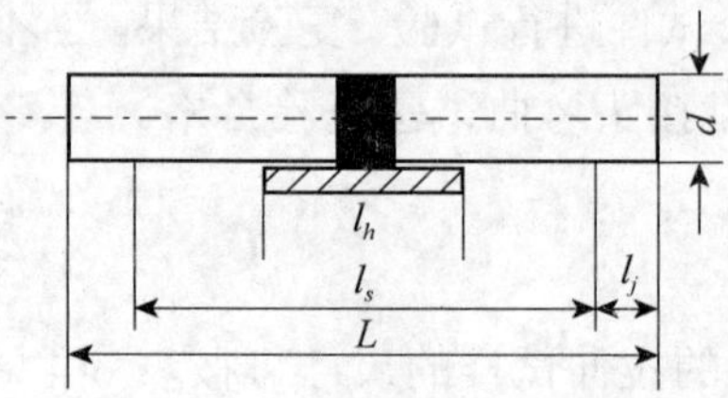	$8d+l_h$	l_s+2l_j
	坡口焊	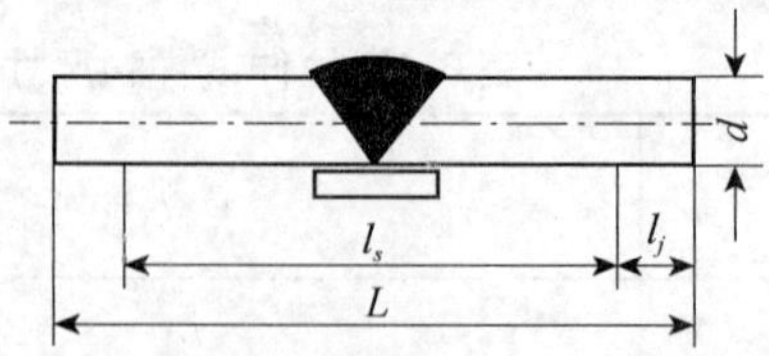	$8d$	l_s+2l_j
	窄间隙焊	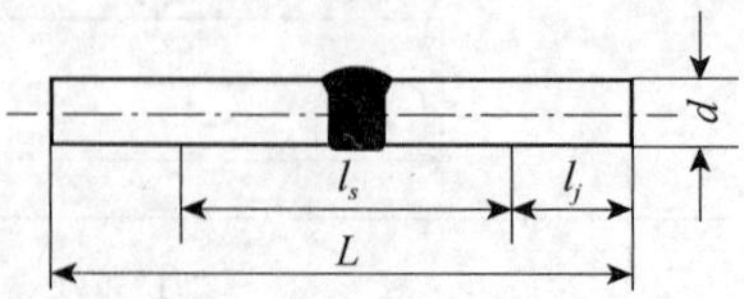	$8d$	l_s+2l_j

续表

焊接种类		接头样式	试样尺寸/mm	
			l_s	L≥
电渣压力焊		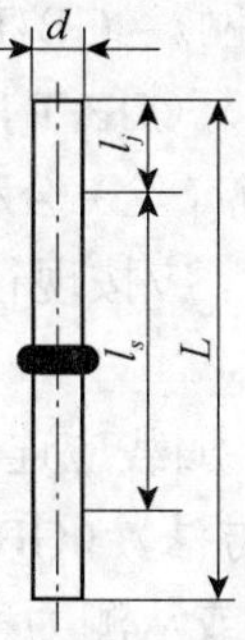	8*d*	l_s+2l_j
气压焊		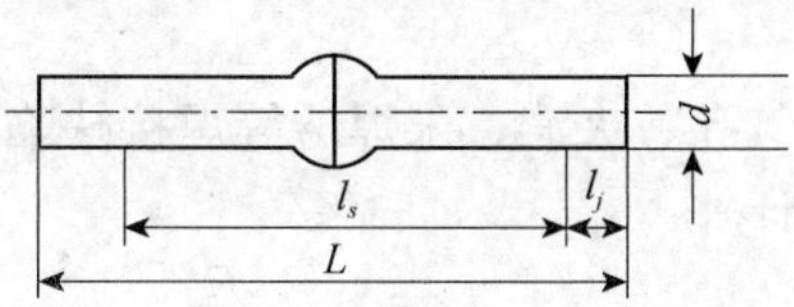	8*d*	l_s+2l_j
预埋件	电弧焊 埋弧压力焊 埋弧螺柱焊	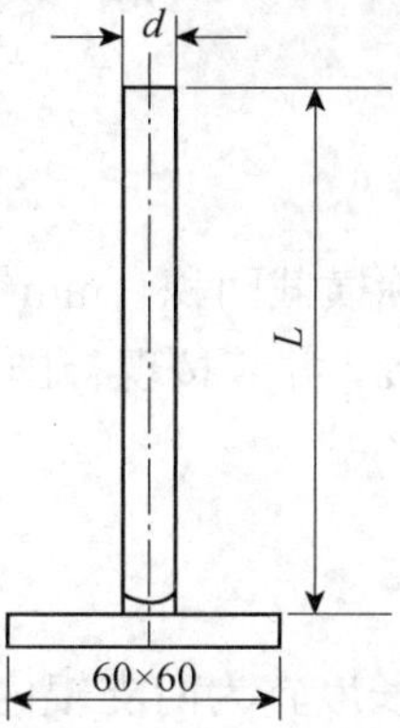 60×60	—	200

注：l_s——受试长度。

l_h——焊缝长度。

l_j——夹持长度（100～200 mm）。

L——试样长度。

d——钢筋直径。

2）试验设备：

①根据钢筋的牌号和直径，应选用适配的拉力试验机或万能试验机。试验机应符合现行国家标准《金属材料 拉伸试验 第1部分：室温试验方法》（GB/T 228.1—2010）中的有关规定。

②夹紧装置应根据试样规格选用，在拉伸试验过程中不得与钢筋产生相对滑移，夹持长度可按试样直径确定。钢筋直径不大于 20 mm 时，夹持长度宜为 70～90 mm；钢筋直径大于 20 mm 时，夹持长度宜为 90～120 mm。

③预埋件钢筋 T 形接头拉伸试验夹具有 2 种，可采用《钢筋焊接接头试验方法标准》（JGJ/T 27—2014）附录 A 的式样。使用时，夹具拉杆（板）应夹紧于试验机的上钳口，试样的钢筋应穿过垫块（板）中心孔夹紧于试验机的下钳口内。

3）试验方法：

①钢筋焊接接头的母材应符合国家现行标准《钢筋混凝土用钢 第1部分：热轧光圆钢筋》（GB/T 1499.1—2017）、《钢筋混凝土用钢 第2部分：热轧带肋钢筋》（GB/T 1499.2—2018）、《钢筋混凝土用钢 第3部分：钢筋焊接网》（GB/T 1499.3—2010）、《钢筋混凝土用余热处理钢筋》（GB 13014—2013）、《冷轧带肋钢筋》（GB/T 13788—2017）或《冷拔低碳钢丝应用技术规程》（JGJ 19—2010）的规定，并应按钢筋（丝）公称横截面积计算。试验前可采用游标卡尺复核试样的钢筋直径和钢板厚度。有争议时，应按现行国家标准《混凝土结构工程施工质量验收规范》（GB 50204—2015）的规定执行。

②对试样进行轴向拉伸试验时，加载应连续平稳，试验速率应符合现行国家标准《金属材料 拉伸试验 第1部分：室温试验方法》（GB/T 228.1—2010）中的有关规定，将试样拉至断裂（或出现颈缩），自动采集最大力或从测力盘上读取最大力，也可从拉伸曲线图上确定试验过程中的最大力。

③当试样断口上出现气孔、夹渣、未焊透等焊接缺陷时，应在试样记录中注明。

④抗拉强度应按下式计算：

$$R_m=\frac{F_m}{S_0}$$

式中，R_m——抗拉强度，MPa；

F_m——最大力，N；

S_0——原始试样的钢筋公称横截面积，mm^2。

试验结果数值应修约到5 MPa，并应按现行国家标准《数值修约规则与极限数值的表示和判定》（GB/T 8170—2008）执行。

（2）弯曲试验

1）试样：

①钢筋焊接接头弯曲试样的长度宜为两支辊内侧距离加150 mm；两支辊内侧距离 l 应按下式确定，两支辊内侧距离 l 在试验期间应保持不变，如图6-1所示。

$$l=(D+3a)\pm a/2$$

式中，l——两支辊内侧距离，mm；

D——弯曲压头直径，mm；

a——弯曲试样直径，mm。

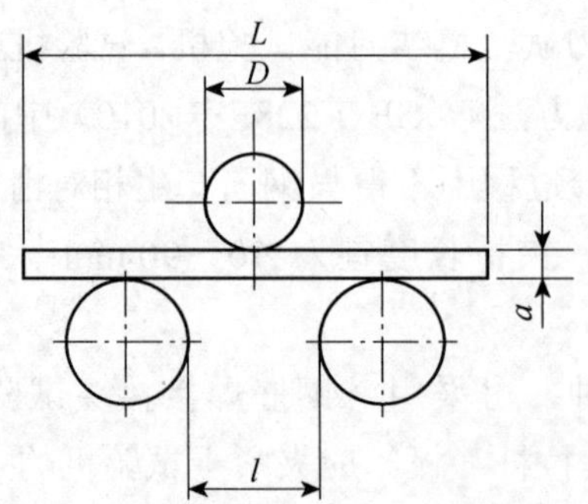

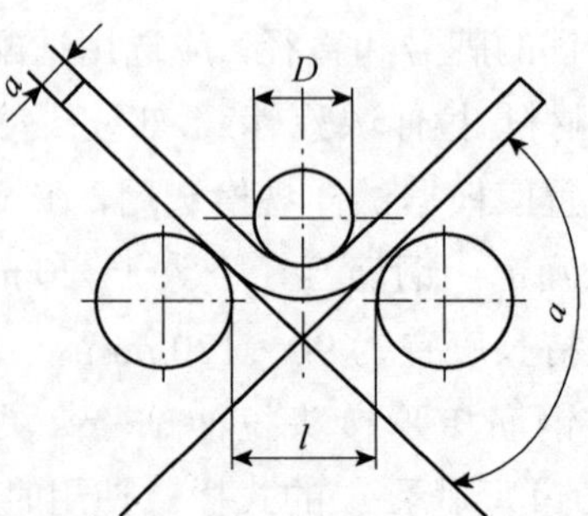

图6-1 支辊式弯曲试验

②试样受压面的金属毛刺和镦粗变形部分宜去除至与母材外表面齐平。

2）试验设备：

①钢筋焊接接头弯曲试验时，宜采用支辊式弯曲装置，并应符合现行国家标准《金属材料弯曲试验方法》（GB/T 232—2010）中有关规定。

②钢筋焊接接头弯曲试验可在压力机或万能试验机上进行，不得使用钢筋弯曲机对钢筋焊接接头进行弯曲试验。

3）试验方法：

①钢筋焊接接头进行弯曲试验时，试样应放在两个支点上，并应使焊缝中心与弯曲压头中心线一致，应缓慢地对试样施加荷载，以使材料能够自由地进行塑性变形；当出现争议时，试验速率应为（1±0.2）mm/s，直至达到规定的弯曲角度或出现裂纹、破断为止。

②弯曲压头直径和弯曲角度应按表 6-3 确定。

二、钢筋机械连接

1. 钢筋机械连接的种类及工艺特点

钢筋机械连接是指通过钢筋与连接件或其他介入材料的机械咬合作用或钢筋端面的承压作用，将一根钢筋中的力传递至另一根钢筋的连接方法。

常用的钢筋机械接头类型及工艺特点如下：

1）套筒挤压接头：通过挤压力使连接件钢套筒塑性变形与带肋钢筋紧密咬合形成的接头。

2）锥螺纹接头：通过钢筋端头特制的锥形螺纹和连接件锥螺纹咬合形成的接头。

3）镦粗直螺纹接头：通过钢筋端头镦粗后制作的直螺纹和连接件螺纹咬合形成的接头。

4）滚轧直螺纹接头：通过钢筋端头直接滚轧或剥肋后滚轧制作的直螺纹和连接件螺纹咬合形成的接头。

5）套筒灌浆接头：在金属套筒中插入单根带肋钢筋并注入灌浆料拌合物，通过拌合物硬化而实现传力的钢筋对接连接。

6）熔融金属充填接头：由高热剂反应产生熔融金属充填在钢筋与连接件套筒间形成的接头。

后两种接头主要依靠钢筋表面的肋和介入材料水泥浆或熔融金属硬化后的机械咬合作用，将钢筋中的拉力或压力传递给连接件，并通过连接件传递给另一根钢筋。

某些机械连接接头为满足接头的不同功能，是由套筒及其他多个组件合成的，连接件是包括套筒在内的多个组件的总称。

上述不同类型接头按构造与使用功能的差异可区分为不同型式，如常用直螺纹接头又分为标准型、异径型、正反丝扣型，加长丝头型等不同接头型式。

2. 钢筋机械连接接头型式检验与工艺检验

（1）型式检验

1）下列情况应进行型式检验：

①确定接头性能等级时；

②套筒材料、规格、接头加工工艺改动时；

③型式检验报告超过 4 年时。

2）接头型式检验试件应符合下列规定：

①对每种类型、级别、规格、材料、工艺的钢筋机械连接接头，型式检验试件不应少于 12 个；其中钢筋母材拉伸强度试件不应少于 3 个，单向拉伸试件不应少于 3 个，高应力反复拉压试件不应少于 3 个，大变形反复拉压试件不应少于 3 个；

②全部试件的钢筋均应在同一根钢筋上截取；

③试验接头试件的安装，按照钢筋丝头现场加工与接头安装应按接头技术提供单位的加工、安装技术要求进行，操作工人应经专业培训合格后上岗，人员应稳定；

④型式检验试件不得采用经过预拉的试件。

3）当试验结果符合下列规定时应评为合格：

①强度检验：每个接头试件的强度实测值均应符合表 6-5 中相应接头等级的强度要求。

表 6-5　接头极限抗拉强度

接头等级	Ⅰ级		Ⅱ级	Ⅲ级
极限抗拉强度	$f_{mst}^{0} \geq f_{stk}$ 或 $f_{mst}^{0} \geq 1.10 f_{stk}$	钢筋拉断 连接件破坏	$f_{mst}^{0} \geq f_{stk}$	$f_{mst}^{0} \geq 1.25 f_{yk}$

注：1. 钢筋拉断是指断于钢筋母材、套筒外钢筋丝头和钢筋镦粗过渡段。

2. 连接件破坏是指断于套筒、套筒纵向开裂或钢筋从套筒中拔出以及其他连接组件破坏。

②变形检验：3 个试件残余变形和最大力下总伸长率实测值的平均值应符合表 6-6 的规定。

表 6-6　残余变形和最大力下总伸长率

接头等级		Ⅰ级	Ⅱ级	Ⅲ级
单向拉伸	残余变形/mm	$u_0 \leq 0.10$（$d \leq 32$） $u_0 \leq 0.14$（$d > 32$）	$u_0 \leq 0.14$（$d \leq 32$） $u_0 \leq 0.16$（d>32）	$u_0 \leq 0.14$（$d \leq 32$） $u_0 \leq 0.16$（$d > 32$）
	最大力下总伸长率/%	$A_{sgt} \geq 6.0$	$A_{sgt} \geq 6.0$	$A_{sgt} \geq 3.0$
高应力反复拉压	残余变形/mm	$u_{20} \leq 0.3$	$u_{20} \leq 0.3$	$u_{20} \leq 0.3$
大变形反复拉压	残余变形/mm	$u_4 \leq 0.3$ 且 $u_8 \leq 0.6$	$u_4 \leq 0.3$ 且 $u_8 \leq 0.6$	$u_4 \leq 0.6$

4）接头用于直接承受重复荷载的构件时，接头的型式检验应按表 6-7 的要求进行疲劳性能检验。

表 6-7　HRB400 钢筋接头疲劳性能检验的应力幅和最大应力

应力组别	最小与最大应力比值（ρ）	应力幅值/MPa	最大应力/MPa
第一组	0.70～0.75	60	230
第二组	0.45～0.50	100	190
第三组	0.25～0.30	120	165

5）接头的疲劳性能型式检验应符合下列规定：

①应取直径不小于 32 mm 钢筋做 6 根接头试件，分为 2 组，每组 3 根；

②可任选表 6-7 中的 2 组应力进行试验；

③经过 200 万次加载后，全部试件均未破坏，该批疲劳试件型式检验应评为合格。

（2）工艺检验

工艺检验应符合下列规定：

①各种类型和型式接头都应进行工艺检验，检验项目包括单向拉伸极限抗拉强度和残余变形；

②每种规格钢筋接头试件不应少于 3 根；

③接头试件测量残余变形后可继续进行极限抗拉强度试验，并宜按表 6-8 中单向拉伸加载制度进行试验；

④每根试件极限抗拉强度和 3 根接头试件残余变形的平均值均应符合表 6-5 和表 6-6 的规定；

⑤工艺检验不合格时，应进行工艺参数调整，合格后方可按最终确认的工艺参数进行接头批量加工。

3. 钢筋机械连接接头检验规则

（1）组批规则、取样数量及判定规则

1）接头现场试验抽检项目为极限抗拉强度试验。抽检应按验收批进行，同钢筋生产厂、同强度等级、同规格、同类型和同型式接头应以 500 个为一个验收批进行检验与验收，不足 500 个也应作为一个验收批。

2）对接头的每一验收批，应在工程结构中随机截取 3 个接头试件做极限抗拉强度试验。按设计要求的接头等级进行评定。当 3 个接头试件的极限抗拉强度均符合表 6-5 接头极限抗拉强度中相应等级的强度要求时，该验收批应评为合格。当仅有 1 个试件的极限抗拉强度不符合要求，应再取 6 个试件进行复检。复检中仍有 1 个试件的极限抗拉强度不符合要求，该验收批应评为不合格。

3）对封闭环形钢筋接头、钢筋笼接头、地下连续墙预埋套筒接头、不锈钢钢筋接头、装配式结构构件间的钢筋接头和有疲劳性能要求的接头，可见证取样，在已加工并检验合格的钢筋丝头成品中随机割取钢筋试件，与随机抽取的进场套筒组装成 3 个接头试件做极限抗拉强度试验，按设计要求的接头等级进行评定。

4）同一接头类型、同型式、同等级、同规格的现场检验连续 10 个验收批抽样试件抗拉强度试验一次合格率为 100%时，验收批接头数量可扩大为 1 000 个；当验收批接头数量少于 200 个时，可随机抽取 2 个试件做极限抗拉强度试验，当 2 个试件的极限抗拉强度均满足强度要求时，该验收批应评为合格。当有 1 个试件的极限抗拉强度不满足要求，应再取 4 个试件进行复检，复检中仍有 1 个试件极限抗拉强度不满足要求，该验收批应评为不合格。

5）对有效认证的接头产品，验收批数量可扩大至 1 000 个；当现场抽检连续 10 个验收批抽样试件极限抗拉强度检验一次合格率为 100%时，验收批接头数量可扩大为 1 500 个。当扩大后的各验收批中出现抽样试件极限抗拉强度检验不合格的评定结果时，应将随后的各验收批数量恢复为 500 个，且不得再次扩大验收批数量。

6）设计对接头疲劳性能要求进行现场检验的工程，可按设计提供的钢筋应力幅和最大应力，或根据表 6-7 中相近的一组应力进行疲劳性能验证性检验，并应选取工程中大、中、小 3 种直径钢筋各组装 3 根接头试件进行疲劳试验。全部试件均通过 200 万次重复加载未破坏，应评定该批接头试件疲劳性能合格。每组中仅一根试件不合格，应再取相同类型和规格的 3 根接头试件进行复检，当 3 根复检试件均通过 200 万次重复加载未破坏，应评定该批接头试件疲劳性能合格，复检中仍有 1 根试件不合格时，该验收批应评为不合格。

（2）检验方法

1）型式检验：

①试件型式检验的仪表布置和变形测量标距应符合下列规定：

a. 单向拉伸和反复拉压试验时的变形测量仪表应在钢筋两侧对称布置，如图 6-2 所示，两侧测点的相对偏差不宜大于 5 mm，且两侧仪表应能独立读取各自变形值。应取钢筋两侧仪表读数的平均值计算残余变形值。

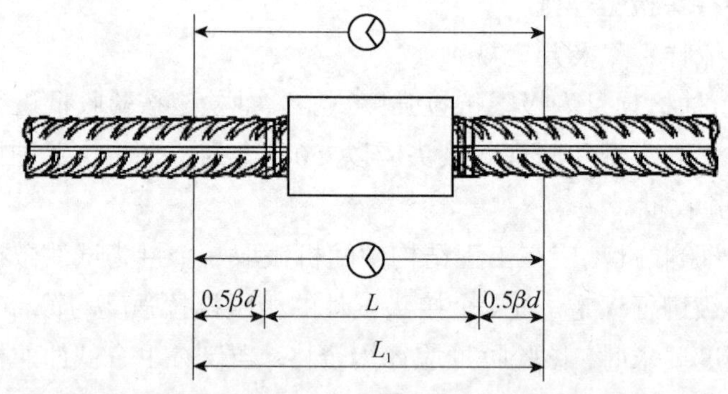

图 6-2　接头试件变形测量标距和仪表布置

b. 变形测量标距。

单向拉伸残余变形量应按下式计算。

$$L_1=L+\beta d$$

反复拉压残余变形量应按下式计算。

$$L_1=L+4d$$

式中，L_1——变形测量标距，mm；

L——机械连接接头长度，mm；

β——系数，取 1～6；

d——钢筋公称直径，mm。

②型式检验试件最大力下总伸长率 A_{sgt} 的测量方法应符合下列规定：

a. 试件加载前，应在其套筒两侧的钢筋表面如图 6-3 所示，分别用细划线 A、B 和 C、D 标出测量标距为 L_{01} 的标记线，L_{01} 不应小于 100 mm，标距长度应用最小刻度值不大于 0.1 mm 的量具测量。

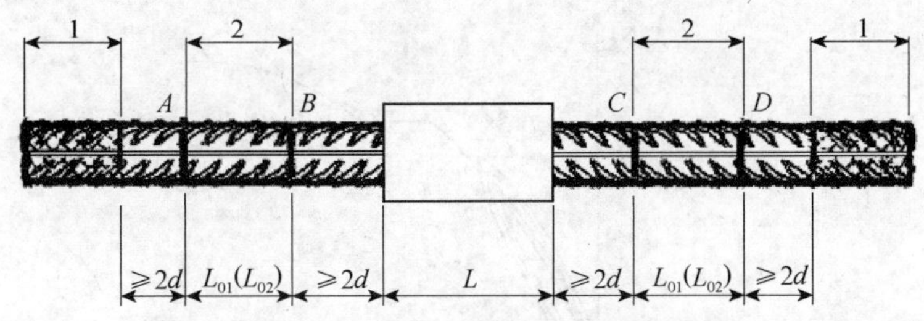

图 6-3　最大力下总伸长率 A_{sgt} 的测点布置

1. 夹持区；2.测量区

b. 试件应按表 6-8 单向拉伸加载制度加载并拉断，再次测量 A、B 和 C、D 间标距长度为 L_{02}，最大力下总伸长率 A_{sgt} 应按下式计算。应用下式计算时，当试件颈缩发生在套筒一侧的钢筋母材时，L_{01} 和 L_{02} 应取另一侧标记间加载前和卸载后的长度。当破坏发生在接头长度范围内时，L_{01} 和 L_{02} 应取套筒两侧各自读数的平均值。

$$A_{sgt}=\left[\frac{L_{02}-L_{01}}{L_{01}}+\frac{f_{mst}^{0}}{E}\right]\times 100$$

式中，f_{mst}^{0}、E——分别是试件实测极限抗拉强度和钢筋理论弹性模量；

L_{01}——加载前 A、B 或 C、D 间的实测长度；

L_{02}——卸载后 A、B 或 C、D 间的实测长度。

c. 接头试件型式检验应按表 6-8 的加载制度进行试验，如图 6-4 至图 6-6 所示。

表 6-8　接头试件型式检验的加载制度

试验项目	加载制度	
单向拉伸	0→0.6f_{yk}→0（测量残余变形）→最大拉力（记录极限抗拉强度）→破坏（测定最大力下总伸长率）	
高应力反复拉压	0→（0.9f_{yk}→-0.5f_{yk}）→破坏 （反复 20 次）	
大变形反复拉压	Ⅰ级 Ⅱ级	0→（2ε_{yk}→-0.5f_{yk}）→（5ε_{yk}→-0.5f_{yk}）→破坏 （反复 4 次）（反复 4 次）
	Ⅲ级	0→（2ε_{yk}→-0.5f_{yk}）→破坏 （反复 4 次）

注：荷载与变形测量偏差不应大于±5%。

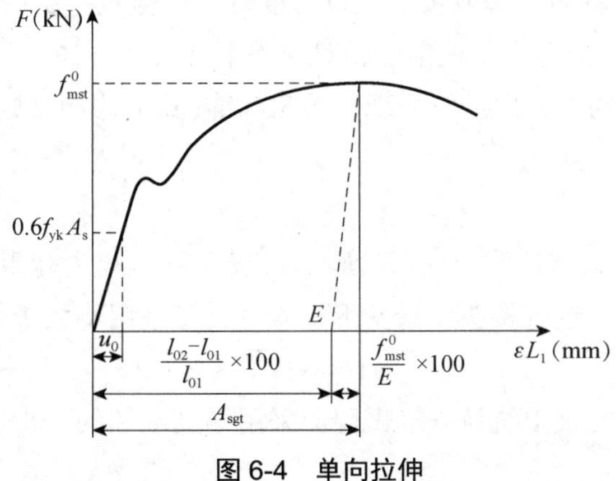

图 6-4　单向拉伸

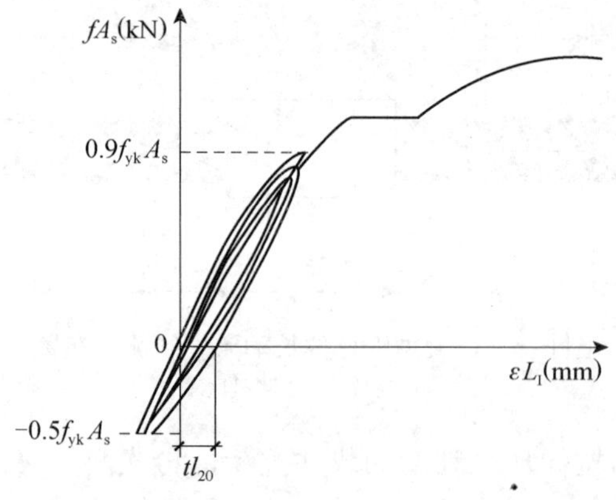

图 6-5　高应力反复拉压

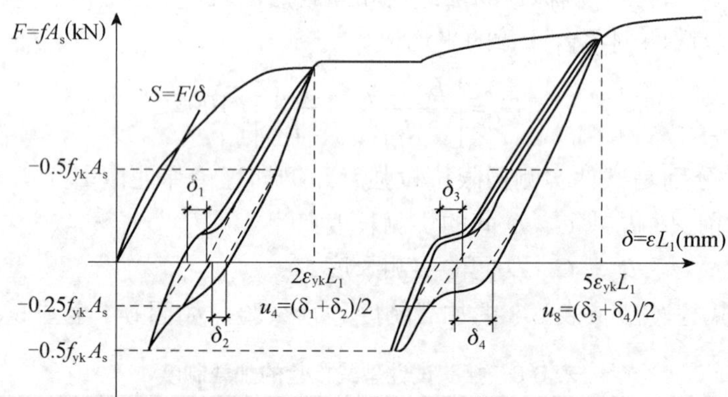

图 6-6　大变形反复拉压

（注：1. S 线表示钢筋的拉、压刚度；F 为钢筋所受的力，等于钢筋应力 f 与钢筋理论横截面面积 A_s 的乘积；δ 为力作用下的钢筋变形，等于钢筋应变 ε 与变形测量标距 L_1 的乘积；A_s 为钢筋理论横截面面积（mm²）；L_1 为变形测量标距，mm。

2. δ_1 为 $2\varepsilon_{yk}L_1$ 反复加载四次后，在加载力为 $0.5f_{yk}A_s$ 及反向卸载力为 $-0.25f_{yk}A_s$ 处作 S 的平行线与横坐标交点之间的距离所代表的变形值；

3. δ_2 为 $2\varepsilon_{yk}L_1$ 反复加载 4 次后，在卸载力为 $0.5f_{yk}A_s$ 及反向加载力为 $-0.25f_{yk}A_s$ 处作 S 的平行线与横坐标交点之间的距离所代表的变形值；

4. δ_3、δ_4 为在 $5\varepsilon_{yk}L_1$ 反复加载四次后，按与 δ_1、δ_2 相同方法所得的变形值。）

d. 测量接头试件残余变形时的加载应力速率宜采用 2 $N/mm^2 \cdot s^{-1}$，不应超过 10 $N/mm^2 \cdot s^{-1}$；测量接头试件的最大力下总伸长率或极限抗拉强度时，试验机夹头的分离速率宜采用每分钟 $0.05L_c$，L_c 为试验机夹头间的距离。速率的相对误差不宜大于±20%。

e. 试验结果的数值修约与判定应符合现行国家标准《数值修约规则与极限数值的表示和判定》（GB/T 8170—2008）的规定。

2）现场检验：

①现场工艺检验中接头试件残余变形检验的仪表布置、测量标距和加载速率同型式检验的规定。现场工艺检验中，进行接头残余变形检验时，可采用不大于 $0.012A_sf_{yk}$ 的拉力作为名义上的零荷载。

②现场抽检接头试件的极限抗拉强度试验应采用零到破坏的一次加载制度。

3）疲劳检验：

①用于疲劳试验的接头试件，应按接头技术提供单位的相关技术要求制作、安装，试件组装后的弯折角度不得超过 1°，试件的受试段长度不宜小于 400 mm。

②接头试件疲劳性能试验宜采用低频试验机进行，应力循环频率宜选用 5～15Hz，当采用高频疲劳试验机进行疲劳试验时，应力幅或试验结果宜做修正。试验过程中，当试件温度超过 40℃时，应采取降温措施。钢筋接头在高低温环境下使用时，接头疲劳试验应在相应的模拟环境条件下进行。

③试件经 2×10^6 次循环加载后可终止试验。当循环加载次数小于 2×10^6 次，试件断于接头长度范围外、接头外观完好且夹持长度足够时，允许继续进行疲劳试验。

④接头疲劳试验尚应符合现行国家标准《金属材料疲劳试验轴向力控制方法》（GB/T 3075—2008）的相关规定。

第二节　混凝土拌合物性能检测及配合比设计

一、混凝土的主要技术性质

1. 概述

混凝土是由胶凝材料、粗细骨料、水和外加剂，按适当比例配合，拌制、浇筑、成型后，经一定时间养护、硬化而成的一种人造石材。

混凝土按照表观密度大小分为重混凝土（干表观密度大于 2 800 kg/m^3）、普通混凝土（干表观密度在 2 000～2 800 kg/m^3）和轻混凝土（干表观密度小于 2 000 kg/m^3）；按所用胶凝材料不同分为水泥混凝土、沥青混凝土、石膏混凝土、聚合物混凝土等；按强度等级分为普通混凝土（强度等级在 C60 以下）、高强混凝土（强度等级为 C60～C100）、超高强混凝土（强度等级在 C100 以上）；按生产和施工方法分为现场浇筑混凝土、商品混凝土、泵送混凝土、喷射混凝土、碾压混凝土等；按用途不同分为结构用混凝土、装饰用混凝土、防水用混凝土、道路混凝土、防辐射混凝土等。

混凝土各组成材料按一定比例配合、搅拌而成的尚未凝固的材料，称为混凝土拌合物，亦称新拌混凝土。普通混凝土的主要技术性质包括混凝土拌合物的和易性、硬化混凝土的强度及耐久性能等。

2. 普通混凝土的主要技术性质

（1）混凝土拌合物的和易性

和易性是指混凝土拌合物易于各种施工工序（拌和、运输、浇筑、振捣等）操作并能获得质量均匀、密实的性能，也叫混凝土工作性。它是一项综合技术性质，包括流动性、黏聚性和保水性三个方面含义。通常以坍落度（扩展度）和维勃稠度试验来评定混凝土拌和的和易性，先测定其流动性，再以直观经验观察其黏聚性和保水性。坍落度检验适用于坍落度不小于10 mm的混凝土拌合物，维勃稠度检验适用于维勃稠度5～30 s的混凝土拌合物，扩展度适用于泵送高强混凝土和自密实混凝土。坍落度、维勃稠度和扩展度的等级划分见表6-9、表6-10及表6-11。

表6-9　混凝土拌合物的坍落度等级划分

等级	坍落度/mm
S1	10～40
S2	50～90
S3	100～150
S4	160～210
S5	≥220

表6-10　混凝土拌合物的维勃稠度等级划分

等级	维勃稠度/s
V0	≥31
V1	30～21
V2	20～11
V3	10～6
V4	5～3

表6-11　混凝土拌合物的扩展度等级划分

等级	扩展度/mm	等级	扩展度/mm
F1	≤340	F4	490～550
F2	350～410	F5	560～620
F3	420～480	F6	≥630

（2）硬化混凝土的强度

强度是混凝土最重要的力学性质。因为混凝土主要用于承受荷载或抵抗各种作用力。混凝土的强度有立方体抗压强度、轴心抗压强度、抗拉强度、黏结强度、抗弯强度等。混凝土的抗压强度最大，抗拉强度最小，因此在工程中主要是利用混凝土来承受压力作用。混凝土的抗压强度是混凝土结构设计的主要参数，也是混凝土质量评定的重要指标。工程中提到的混凝土强度一般指混凝土的抗压强度。

混凝土的抗压强度是指其标准试件在压力作用下直至破坏时，单位面积所能承受的最大压力。根据《普通混凝土力学性能试验方法》（GB/T 50082—2002）的规定，测定混凝土抗压强度，宜采用150 mm×150 mm×150 mm的标准试模，制作150 mm×150 mm×150 mm的标准试件，在标准养护条件（20℃±2℃，相对湿度95%以上）养护28 d，进行抗压试验，所测得的抗压强度值称为混凝土立方体抗压强度，用 f_{cu} 表示，单位：MPa 或 N/mm^2。

按《混凝土结构设计规程》（GB 50010—2002）的规定，在立方体极限抗压强度总体分布中，具有 95%强度保证率的立方体试件抗压强度，称为立方体抗压强度标准值，用 $f_{cu,k}$ 表示。

根据立方体抗压强度标准值，将混凝土强度划分为：C10、C15、C20、C25、C30、C35、C40、C45、C50、C55、C60、C65、C70、C75、C80、C85、C90、C95 和 C100。其中 C 表示混凝土，C 后面的数字表示立方体抗压强度标准值。如强度等级为 C30 的混凝土，表示混凝土立方体抗压强度标准值：30 MPa≤$f_{cu,k}$<35 MPa。

（3）混凝土的耐久性

混凝土的耐久性是一项综合技术指标，包括抗渗性、抗冻性、抗侵蚀性、抗碳化等。

1）抗渗性：

混凝土的抗渗性是指混凝土抵抗液体（水、油等）渗透的能力。用抗渗等级表示。抗渗等级是以 28 d 龄期的标准混凝土抗渗试件，按规定方法，以不渗水时所能承受的最大水压力（MPa）确定的，用代号 P 表示，共有 P4、P6、P8、P10、P12 及>P12 六个等级，分别表示能抵抗 0.4 MPa、0.6 MPa、0.8 MPa、1.0 MPa、1.2 MPa 及大于 1.2 MPa 的静水压力而不出现渗透现象。

2）抗冻性：

混凝土抗冻性是指混凝土在水饱和状态下，能经受多次冻融循环作用而不破坏，同时不严重降低强度的性能。用抗冻等级或抗冻标号表示，分别按照快冻法或慢冻法进行试验，混凝土抗冻性能等级划分见表 6-12。

表 6-12　混凝土抗冻性能的等级划分

抗冻等级（快冻法）		抗冻标号（慢冻法）
F50	F250	D50
F100	F300	D100
F150	F350	D150
F200	F400	D200
>F400		>D200

3）抗侵蚀性：

混凝土的抗侵蚀性是指混凝土抵抗外界侵蚀性介质破坏作用的能力。通常有软水侵蚀、硫酸盐侵蚀、一般酸侵蚀和强碱侵蚀。混凝土抗硫酸盐侵蚀性能用抗硫酸盐等级表示，可划分为 KS30、KS60、KS90、KS120、KS150、>KS150 六个等级。

4）混凝土的碳化：

混凝土的碳化是指混凝土中的 $Ca(OH)_2$ 与空气中的 CO_2 作用生产 $CaCO_3$ 和水的过程。碳化引起水泥石化学组成及组织结构变化，降低混凝土的碱度，对混凝土强度和收缩均能产生影响。混凝土抗碳化性能的等级划分见表 6-13。

表 6-13　混凝土抗碳化性能的等级划分

等级	T-Ⅰ	T-Ⅱ	T-Ⅲ	T-Ⅳ	T-Ⅴ
碳化深度 *d*/mm	≥30	≥20，<30	≥10，<20	≥0.1，<10	<0.1

二、混凝土试样的制作方法和养护条件

1. 混凝土的取样与试验制备

（1）混凝土的取样

1）同一组混凝土拌合物的取样，应在同一盘混凝土或同一车混凝土中取样。取样量应多于试验所需量的 1.5 倍，且不宜小于 20 L。

2）混凝土拌合物的取样应具有代表性，宜采用多次采样的方法。宜在同一盘混凝土或同一车混凝土中的 1/4 处、1/2 处和 3/4 处分别取样，并搅拌均匀；第一次取样和最后一次取样的时间间隔不宜超过 15 min。

3）宜在取样后 5 min 内开始各项性能试验。

4）取样应记录下列内容并写入试验或检测报告：

①取样日期、时间和取样人；

②工程名称，结构部位；

③混凝土加水时间和搅拌时间；

④混凝土标记；

⑤取样方法；

⑥试样编号；

⑦试样数量；

⑧环境温度及取样的天气情况；

⑨取样混凝土的温度。

（2）混凝土的制备

试验室制备混凝土拌合物的搅拌应符合下列规定：

1）混凝土拌合物应采用搅拌机搅拌，搅拌前应将搅拌机冲洗干净，并预拌少量同种混凝土拌合物或水胶比相同的砂浆，搅拌机内壁挂浆后将剩余料卸出。

2）称好的粗骨料、胶凝材料、细骨料和水应依次加入搅拌机，难溶和不溶的粉状外加剂宜与胶凝材料同时加入搅拌机，液体和可溶外加剂宜与拌合水同时加入搅拌机。

3）混凝土拌合物宜搅拌 2 min 以上，直至搅拌均匀。

4）混凝土拌合物一次搅拌量不宜少于搅拌机公称容量的 1/4，不应大于搅拌机公称容量，且不应少于 20 L。

5）试验室搅拌混凝土时，材料用量应以质量计。骨料的称量精度应为±0.5%；水泥、掺合料、水、外加剂的称量精度均应为±0.2%。

6）在试验室制备混凝土拌合物时，除上述取样规定的内容外，尚应记录下列内容并写入试验或检测报告：

①试验环境温度；

②试验环境湿度；

③各种原材料品种、规格、产地及性能指标；

④混凝土配合比和每盘混凝土的材料用量。

2. 试件的尺寸、形状和公差

（1）试件的尺寸

试件的尺寸应根据混凝土中骨料的最大粒径按表 6-14 选定。

表 6-14　混凝土试件尺寸选用表

试件横截面尺寸/mm	骨料最大粒径/mm	
	劈裂抗拉强度试验	其他试验
100×100	20	31.5
150×150	40	40
200×200	—	63

注：骨料最大粒径指的是符合《普通混凝土用碎石或卵石质量标准及检验方法》（JGJ 53—1992）中规定的圆孔筛的孔径。

（2）试件的形状

1）抗压强度和劈裂抗拉强度试件应符合下列规定：

①边长为 150 mm 的立方体试件是标准试件；

②边长为 100 mm 和 200 mm 的立方体试件是非标准试件；

③在特殊情况下，可采用 ϕ150 mm×300 mm 的圆柱体标准试件或 ϕ100 mm×200 mm 和 ϕ200 mm×400 mm 的圆柱体非标准试件。

2）轴心抗压强度和静力受压弹性模量试件应符合下列规定：

①边长为 150 mm×150 mm×300 mm 的棱柱体试件是标准试件；

②边长为 100 mm×100 mm×300 mm 和 200 mm×200 mm×400 mm 的棱柱体试件是非标准试件；

③在特殊情况下，可采用 ϕ150 mm×300 mm 的圆柱体标准试件或 ϕ100 mm×200 mm 和 ϕ200 mm×400 mm 的圆柱体非标准试件。

3）抗折强度试件应符合下列规定：

①边长为 150 mm×150 mm×600 mm 或（550 mm）的棱柱体试件是标准试件；

②边长为 100 mm×100 mm×400 mm 的棱柱体试件是非标准试件。

（3）尺寸公差

1）试件的承压面的平面度公差不得超过 0.000 5 d（d 为边长）。

2）试件的相邻面间的夹角应为 90°，其公差不得超过 0.5°。

3）试件各边长、直径和高的尺寸的公差不得超过 1 mm。

3. 试件的制作和养护

（1）试件的制作

1）混凝土试件的制作应符合下列规定：

①成型前应检查试模尺寸并符合《混凝土试模》（JG 3019—94）中技术要求的规定；试模内表面应涂一薄层矿物油或其他不与混凝土发生反应的脱模剂。

②在试验室拌制混凝土时，其材料用量应以质量计，称量的精度：水泥、掺合料、水和外加剂为±0.5%；骨料为±0.1%。

③取样或试验室拌制的混凝土应在拌制后尽短的时间内成型，一般不宜超过 15 min。

④根据混凝土拌合物的稠度确定混凝土成型方法，坍落度不大于 70 mm 的混凝土宜用振动振实；大于 70 mm 的宜用捣棒人工捣实；检验现浇混凝土或预制构件的混凝土，试件成型方法宜与实际采用的方法相同。

2）混凝土试件制作应按下列步骤进行：

①取样或拌制好的混凝土拌合物应至少用铁锨再来回拌和 3 次；

②根据混凝土拌合物稠度选择成型方法成型：

——用振动台振实制作试件应按下述方法进行：

a. 将混凝土拌合物一次装入试模，装料时应用抹刀沿各试模壁插捣，并使混凝土拌合物高出试模口；

b. 试模应附着或固定在振动台上，振动时试模不得有任何跳动，振动应持续到表面出浆为止；不得过振。

——用人工插捣制作试件应按下述方法进行：

a. 混凝土拌合物应分两层装入模内，每层的装料厚度大致相等；

b. 插捣应按螺旋方向从边缘向中心均匀行进。在插捣底层混凝土时，捣棒应达到试模底部；插捣上层时，捣棒应贯穿上层后插入下层 20～30 mm；插捣时捣棒应保持垂直，不得倾斜。然后应用抹刀沿试模内壁插拔数次；

c. 每层插捣次数按在 10 000 mm^2 截面积内不得少于 12 次；

d. 插捣后应用橡皮锤轻轻敲击试模四周，直至插捣棒留下的空洞消失为止。

——用插入式振捣棒振实制作试件应按下述方法进行：

a. 将混凝土拌合物一次装入试模，装料时应用抹刀沿各试模壁插捣，并使混凝土拌合物高出试模口；

b. 宜用直径为 ϕ25 mm 的插入式振捣棒，插入试模振捣时，振捣棒距试模底板 10～20 mm 且不得触及试模底板，振动应持续到表面出浆为止，且应避免过振，以防止混凝土离析；一般振捣时间为 20 s。振捣棒拔出时要缓慢，拔出后不得留有孔洞。

③刮除试模上口多余的混凝土，待混凝土临近初凝时，用抹刀抹平。

（2）试件的养护

1）试件成型后应立即用不透水的薄膜覆盖表面。

2）采用标准养护的试件，应在温度为（20±5）℃的环境中静置 1～2 昼夜，然后编号、拆模。拆模后应立即放入温度为（20±2）℃，相对湿度为 95%以上的标准养护室中养护，或在温度为（20±2）℃的不流动的 $Ca(OH)_2$ 饱和溶液中养护。标准养护室内的试件应放在支架上，彼此间隔 10～20 mm，试件表面应保持潮湿，并不得被水直接冲淋。

3）同条件养护试件的拆模时间可与实际构件的拆模时间相同，拆模后，试件仍需保持同条件养护。

4）标准养护龄期为28d（从搅拌加水开始计时）。

三、混凝土常规检验项目的试验方法

1. 混凝土拌合物坍落度及扩展度试验方法

（1）坍落度试验及坍落度经时损失试验

1）坍落度试验：

①本试验方法宜用于骨料最大公称粒径不大于40 mm、坍落度不小于10 mm的混凝土拌合物坍落度的测定。

②试验设备：

a. 坍落度仪应符合现行行业标准《混凝土坍落度仪》（JG/T 248—2009）的规定；

b. 应配备2把钢尺，钢尺的量程不应小于300 mm，分度值不应大于1 mm；

c. 底板应采用平面尺寸不小于1 500 mm×1 500 mm、厚度不小于3 mm的钢板，其最大挠度不应大于3 mm。

③坍落度试验应按下列步骤进行：

a. 坍落度筒内壁和底板应润湿无明水；底板应放置在坚实水平面上，并把坍落度筒放在底板中心，然后用脚踩住两边的脚踏板，坍落度筒在装料时应保持在固定的位置。

b. 混凝土拌合物试样应分3层均匀地装入坍落度筒内，每装一层混凝土拌合物，应用捣棒由边缘到中心按螺旋形均匀插捣25次，捣实后每层混凝土拌合物试样高度约为筒高的1/3。

c. 插捣底层时，捣棒应贯穿整个深度，插捣第二层和顶层时，捣棒应插透本层至下一层的表面。

d. 顶层混凝土拌合物装料应高出筒口，插捣过程中，混凝土拌合物低于筒口时，应随时添加。

e. 顶层插捣完后，取下装料漏斗，应将多余混凝土拌合物刮去，并沿筒口抹平。

f. 清除筒边底板上的混凝土后，应垂直平稳地提起坍落度筒，并轻放于试样旁边；当试样不再继续坍落或坍落时间达30 s时，用钢尺测量出筒高与坍落后混凝土试体最高点之间的高度差，作为该混凝土拌合物的坍落度值。

④坍落度筒的提离过程宜控制在3～7 s；从开始装料到提坍落度筒的整个过程应连续进行，并应在150 s内完成。

⑤将坍落度筒提起后混凝土发生一边崩坍或剪坏现象时，应重新取样另行测定；第二次试验仍出现一边崩坍或剪坏现象，应予记录说明。

⑥混凝土拌合物坍落度值测量应精确至1 mm，结果应修约至5 mm。

2）坍落度经时损失试验：

①本试验方法可用于混凝土拌合物的坍落度随静置时间变化的测定。

②坍落度经时损失试验的试验设备应符合上述坍落度试验的规定。

③坍落度经时损失试验应按下列步骤进行：

a. 应测量出机时的混凝土拌合物的初始坍落度值 H_0；

b. 将全部混凝土拌合物试样装入塑料桶或不被水泥浆腐蚀的金属桶内，应用桶盖或塑料薄膜密封静置；

c. 自搅拌加水开始计时，静置 60 min 后应将桶内混凝土拌合物试样全部倒入搅拌机内，搅拌 20s，进行坍落度试验，得出 60 min 坍落度值 H_{60}。

d. 计算初始坍落度值与 60 min 坍落度值的差值，可得到 60 min 混凝土坍落度经时损失试验结果。

④当工程要求调整静置时间时，则应按实际静置时间测定并计算混凝土坍落度经时损失。

（2）扩展度试验及扩展度经时损失试验

1）扩展度试验：

①本试验方法宜用于骨料最大公称粒径不大于 40 mm、坍落度不小于 160 mm 混凝土扩展度的测定。

②扩展度试验的试验设备应符合下列规定：

a. 坍落度仪应符合现行行业标准《混凝土坍落度仪》（JG/T 248—2009）的规定；

b. 钢尺的量程不应小于 1 000 mm，分度值不应大于 1 mm；

c. 底板应采用平面尺寸不小于 1 500 mm×1 500 mm、厚度不小于 3 mm 的钢板，其最大挠度不应大于 3 mm。

③扩展度试验应按下列步骤进行：

a. 试验设备准备、混凝土拌合物装料和插捣应符合上述坍落度试验的规定。

b. 清除筒边底板上的混凝土后，应垂直平稳地提起坍落度筒，坍落度筒的提离过程宜控制在 3～7 s；当混凝土拌合物不再扩散或扩散持续时间已达 50 s 时，应使用钢尺测量混凝土拌合物展开扩展面的最大直径以及与最大直径呈垂直方向的直径。

c. 当两直径之差小于 50 mm 时，应取其算术平均值作为扩展度试验结果；当两直径之差不小于 50 mm 时，应重新取样另行测定。

④发现粗骨料在中央堆集或边缘有浆体析出时，应记录说明。

⑤扩展度试验从开始装料到测得混凝土扩展度值的整个过程应连续进行，并应在 4 min 内完成。

⑥混凝土拌合物扩展度值测量应精确至 1 mm，结果修约至 5 mm。

2）扩展度经时损失试验：

①本试验方法可用于混凝土拌合物的扩展度随静置时间变化的测定。

②扩展度经时损失试验的试验设备上述坍落度试验的规定。

③扩展度经时损失试验应按下列步骤进行：

a. 应测量出机时的混凝土拌合物的初始扩展度值 L_0；

b. 将全部混凝土拌合物试样装入塑料桶或不被水泥浆腐蚀的金属桶内，应用桶盖或塑料薄膜密封静置；

c. 自搅拌加水开始计时，静置 60 min 后应将桶内混凝土拌合物试样全部倒入搅拌机内，搅拌 20s，即进行扩展度试验，得出 60 min 扩展度值 L_{60}；

d. 计算初始扩展度值与 60 min 扩展度值的差值，可得到 60 min 混凝土扩展度经时损失试验结果。

④当工程要求调整静置时间时，则应按实际静置时间测定并计算混凝土扩展度经时损失。

2. 混凝土抗压强度试验

（1）试验采用的试验设备应符合的规定

1）混凝土立方体抗压强度试验所采用压力试验机应符合下列要求：

①压力试验机除应符合《液压式压力试验机》（GB/T 3722—1992）及《试验机通用技术要求》（GB/T 2611—2007）中技术要求外，其测量精度为±1%，试件破坏荷载应大于压力机全量程的 20%且小于压力机全量程的 80%；

②应具有加荷速度指示装置或加荷速度控制装置，并应能均匀、连续地加荷；

③应具有有效期内的计量检定证书。

2）混凝土强度等级≥C60 时，试件周围应设防崩裂网罩。

（2）立方体抗压强度试验步骤

1）试件从养护地点取出后应及时进行试验，将试件表面与上下承压板面擦干净。

2）将试件安放在试验机的下压板或垫板上，试件的承压面应与成型时的顶面垂直。试件的中心应与试验机下压板中心对准，开动试验机，当上压板与试件或钢垫板接近时，调整球座，使接触均衡。

3）在试验过程中应连续均匀地加荷，混凝土强度等级＜C30 时，加荷速度取每秒钟 0.3～0.5 MPa；混凝土强度等级≥C30 且＜C60 时，取每秒钟 0.5～0.8 MPa；混凝土强度等级≥C60 时，取每秒钟 0.8～1.0 MPa。

4）当试件接近破坏开始急剧变形时，应停止调整试验机油门，直至破坏。然后记录破坏荷载。

（3）立方体抗压强度试验结果计算及确定方法

1）混凝土立方体抗压强度应按式（6-1）计算。

$$f_{cc}=\frac{F}{A} \tag{6-1}$$

式中，f_{cc}——混凝土立方体试件抗压强度，MPa；

F——试件破坏荷载，N；

A——试件承压面积，mm^2。

混凝土立方体抗压强度计算应精确至 0.1 MPa。

2）强度值的确定应符合下列规定：

①3 个试件测值的算术平均值作为该组试件的强度值（精确至 0.1 MPa）；

②3 个测值中的最大值或最小值中如有一个与中间值的差值超过中间值的 15%时，则把最大及最小值一并舍去，取中间值作为该组试件的抗压强度值；

③如最大值和最小值与中间值的差均超过中间值的 15%，则该组试件的试验结果无效。

3）混凝土强度等级＜C60 时，用非标准试件测得的强度值均应乘以尺寸换算系数，其值为对 200 mm×200 mm×200 mm 试件为 1.05；对 100 mm×100 mm×100 mm 试件为 0.95。当混凝土强度等级≥C60 时，宜采用标准试件；使用非标准试件时，尺寸换算系数应由试验确定。

3. 混凝土抗水渗透试验

混凝土抗水渗透试验可采用渗水高度法和逐级加压法。

（1）渗水高度法

1）本方法适用于以测定硬化混凝土在恒定水压力下的平均渗水高度来表示的混凝土抗水渗透性能。

2）试验设备应符合下列规定：

①混凝土抗渗仪应符合现行行业标准《混凝土抗渗仪》（JG/T 249—2009）的规定，并应能使水压按规定的制度稳定地作用在试件上。抗渗仪施加水压力范围应为 0.1～0.2 MPa；

②试模应采用上口内部直径为 175 mm、下口内部直径为 185 mm 和高度为 150 mm 的圆台体；

③密封材料宜用石蜡加松香或水泥加黄油等材料，也可采用橡胶套等其他有效密封材料；

④梯形板，如图 6-7 所示，应采用尺寸为 200 mm×200 mm 透明材料制成，并应画 10 条等间距、垂直于梯形底线的直线；

⑤钢尺的分度值应为 1 mm；

⑥钟表的分度值应为 1 min；

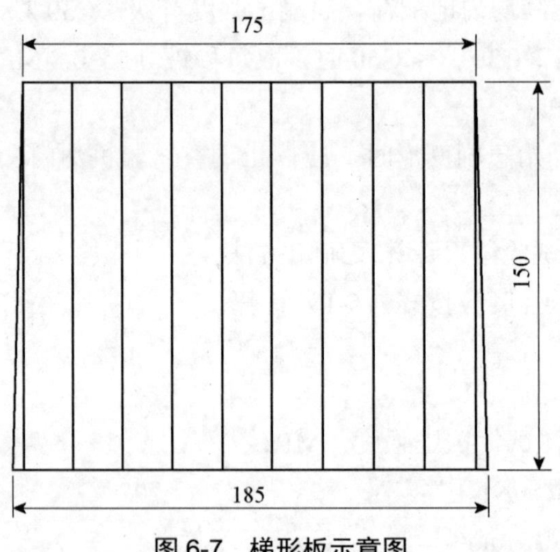

图 6-7　梯形板示意图

⑦辅助设备应包括螺旋加压器、烘箱、电炉、浅盘、铁锅和钢丝刷等；

⑧安装试件的加压设备可为螺旋加压或其他加压形式，其压力应能保证将试件压入试件套内。

3）抗水渗透试验应按照下列步骤进行：

①抗水渗透试验应以 6 个试件为一组。

②试件拆模后，应用钢丝刷刷去两端面的水泥浆膜，并应立即将试件送入标准养护室进行养护。

③抗水渗透试验的龄期宜为 28 d。应在到达试验龄期的前一天，从养护室取出试件，并擦拭干净。待试件表面晾干后，应按下列方法进行试件密封：

a. 当用石蜡密封时，应在试件侧面裹涂一层熔化的内加少量松香的石蜡。然后应用螺旋加压器将试件压入经过烘箱或电炉预热过的试模中，使试件与试模底平齐，并应在试模变冷后解除压力。试模的预热温度，应以石蜡接触试模，即缓慢熔化，但不流淌为准。

b. 用水泥加黄油密封时，其质量比应为（2.5～3）：1。应用三角刀将密封材料均匀地刮涂在试件侧面上，厚度应为 1～2 mm。应套上试模并将试件压入，应使试件与试模底齐平。

c. 试件密封也可以采用其他更可靠的密封方式。

④试件准备好之后，启动抗渗仪，并开通 6 个试位下的阀门，使水从 6 个孔中渗出，水应充满试位坑，在关闭 6 个试位下的阀门后应将密封好的试件安装在抗渗仪上。

⑤试件安装好以后，应立即开通 6 个试位下的阀门，使水压在 24 h 内恒定控制在（1.2±0.05）MPa，且加压过程不应大于 5 min，应以达到稳定压力的时间作为试验记录起始时间（精确至 1 min）。在稳压过程中随时观察试件端面的渗水情况，当有某一个试件端面出现渗水时，应停止该试件的试验并应记录时间，并以试件的高度作为该试件的渗水高度。对于试件端面未出现渗水的情况，应在试验 24 h 后停止试验，并及时取出试件。在试验过程中，当发现水从试件周边渗出时，应重新按上述规定进行密封。

⑥将从抗渗仪上取出来的试件放在压力机上，并应在试件上下两端面中心处沿直径方向各放一根直径为 6 mm 的钢垫条，并应确保它们在同一竖直平面内。然后开动压力机，将试件沿纵断面劈裂为两半。试件劈开后，应用防水笔描出水痕。

⑦应将梯形板放在试件劈裂面上，并用钢尺沿水痕等间距量测 10 个测点的渗水高度值，读数应精确至 1 mm。当读数时若遇到某测点被骨料阻挡，可以靠近骨料两端的渗水高度算术平均值来作为该测点的渗水高度。

4）试验结果计算及处理应符合下到规定：

①试件渗水高度应按式（6-2）进行计算。

$$\overline{h_i}=\frac{1}{10}\sum_{j=1}^{10}h_j \tag{6-2}$$

式中，h_j——第 i 个试件第 j 个测点处的渗水高度，mm；

$\overline{h_i}$ ——第 i 个试件的平均渗水高度，mm。应以 10 个测点渗水高度的平均值作为该试件渗水高度的测定值。

②一组试件的平均渗水高度应按式（6-3）进行计算。

$$\overline{h}=\frac{1}{6}\sum_{i=1}^{6}\overline{h_i} \tag{6-3}$$

式中，h——一组 6 个试件的平均渗水高度，mm。应以一组 6 个试件渗水高度的算术平均值作为该组试件渗水高度的测定值。

（2）逐级加压法

1）本方法适用于通过逐级施加水压力来测定以抗渗等级来表示的混凝土的抗水渗透性能。

2）仪器设备同渗水高度法的规定。

3）试验步骤应符合下列规定：

①试件的密封和安装同渗水高度法规定。

②试验时，水压应从 0.1 MPa 开始，以后应每隔 8 h 增加 0.1 MPa 水压，并应随时观察试件端面渗水情况。当 6 个试件中有 3 个试件表面出现渗水时，或加至规定压力（设计抗渗等级）在 8 h 内 6 个试件中表面渗水试件少于 3 个时，可停止试验，并记下此时的水压力。在试验过程中，当发现水从试件周边渗出时，应按上述方法重新进行密封。

4）混凝土的抗渗等级应以每组 6 个试件中有 4 个试件未出现渗水时的最大水压力乘以 10 来确定。混凝土的抗渗等级应按式（6-4）计算。

$$P=10H-1 \tag{6-4}$$

式中，P——混凝土抗渗等级；

H——6 个试件中有 3 个试件渗水时的水压力，MPa。

四、混凝土配合比设计的方法和要求

1. 混凝土配合比设计的基本要求

混凝土配合比设计的任务，就是根据原材料的技术性能及施工条件，确定能满足工程要求的技术经济指标的各项组成材料的用量。配合比设计的基本要求是应满足混凝土配制强度及其力学性能、拌合物性能、长期性能和耐久性能的设计要求。

2. 混凝土配合比设计的资料准备

在设计混凝土配合比之前，应掌握以下基本资料：

（1）了解工程设计所要求的混凝土强度等级和强度标准差，以便确定混凝土配制强度。

（2）了解工程所处环境对混凝土耐久性的要求，以便确定所配制混凝土最大水灰比和最小水泥用量。

（3）了解结构构件截面尺寸及钢筋配置情况，以便确定混凝土骨料的最大粒径。

（4）了解混凝土施工方法及管理水平，以便选择混凝土拌合物坍落度。

（5）掌握原材料的性能指标，包括：水泥的品种、强度等级、密度；砂、石骨料的种类、体积密度、级配、最大粒径；拌和用水的水质情况；外加剂的品种、性能、掺量等。

3. 混凝土配合比设计中的三个重要参数

混凝土配合比设计中的三个重要参数，即水灰比、砂率和单位用水量。水灰比是影响混凝土强度和耐久性的主要因素，其确定原则是在满足强度和耐久性要求前提下，尽量选择较大值，以节约水泥。砂率是影响混凝土拌合物和易性的重要指标，选用原则是在保证混凝土拌合物黏聚性和保水性的前提下，尽量取较小值。单位用水量是指 1 m^3 混凝土用水量，它反映混凝土拌合物中水泥浆与骨料之间的比例关系，其确定原则是在达到流动性要求前提下取较小值。

4. 混凝土配合比设计步骤

（1）混凝土配制强度的确定

1）混凝土配制强度应按下列规定确定：

①当混凝土的设计强度等级小于 C60 时，配制强度应按式（6-5）确定。

$$f_{cu,0} \geqslant f_{cu,k}+1.645\sigma \tag{6-5}$$

式中，$f_{cu,0}$——混凝土配制强度，MPa；

$f_{cu,k}$——混凝土立方体抗压强度标准值，这里取混凝土的设计强度等级值，MPa；

σ——混凝土强度标准差，MPa。

②当设计强度等级不小于 C60 时，配制强度应按式（6-6）确定。

$$f_{cu,0} \geqslant 1.15 f_{cu,k} \tag{6-6}$$

2）混凝土强度标准差应按下列规定确定：

①当具有近 1～3 个月的同一品种、同一强度等级混凝土的强度资料，且试件组数不小于 30 时，其混凝土强度标准差 σ 应按式（6-7）计算。

$$\sigma=\sqrt{\frac{\sum_{i=1}^{n} f_{cu,i}^{2}-nm_{f_{cu}}^{2}}{n-1}} \tag{6-7}$$

式中，σ——混凝土强度标准差；

$f_{cu,i}$——第 i 组的试件强度，MPa；

m_{fcu}——n 组试件的强度平均值，MPa；

n——试件组数。

对于强度等级不大于 C30 的混凝土，当混凝土强度标准差计算值不小于 3.0 MPa 时，应按式（6-7）计算结果取值；当混凝土强度标准差计算值小于 3.0 MPa 时，应取 3.0 MPa。

对于强度等级大于 C30 且小于 C60 的混凝土，当混凝土强度标准差计算值不小于 4.0 MPa 时，应按式（6-7）计算结果取值；当混凝土强度标准差计算值小于 4.0 MPa 时，应取 4.0 MPa。

②当没有近期的同一品种、同一强度等级混凝土强度资料时，其强度标准差 σ 可按表 6-15 取值。

表 6-15 标准差 σ 值

混凝土强度标准值/MPa	≤C20	C25～C45	C50～C55
σ	4.0	5.0	6.0

（2）混凝土配合比计算

1）水胶比：

①当混凝土强度等级小于 C60 时，混凝土水胶比宜按式（6-8）计算。

$$W/B=\frac{\alpha_a f_b}{f_{cu,o}+\alpha_a \alpha_b f_b} \tag{6-8}$$

式中，W/B——混凝土水胶比；

α_a、α_b——回归系数，按下述 2）中的规定取值；

f_b——胶凝材料 28d 胶砂抗压强度，MPa，可实测，且试验方法应按现行国家标准《水泥胶砂强度检验方法（ISO 法）》（GB/T 17671—1999）执行，也可按下述 3）中规定确定。

②回归系数（α_a、α_b）宜按下列规定确定：

a. 根据工程所使用的原材料，通过试验建立的水胶比与混凝土强度关系式来确定；

b. 当不具备上述试验统计资料时，可按表 6-16 选用。

表 6-16　回归系数（α_a、α_b）取值表

粗骨料品种系数	碎石	卵石
α_a	0.53	0.49
α_b	0.20	0.13

③当胶凝材料 28d 胶砂抗压强度值（f_b）无实测值时，可按式（6-9）计算：

$$f_b=\gamma_f\gamma_s f_{ce} \tag{6-9}$$

式中，γ_f、γ_s——粉煤灰影响系数和粒化高炉矿渣粉影响系数，可按表 6-17 选用；

f_{ce}——水泥 28d 胶砂抗压强度，MPa，可实测，也可按下述（4）中规定确定。

表 6-17　粉煤灰影响系数（γ_f）和粒化高炉矿渣粉影响系数（γ_s）

掺量/% \ 种类	粉煤灰影响系数（γ_f）	粒化高炉矿渣粉影响系数（γ_s）
0	1.00	1.00
10	0.85～0.95	1.00
20	0.75～0.85	0.95～1.00
30	0.65～0.75	0.90～1.00
40	0.55～0.65	0.80～0.90
50	—	0.75～0.85

注：1. 采用Ⅰ级、Ⅱ级粉煤灰宜取上限值。

2. 采用 S75 级粒化高炉矿渣粉宜取下限值，采用 S95 级粒化高炉矿渣粉宜取上限值，采用 S105 级粒化高炉矿渣粉可取上限值加 0.05。

3. 当超出表中的掺量时，粉煤灰和粒化高炉矿渣粉影响系数应经试验确定。

④当水泥 28d 胶砂抗压强度（f_{ce}）无实测值时，可按式（6-10）计算：

$$f_{ce}=\gamma_c f_{ce,g} \tag{6-10}$$

式中，γ_c——水泥强度等级值的富余系数，可按实际统计资料确定；当缺乏实际统计资料时，也可按表 6-18 选用。

$f_{ce,g}$——水泥强度等级值，MPa。

表 6-18　水泥强度等级值的富余系数（γ_c）

水泥强度等级值	32.5	42.5	52.5
富余系数	1.12	1.16	1.10

2）用水量和外加剂用量：

①每立方米干硬性或塑性混凝土的用水量（m_{w0}）应符合下列规定：

a. 混凝土水胶比在 0.40～0.80 时，可按表 6-19 和表 6-20 选取；

b. 混凝土水胶比小于 0.40 时，可通过试验确定。

表 6-19　干硬性混凝土的用水量　　单位：kg/m^3

拌合物稠度		卵石最大公称粒径/mm			碎石最大公称粒径/mm		
项目	指标	10.0	20.0	40.0	16.0	20.0	40.0
维勃稠度/s	16～20	175	160	145	180	170	155
	11～15	180	165	150	185	175	160
	5～10	185	170	155	190	180	165

表 6-20　塑性混凝土的用水量　　单位：kg/m^3

拌合物稠度		卵石最大公称粒径/mm				碎石最大公称粒径/mm			
项目	指标	10.0	20.0	31.5	40.0	16.0	20.0	31.5	40.0
坍落度/mm	10～30	190	170	160	150	200	185	175	165
	35～50	200	180	170	160	210	195	185	175
	55～70	210	190	180	170	220	205	195	185
	75～90	215	195	185	175	230	215	205	195

注：1. 本表用水量系采用中砂时的取值。采用细砂时，每立方米混凝土用水量可增加 5～10kg；采用粗砂时，可减少 5～10 kg。
2. 掺用矿物掺合料和外加剂时，用水量应相应调整。

②掺外加剂时，每立方米流动性或大流动性混凝土的用水量（m_{w0}）可按式（6-11）计算。

$$m_{w0} = m'_{w0}(1-\beta) \tag{6-11}$$

式中，m_{w0}——计算配合比每立方米混凝土的用水量，kg/m^3；

m'_{w0}——未掺外加剂时推定的满足实际坍落度要求的每立方米混凝土用水量，kg/m^3，以表 6-20 中 90 mm 坍落度的用水量为基础，按每增大 20 mm 坍落度相应增加 5 kg/m^3 用水量来计算，当坍落度增大到 180 mm 以上时，随坍落度相应增加的用水量可减少；

β——外加剂的减水率，%，应经混凝土试验确定。

③每立方米混凝土中外加剂用量（m_{a0}）应按式（6-12）计算：

$$m_{a0} = m_{b0}\beta_a \tag{6-12}$$

式中，m_{a0}——计算配合比每立方米混凝土中外加剂用量，kg/m^3；

m_{b0}——计算配合比每立方米混凝土中胶凝材料用量，kg/m^3；

β_a——外加剂掺量，%，应经混凝土试验确定。

3）胶凝材料、矿物掺合料和水泥用量：

①每立方米混凝土的胶凝材料用量（m_{b0}）应按式（6-13）计算，并应进行试拌调整，在拌合物性能满足的情况下，取经济合理的胶凝材料用量。

$$m_{b0}=\frac{m_{w0}}{W/B} \tag{6-13}$$

式中，m_{b0}——计算配合比每立方米混凝土中胶凝材料用量，kg/m^3；

m_{w0}——计算配合比每立方米混凝土的用水量，kg/m^3；

W/B——混凝土水胶比。

②每立方米混凝土的矿物掺合料用量（m_{f0}）应按式（6-14）计算：

$$m_{f0}=m_{b0}\beta_f \tag{6-14}$$

式中，m_{f0}——计算配合比每立方米混凝土中矿物掺合料用量，kg/m^3；

β_f——矿物掺合料掺量，%。

③每立方米混凝土的水泥用量（m_{c0}）应按式（6-15）计算：

$$m_{c0}=m_{b0}-m_{f0} \tag{6-15}$$

式中，m_{c0}——计算配合比每立方米混凝土中水泥用量，kg/m^3。

4）砂率：

①砂率（β_s）应根据骨料的技术指标、混凝土拌合物性能和施工要求，参考既有历史资料确定。

②当缺乏砂率的历史资料时，混凝土砂率的确定应符合下列规定：

a. 坍落度小于 10 mm 的混凝土，其砂率应经试验确定；

b. 坍落度为 10～60 mm 的混凝土，其砂率可根据粗骨料品种、最大公称粒径及水胶比按表 6-21 选取。

③坍落度大于 60 mm 的混凝土，其砂率可经试验确定，也可在表 6-21 的基础上，按坍落度每增大 20 mm、砂率增大 1%的幅度予以调整。

表 6-21　混凝土的砂率

水胶比/%	卵石最大公称粒径/mm			碎石最大公称粒径/mm		
	10.0	20.0	40.0	16.0	20.0	40.0
0.40	26～32	25～31	24～30	30～35	29～34	27～32
0.50	30～35	29～34	28～33	33～38	32～37	30～35
0.60	33～38	32～37	31～36	31～41	35～40	33～38
0.70	36～41	35～40	34～39	39～44	38～43	36～41

注：1. 本表数值系中砂的选用砂率，对细砂或粗砂，可相应地减少或增大砂率。

2. 采用人工砂配制混凝土时，砂率可适当增大。

3. 只用一个单粒级粗骨料配制混凝土时，砂率应适当增大。

5）粗、细骨料用量

①当采用质量法计算混凝土配合比时，粗、细骨料用量应按式（6-16）计算；砂率应按式（6-17）计算。

$$m_{f0}+m_{c0}+m_{g0}+m_{s0}+m_{w0}=m_{cp} \tag{6-16}$$

$$\beta_s=\frac{m_{s0}}{m_{g0}+m_{s0}}\times 100\% \tag{6-17}$$

式中，m_{g0}——计算配合比每立方米混凝土的粗骨料用量，kg/m³；

m_{s0}——计算配合比每立方米混凝土的细骨料用量，kg/m³；

β_s——砂率，%；

m_{cp}——每立方米混凝土拌合物的假定质量，kg/m³，可取 2 350～2 450 kg/m³。

②当采用体积法计算混凝土配合比时，砂率应按式（6-17）计算，粗、细骨料用量应按式（6-18）计算。

$$\frac{m_{c0}}{\rho_c}+\frac{m_{f0}}{\rho_f}+\frac{m_{g0}}{\rho_g}+\frac{m_{s0}}{\rho_s}+\frac{m_{w0}}{\rho_w}+0.01\alpha=1 \tag{6-18}$$

式中，ρ_c——水泥密度，kg/m³，可按现行国家标准《水泥密度测定方法》（GB/T 208—2014）测定，也可取 2 900～3 100 kg/m³；

ρ_f——矿物掺合料密度，kg/m³，可按现行国家标准《水泥密度测定方法》（GB/T 208—2014）测定；

ρ_g——粗骨料的表观密度，kg/m³，应按现行行业标准《普通混凝土用砂、石质量及检验方法标准》（JGJ 52—2006）测定；

ρ_s——细骨料的表观密度，kg/m³，应按现行行业标准《普通混凝土用砂、石质量及检验方法标准》（JGJ 52—2006）测定；

ρ_w——水的密度，kg/m³，可取 1 000 kg/m³；

α——混凝土的含气量百分数，在不使用引气剂或引气型外加剂时，α 可取 1。

（3）混凝土配合比的试配、调整与确定

1）试配：

①混凝土试配应采用强制式搅拌机进行搅拌，并应符合现行行业标准《混凝土试验用搅拌机》（JG 244—2009）的规定，搅拌方法宜与施工采用的方法相同。

②试验室成型条件应符合现行国家标准《普通混凝土拌合物性能试验方法标准》（GB/T 50080—2016）的规定。

③每盘混凝土试配的最小搅拌量应符合表 6-22 的规定，并不应小于搅拌机公称容量的 1/4 且不应大于搅拌机公称容量。

表 6-22　混凝土试配的最小搅拌量

粗骨料最大公称粒径/mm	拌合物数量/L
≤31.5	20
40.0	25

④在计算配合比的基础上应进行试拌。计算水胶比宜保持不变，并应通过调整配合比其他参数使混凝土拌合物性能符合设计和施工要求，然后修正计算配合比，提出试拌配合比。

⑤在试拌配合比的基础上应进行混凝土强度试验，并应符合下列规定：

a. 应采用 3 个不同的配合比，其中一个应为试拌配合比，另外两个配合比的水胶比宜较试拌配合比分别增加和减少 0.05，用水量应与试拌配合比相同，砂率可分别增加和减少 1%；

b. 进行混凝土强度试验时，拌合物性能应符合设计和施工要求；

c. 进行混凝土强度试验时，每个配合比应至少制作一组试件，并应标准养护到 28 d 或设计规定龄期时试压。

2）配合比的调整与确定：

①配合比调整应符合下列规定：

a. 根据上述混凝土强度试验结果，宜绘制强度和胶水比的线性关系图或插值法确定略大于配制强度对应的胶水比；

b. 在试拌配合比的基础上，用水量 m_w 和外加剂用量 m_a 应根据确定的水胶比作调整；

c. 胶凝材料用量 m_b 应以用水量乘以确定的胶水比计算得出；

d. 粗骨料和细骨料用量 m_g 和 m_s 应根据用水量和胶凝材料用量进行调整。

②混凝土拌合物表观密度和配合比校正系数的计算应符合下列规定：

a. 配合比调整后的混凝土拌合物的表观密度应按式（6-19）计算。

$$\rho_{c,c} = m_c + m_f + m_g + m_s + m_w \tag{6-19}$$

式中，$\rho_{c,c}$——混凝土拌合物的表观密度计算值，kg/m³；

m_c——每立方米混凝土的水泥用量，kg/m³；

m_f——每立方米混凝土的矿物掺合料用量，kg/m³；

m_g——每立方米混凝土的粗骨料用量，kg/m³；

m_s——每立方米混凝土的细骨料用量，kg/m³；

m_w——每立方米混凝土的用水量，kg/m³。

b. 混凝土配合比校正系数应按式（6-20）计算。

$$\delta = \frac{\rho_{c,t}}{\rho_{c,c}} \tag{6-20}$$

式中，δ——混凝土配合比校正系数；

$\rho_{c,t}$——混凝土拌合物的表观密度实测值，kg/m³。

③当混凝土拌合物表观密度实测值与计算值之差的绝对值不超过计算值的 2%时，按上述规定调整的配合比可维持不变；当二者之差超过 2%时，应将配合比中每项材料用量均乘以校正系数 δ。

④配合比调整后，应测定拌合物水溶性氯离子含量。

⑤对耐久性有设计要求的混凝土应进行相关耐久性试验验证。

⑥生产单位可根据常用材料设计出常用的混凝土配合比备用，并应在启用过程中予以验证或调整。遇有下列情况之一时，应重新进行配合比设计：

a. 对混凝土性能有特殊要求时；

b. 水泥、外加剂或矿物掺合料等原材料品种、质量有显著变化时。

第三节　建筑砂浆拌合物的性能检测及配合比设计

一、建筑砂浆的主要技术性质

建筑砂浆由无机胶凝材料、细集料、掺合料、水以及根据性能确定的各种组分按适当比例配合、拌制并经硬化而成的工程材料。分为施工现场拌制的砂浆或由专业生产厂生产的商品砂浆。其技术性质包括稠度、密度、分层度、保水性、凝结时间、抗压强度、拉伸黏结强度、抗冻性能、收缩、含气量、吸水率、抗渗性能。工程使用中稠度、分层度、保水性、抗压强度是主要的技术性质。

通过控制砂浆稠度以达到砂浆用水量的目的，通过测定砂浆的分层度和保水性确定砂浆的稳定性，通过测定抗压强度确定砂浆的力学性能。

二、建筑砂浆试样的制作方法和养护条件

1. 取样

（1）建筑砂浆试验用料应从同一盘砂浆或同一车砂浆中取样。取样量不应少于试验所需量的 4 倍。

（2）当施工过程中进行砂浆试验时，砂浆取样方法应按相应的施工验收规范执行，并宜在现场搅拌点或预拌砂浆卸料点的至少 3 个不同部位及时取样。对于现场取得的试样，试验前应人工搅拌均匀。

（3）从取样完毕到开始进行各项性能试验，不宜超过 15 min。

2. 试样的制备

（1）在试验室制备砂浆试样时，所用材料应提前 24 h 运入室内。拌和时，试验室的温度应保持在 20℃±5℃。当需要模拟施工条件下所用的砂浆时，所用原材料的温度宜与施工现场保持一致。

（2）试验所用原材料应与现场使用材料一致。砂应通过 4.75 mm 筛取。

（3）试验室拌制砂浆时，材料用量应以质量计。水泥、外加剂、掺合料等的称量精度应为±0.5%，细骨料的称量精度应为±1%。

（4）在试验室搅拌砂浆时应采用机械搅拌，搅拌机应符合现行行业标准《试验用砂浆搅拌机》（JG/T 3033—1996）的规定，搅拌的用量宜为搅拌机容量的 30%～70%，搅拌时间不应少于 120 s。掺有掺合料和外加剂的砂浆，其搅拌时间不应少于 180 s。

（5）立方体抗压强度试件的制作及养护按照下列步骤进行：

1）应采用立方体试件，每组试件应为 3 个，试模尺寸 70.7 mm×0.7 mm×70.7 mm。

2）应采用黄油等密封材料涂抹试模的外接缝，试模内应涂刷薄层机油或隔离剂。应将拌制好的砂浆一次性装满砂浆试模，成型方法应根据稠度而确定。当稠度大于 50 mm 时，宜采

用人工插捣成型，当稠度不大于 50 mm 时，宜采用振动台振实成型。

①人工插捣：应采用捣棒均匀地由边缘向中心按螺旋方式插捣 25 次，插捣过程中当砂浆沉落低于试模口时，应随时添加砂浆，可用油灰刀插捣数次，并用手将试模一边抬高 5～10 mm 各振动 5 次，砂浆应高出试模顶面 6～8 mm。

②机械振动：将砂浆一次装满试模，放置到振动台上，振动时试模不得跳动，振动 5～10 s 或持续到表面泛浆为止，不得过振。

3）应待表面水分稍干后，再将高出试模部分的砂浆沿试模顶面刮去并抹平。

4）试件制作后应在温度为 20℃±5℃的环境下静置 24 h±2 h，对试件进行编号、拆模。当气温较低时，或者凝结时间大于 24 h 的砂浆，可适当延长时间，但不应超过 2 d。试件拆模后应立即放入温度为 20℃±2℃，相对湿度为 90%以上的标准养护室中养护。养护期间，试件彼此间隔不得小于 10 mm，混合砂浆、湿拌砂浆试件上面应覆盖，防止有水滴在试件上。

5）从搅拌加水开始计时，标准养护龄期应为 28 d，也可根据相关标准要求增加 7 d 或 14 d。

三、建筑砂浆常规检测项目的试验方法

1. 稠度试验

（1）仪器设备

1）砂浆稠度仪：由试锥、容器和支座 3 部分组成。试锥由钢材或铜材制成，试锥高度为 145 mm、锥底直径为 75 mm、试锥连同滑杆的质量应为 300 g；盛砂浆容器由钢板制成，筒高为 180 mm，锥底内径为 150 mm；支座分为底座、支架及稠度显示 3 个部分，由铸铁、钢及其他金属制成。

2）钢制捣棒：直径 10 mm、长 350 mm、端部磨圆。

3）秒表等。

（2）试验方法步骤

1）应先采用少量润滑油轻擦滑杆，再将滑杆上多余的油用吸油纸擦净，使滑杆能自由滑动。

2）应先用湿布擦净盛浆容器和试锥表面，再将砂浆拌合物一次装入容器；砂浆表面宜低于容器口约 10 mm，用捣棒自容器中心向边缘均匀地插捣 25 次，然后轻轻地将容器摇动或敲击 5～6 下，使砂浆表面平整，随后将容器置于稠度测定仪的底座上。

3）拧开制动螺丝，向下移动滑杆，当试锥尖端与砂浆表面刚接触时，拧紧制动螺丝，使齿条测杆下端刚接触滑杆上端，并将指针对准零点上。

4）拧开制动螺丝，同时计时间，待 10 s 时立即拧紧螺丝，将齿条测杆下端接触滑杆上端，从刻度盘上读出下沉深度（精确至 1 mm），即为砂浆的稠度值。

5）圆锥形容器内的砂浆，只允许测定一次稠度，重复测定时，应重新取样进行测定。

（3）结果处理

1）同盘砂浆应取两次试验结果的算术平均值为试验结果测定值，计算值精确至 1 mm；

2）当两次试验结果之差，如大于 10 mm，应重新取样测定。

2. 分层度试验

（1）仪器设备

1）砂浆分层度筒：由钢板制成，内径 150 mm，上节高度应为 200 mm，下节带底净高应为 100 mm，两节连接处应加宽 3～5 mm，并设有橡胶垫圈。

2）振动台：振幅应为（0.5±0.05）mm，频率应为（50±3）Hz。

3）砂浆稠度仪、木锤等。

（2）试验方法步骤

1）标准法：

①测定砂浆拌合物的稠度。

②将试样一次装入分层度筒内，待装满后，用木锤在容器周围距离大致相等的 4 个不同地方轻轻敲击 1～2 次；当砂浆沉落到低于筒口时，应随时添加，然后刮去多余砂浆并用抹刀抹平。

③静置 30 min 后，去掉上节 200 mm 砂浆，然后将剩余的 100 mm 砂浆倒在搅拌锅内拌 2 min，测定其稠度。前后测得的稠度之差即为该砂浆的分层度值。

2）快速法：

①测定砂浆拌合物的稠度。

②应将分层度筒预先固定在振动台上，将砂浆一次装入分层度筒内，振动 20 s。

③去掉上节 200 mm 砂浆，剩余的 100 mm 砂浆倒出放在搅拌锅内拌 2 min，测定其稠度。前后测得的稠度之差即为该砂浆的分层度值。

（3）结果处理

1）应取两次试验结果的算术平均值作为该砂浆的分层度，精确至 1 mm。

2）当两次分层度试验值之差大于 10 mm 时，应重新取样测定。

3）当发生争议时，应以标准法测定的结果为准。

3. 保水性试验

（1）仪器设备

1）金属或硬塑料圆环试模，内径 100 mm、内部深度 25 mm。

2）可密封的取样容器，应清洁、干燥。

3）2 kg 的重物。

4）金属滤网：网格尺寸 45 μm，圆形，直径为 110 mm±1 mm。

5）超白滤纸，符合《化学分析滤纸》（GB/T 1914—2007）中速定性滤纸。直径为 110 mm，200 g/m^2。

6）2 片金属或玻璃的方形或圆形不透水片，边长或直径应大于 110 mm。

7）天平：量程为 200 g，感量应为 0.1 g；量程为 2 000 g，感量应为 1 g。

8）烘箱。

（2）试验方法步骤

1）称量底部不透水片与干燥试模质量 m_1 和 15 片中速定性滤纸质量 m_2。

2）将砂浆拌合物一次性装入试模，并用抹刀插捣数次，当装入的砂浆略高于试模边缘时，用抹刀以 45° 角一次性将试模表面多余的砂浆刮去，然后再用抹刀以较平的角度在试模表面反方向将砂浆刮平。

3）抹掉试模边的砂浆，称量试模、底部不透水片与砂浆总质量 m_3。

4）用金属滤网覆盖在砂浆表面，再在滤网表面放上 15 片滤纸，用上部不透水片盖在滤纸表面，以 2 kg 的重物把上部不透水片压住。

5）静置 2 min 后移走重物及上部不透水片，取出滤纸（不包括滤网），迅速称量滤纸质量 m_4。

6）按照砂浆的配比及加水量计算砂浆的含水率；无法计算时，用砂浆含水率测试方法测定砂浆含水率。

（3）结果处理

1）砂浆保水率应按下式计算。

$$W=\left[1-\frac{m_4-m_2}{\alpha\times(m_3-m_1)}\right]\times100$$

式中，W——砂浆保水率，%；

m_1——底部不透水片与干燥试模质量，g，精确至 1 g；

m_2——15 片滤纸吸水前的质量，g，精确至 0.1 g；

m_3——试模、底部不透水片与砂浆总质量，g，精确至 1 g；

m_4——15 片滤纸吸水后的质量，g，精确至 0.1 g；

α——砂浆含水率，%。

2）取两次试验结果的算术平均值作为砂浆的保水率，精确至 0.1%，且第二次试验应重新取样测定。当两个测定值之差超过 2%时，此组试验结果应为无效。

（4）砂浆含水率测试方法

测定砂浆含水率时，应称取 100 g±10 g 砂浆拌合物试样，置于一个干燥并已称重的盘中，在 105℃±5℃的烘箱中烘干至恒重。砂浆的含水率应按下式计算。

$$\alpha=\frac{m_6-m_5}{m_6}\times100$$

式中，α——砂浆含水率，%；

m_5——烘干后砂浆样本的质量，g，精确至 1 g；

m_6——砂浆样本的总质量，g，精确至 1 g。

取两次试验结果的算术平均值作为砂浆的含水率，精确至 0.1%。当两个测定值之差超过 2%时，此组试验结果应为无效。

4. 抗压强度试验

（1）仪器设备

1）压力试验机：精度（示值的相对误差）不大于±2%，量程应能使试块的预期破坏荷载值不小于全量程的 20%，也不大于全量程的 80%。

2）游标卡尺。

（2）试验方法步骤

1）试块从养护地点取出后，应及时进行试验。试验前应将试件表面擦拭干净，测量尺寸，并检查其外观，并应计算试件的承压面积。当实测尺寸与公称尺寸之差不超过 1mm，可按照公称尺寸进行计算。

2）将试块安放在试验机的下压板或下垫板上，试件的承压面应与成型时的顶面垂直，试块中心应与试验机下压板或下垫板中心对准。开动试验机，当上压板与试块或上垫板接近时，调整球座，使接触面均衡受压，承压试验应连续而均匀地加荷，加荷速度应为 0.25～1.5kN/s；砂浆强度不大于 2.5MPa 时，宜下限。当试件接近破坏而开始迅速变形时，停止调整试验机油门，直至试块破坏，然后记录破坏荷载。

（3）结果处理

1）砂浆立方体抗拉强度应按下式计算。

$$f_{\mathrm{m,cu}} = K\frac{N_u}{A}$$

式中，N_μ——试件破坏荷载，N；

A——试件承压面积，mm^2；

K——换算系数，取 1.35。

2）立方体抗压强度试验的试验结果应按下列要求确定：

①应以 3 个试件测值的算术平均值作为该组试件的砂浆立方体抗压强度平均值 f_2，精确至 0.1 MPa；

②当 3 个测值的最大值或最小值中有一个与中间值的差值超过中间值的 15%时，应把最大值及最小值一并舍去，取中间值作为该组试件的抗压强度值；

③当两个测值与中间值的差值均超过中间值的 15%时，该组试验结果应为无效。

四、建筑砂浆配合比设计的方法和要求

1. 材料要求

1）水泥宜采用通用硅酸盐水泥或砌筑水泥，且应符合现行国家标准《通用硅酸盐水泥》（GB 175—2007）和《砌筑水泥》（GB/T 3183—2017）的规定。水泥强度等级应根据砂浆品种及强度等级的要求进行选择。M15 及以下强度等级的砌筑砂浆宜选用 32.5 级的通用硅酸盐水泥或砌筑水泥；M15 以上强度等级的砌筑砂浆宜选用 42.5 级通用硅酸盐水泥。

2）砂宜选用中砂，并应符合现行行业标准《普通混凝土用砂、石质量及检验方法标准》（JGJ 52—2006）的规定，且应全部通过 4.75 mm 的筛孔。

3）砌筑砂浆用石灰膏、电石膏应符合下列规定：

①生石灰熟化成石灰膏时，应用孔径不大于 3 mm×3 mm 的网过滤，熟化时间不得少于 7 d；磨细生石灰粉的熟化时间不得少于 2 d。沉淀池中储存的石灰膏，应采取防止干燥、冻结和污染的措施。严禁使用脱水硬化的石灰膏。

②制作电石膏的电石渣应用孔径不大于 3 mm×3 mm 的网过滤，检验时应加热至 70℃后至少保持 20 min，并应待乙炔挥发完后再使用。

③消石灰粉不得直接用于砌筑砂浆中。

4）石灰膏、电石膏试配时的稠度，应 120 mm±5 mm。

5）粉煤灰、粒化高炉矿渣粉、硅灰、天然沸石粉应分别符合国家现行标准《用于水泥和混凝土中的粉煤灰》（GB/T 1596—2017）、《用于水泥和混凝土中的粒化高炉矿渣粉》（GB/T 18046—2017）、《高强高性能混凝土用矿物外加剂》（GB/T 18736—2017）的规定。当采用其他品种矿物掺合料时，应有充足的技术依据，并应在使用前进行试验验证。

6）采用保水增稠材料时，应在使用前进行试验验证，并应有完整的型式检验报告。

7）外加剂应符合国家现行有关标准的规定，引气型外加剂还应有完整的型式检验报告。

8）拌制砂浆用水应符合现行行业标准《混凝土用水标准》（JGJ 63—2006）的规定。

2. 技术条件

1）水泥砂浆及预拌砂浆的强度等级可分为 M5、M7.5、M10、M15、M20、M25、M30；水泥混合砂浆的强度等级可分为 M5、M7.5、M10、M15。

2）砌筑砂浆拌合物的表观密度宜符合表 6-23 的规定。

表 6-23　砌筑砂浆拌合物的表观密度

砂浆种类	表观密度/（kg/m^3）
水泥砂浆	≥1 900
水泥混合砂浆	≥1 800
预拌砂浆	≥1 800

3）砌筑砂浆的稠度、保水率、试配抗压强度应同时满足要求。

4）砌筑砂浆施工时的稠度宜按表 6-24 选用。

表 6-24　砌筑砂浆的施工稠度

砌体种类	施工稠度/mm
烧结普通砖砌体、粉煤灰砖砌体	70～90
混凝土砖砌体、普通混凝土小型空心砌块砌体、灰砂砖砌体	50～70
烧结多孔砖砌体、烧结空心砖砌体、轻集料混凝土小型空心砌块砌体、蒸压加气混凝土砌块砌体	60～80
石砌体	30～50

5）砌筑砂浆保水率应符合表 6-25 的规定。

表 6-25　砌筑砂浆的保水率

砂浆种类	保水率/%
水泥砂浆	≥80
水泥混合砂浆	≥84
预拌砌筑砂浆	≥88

6）有抗冻性要求的砌体工程，砌筑砂浆应进行冻融试验。砌筑砂浆的抗冻性应符合表 6-26 的规定，且当设计对抗冻性有明确要求时，尚应符合设计规定。

表 6-26　砌筑砂浆的抗冻性

使用条件	抗冻指标	质量损失率/%	强度损失率/%
夏热冬暖地区	F15	≤5	≤25
夏热冬冷地区	F25		
寒冷地区	F35		
严寒地区	F50		

7）砌筑砂浆中的水泥和石灰膏、电石膏等材料的用量可按表 6-27 选用。

表 6-27　砌筑砂浆的材料用量

砂浆种类	材料用量/（kg/m^3）
水泥砂浆	≥200
水泥混合砂浆	≥350
预拌砌筑砂浆	≥200

注：1. 水泥砂浆中的材料用量是指水泥用量。
2. 水泥混合砂浆中的材料用量是指水泥和石灰膏、电石膏的材料总量。
3. 预拌砂浆中的材料用量是指胶凝材料用量，包括水泥和替代水泥的粉煤灰等活性矿物。

8）砂浆中可掺入保水增稠材料、外加剂等，掺量应经试配后确定。

9）砂浆试配时应采用机械搅拌。搅拌时间应自开始加水算起，并应符合下列规定。

①对水泥砂浆和水泥混合砂浆，搅拌时间不得少于 120 s。

②对预拌砂浆和掺有粉煤灰、外加剂、保水增稠材料等的砂浆，搅拌时间不得少于 180 s。

3. 砌筑砂浆配合比的确定与要求

（1）现场配制砌筑砂浆的试配要求

1）现场配制水泥混合砂浆的试配应符合下列规定：

①配合比应按下列步骤进行计算：

a. 计算砂浆试配强度（$f_{m,0}$）；

b. 计算每立方米砂浆中的水泥用量（Q_c）；

c. 计算每立方米砂浆中石灰膏用量（Q_d）；

d. 确定每立方米砂浆砂用量（Q_s）；

e. 按砂浆稠度选每立方米砂浆用水量（Q_w）。

②砂浆的试配强度应按下式计算。

$$f_{m,0}=kf_2$$

式中，$f_{m,0}$——砂浆的试配强度，MPa，应精确至 0.1 MPa；

f_2——砂浆强度等级值，MPa，应精确至 0.1 MPa；

k——系数，按表 6-28 取值。

表 6-28 砂浆强度标准差 σ 及 k 值

施工水平 \ 强度等级	强度标准差 σ/MPa							k
	M5	M7.5	M10	M15	M20	M25	M30	
优良	1	1.5	2	3	4	5	6	1.15
一般	1.25	1.88	2.5	3.75	5	6.25	7.5	1.2
较差	1.5	2.25	3	4.5	6	7.5	9	1.25

③砂浆现场强度标准差的确定应符合下列规定：

a. 当有统计资料时，应按下式计算。

$$\sigma=\sqrt{\frac{\sum_{i=1}^{n}f_{m,i}^{2}-n\mu_{f_m}^{2}}{n-1}}$$

式中，$f_{m,i}$——统计周期内同一品种砂浆第 i 组试件的强度，MPa；

μ_{fm}——统计周期内同一品种砂浆 n 组试件强度的平均值，MPa；

n——统计周期内同一品种砂浆试件的总组数，$n\geqslant25$。

b. 当无统计资料时，砂浆强度标准差可按表 6-28 取值。

④水泥用量的计算应符合下列规定：

a. 每立方米砂浆中的水泥用量，应按下式计算。

$$Q_c=1\,000\,(f_{m,0}-\beta)\,/\,(\alpha\cdot f_{ce})$$

式中，Q_c——每立方米砂浆的水泥用量，kg，应精确至 1 kg；

f_{ce}——水泥的实测强度，MPa，应精确至 0.1 MPa；

α、β——砂浆的特征系数，其中 α 取 3.03，β 取−15.09。

（注：各地区也可用本地区试验资料确定 α、β 值，统计用的试验组数不得少于 30 组。）

b. 在无法取得水泥的实测强度值时，可按下式计算。

$$f_{ce}=\gamma_c\cdot f_{ce,k}$$

式中，$f_{ce,k}$——水泥强度等级值，MPa；

γ_c——水泥强度等级值的富余系数，宜按实际统计资料确定；无统计资料时可取 1.0。

⑤石灰膏用量应按下式计算。

$$Q_D=Q_A-Q_c$$

式中，Q_D——每立方米砂浆的石灰膏用量，kg，应精确至 1 kg；石灰膏使用时的稠度宜为 120 mm ±5 mm；

Q_c——每立方米砂浆的水泥用量，kg，应精确至 1 kg；

Q_A——每立方米砂浆中水泥和石灰膏总量，应精确至 1 kg，可为 350 kg。

⑥每立方米砂浆中的砂用量，应按干燥状态（含水率小于 0.5%）的堆积密度值作为计算值。

⑦每立方米砂浆中的用水量，可根据砂浆稠度等要求选用 210～310 kg。

（注：①混合砂浆中的用水量，不包括石灰膏中的水；②当采用细砂或粗砂时，用水量分别取上限或下限；③稠度小于 70 mm 时，用水量可小于下限；④施工现场气候炎热或干燥季

节，可酌量增加用水量。）

2）现场配制水泥砂浆的试配应符合下列规定：

①水泥砂浆的材料用量可按表 6-29 选用。

表 6-29　每立方米水泥砂浆材料用量　　单位：kg/m³

强度等级	水泥	砂	用水量
M5	200～230	砂的堆积密度值	270～330
M7.5	230～260		
M10	260～290		
M15	290～330		
M20	340～400		
M25	360～410		
M30	430～480		

注：1. M15 及 M15 以下强度等级水泥砂浆，水泥强度等级为 32.5 级；M15 以上强度等级水泥砂浆，水泥强度等级为 42.5 级；
2. 当采用细砂或粗砂时，用水量分别取上限或下限；
3. 稠度小于 70 mm 时，用水量可小于下限；
4. 施工现场气候炎热或干燥季节，可酌量增加用水量。

②水泥粉煤灰砂浆材料用量可按表 6-30 选用。

表 6-30　每立方米水泥粉煤灰砂浆材料用量　　单位：kg/m³

强度等级	水泥和粉煤灰总量	粉煤灰	砂	用水量
M5	210～240	粉煤灰掺量可占胶凝材料总量的 15%～25%	砂的堆积密度值	270～330
M7.5	240～270			
M10	270～300			
M15	300～330			

注：1. 表中水泥强度等级为 32.5 级；
2. 当采用细砂或粗砂时，用水量分别取上限或下限；
3. 稠度小于 70 mm 时，用水量可小于下限；
4. 施工现场气候炎热或干燥季节，可酌量增加用水量。

（2）预拌砌筑砂浆的试配要求

1）预拌砌筑砂浆应满足下列规定：

①在确定湿拌砂浆稠度时应考虑砂浆在运输和储存过程中的稠度损失；

②湿拌砂浆应根据凝结时间要求确定外加剂掺量；

③干混砂浆应明确拌制时的加水量范围；

④预拌砂浆的搅拌、运输、储存等应符合现行行业标准《预拌砂浆》（JG/T 230—2007）的规定；

⑤预拌砂浆性能应符合现行行业标准《预拌砂浆》（JG/T 230—2007）的规定。

2）预拌砂浆的试配应满足下列规定：

①预拌砂浆生产前应进行试配，试配强度应按计算确定，试配时稠度取 70～80 mm；

②预拌砂浆中可掺入保水增稠材料、外加剂等，掺量应经试配后确定。

3）砌筑砂浆配合比试配、调整与确定：

①砌筑砂浆试配时应考虑工程实际要求，搅拌应符合规定。

②按计算或查表所得配合比进行试拌时，应按现行行业标准《建筑砂浆基本性能试验方法标准》（JGJ/T 70—2009）测定砌筑砂浆拌合物的稠度和保水率。当稠度和保水率不能满足要求时，应调整材料用量，直到符合要求为止，然后确定为试配时的砂浆基准配合比。

③试配时至少应采用 3 个不同的配合比，其中一个配合比应为得出的基准配合比，其余两个配合比的水泥用量应按基准配合比分别增加及减少 10%。在保证稠度、保水率合格的条件下，可将用水量、石灰膏、保水增稠材料或粉煤灰等活性掺合料用量作相应调整。

④砂浆试配时稠度应满足施工要求，并应按现行行业标准《建筑砂浆基本性能试验方法标准》（JGJ/T 70—2009）分别测定不同配合比砂浆的表观密度及强度；并应选定符合试配强度及和易性要求、水泥用量最低的配合比作为砂浆的试配配合比。

⑤砂浆试配配合比尚应按下列步骤进行校正：

a. 应根据上条确定的砂浆配合比材料用量，按下式计算砂浆的理论表观密度值：

$$\rho_t = Q_c + Q_D + Q_s + Q_w$$

式中，ρ_t——砂浆的理论表观密度值，kg/m^3，应精确至 10 kg/m^3。

b. 应按下式计算砂浆配合比校正系数 δ：

$$\delta = \rho_c / \rho_t$$

式中，ρ_c——砂浆的实测表观密度值，kg/m^3，应精确至 10 kg/m^3。

c. 当砂浆的实测表观密度值与理论表观密度值之差的绝对值不超过理论值的 2%时，可将按前文得出的试配配合比确定为砂浆设计配合比；当超过 2%时，应将试配配合比中每项材料用量均乘以校正系数（δ）后，确定为砂浆设计配合比。

⑥预拌砂浆生产前应进行试配、调整与确定，并应符合现行行业标准《预拌砂浆》（JG/T 230—2007）的规定。

第四节　施工过程其他质量检测试验的基本知识

一、土方回填

土方回填是建筑工程的填土，主要有地基填土、基坑（槽）或管沟回填、室内地坪回填、室外场地回填等。

1. 主要检测项目

击实、压实系数、压实度。

2. 取样依据及数量

（1）击实试验

《给水排水管道工程施工及验收规范》（GB 50268—2008）规定：条件相同的回填材料，每铺筑 1 000 m^2 应取样一次，每次取样至少应做两组测试；回填材料条件变化或来源变化时，应分别取样检测。

（2）压实系数

《建筑地基基础工程施工规范》（GB 51004—2015）规定：基坑和室内土方回填，每层按 100～500 m^2 取样 1 组，且不应少于 1 组；柱基回填，每层抽样柱基总数的 10%，且不应少于 5 组，基槽和管沟回填，每层按 20～50 m 取 1 组，且不应少于 1 组，场地平整填方，每层按 400～900 m^2 取样 1 组，且不应少于 1 组。

《建筑地基基础设计规范》（GB 50007—2011）规定：大基坑每层 50～100 m^2 面积内不应少于一个检验点；基槽每层 10～20 m 不应少于一个检验点；每个独立柱基每层不应少于一个检验点。

（3）压实度

《给水排水管道工程施工及验收规范》（GB50268—2008）规定：刚性管道沟槽回填土：石灰土类垫层每 100 m 每层每侧一组（每组 3 点），沟槽在路基范围内、外两井之间或 1 000 m^2 每层每侧一组（每组 3 点）；柔性管道沟槽回填土：管道基础（管道有效支撑角范围）每 100 m 每层每侧一组（每组 3 点），管道两侧、管顶以上 500 mm、管顶 500～1 000 mm 两井之间或 1 000 m^2 每层每侧一组（每组 3 点）。

3. 检测方法

（1）击实试验

1）适用范围：本试验分轻型击实和重型击实。轻型击实适用于粒径小于 5 mm 的黏性土，重型击实适用于粒径大于 20 mm 的土。

2）主要仪器设备——击实仪：击实仪主要部件规格见表 6-31；天平：称量 200 g，最小分度值 0.01 g；台秤：称量 10 kg，最小分度值 5 g；标准筛：孔径为 20 mm、40 mm 和 5 mm。

表 6-31　击实仪主要部件规格表

试验方法	锤底直径/mm	锤质量/kg	落高/mm	击实筒			护筒高度/mm
				内径/mm	筒高/mm	容积/cm^3	
轻型	51	2.5	305	102	116	947.4	50
重型	51	4.5	457	152	116	2 103.9	50

3）试样制备：试样制备分为干法和湿法。干法：制样应用四分法取代表性土样 20 kg（重型 50 kg），风干碾碎，过 5 mm（重型过 20 mm 或 40 mm）筛，将筛下土样拌匀，并测定风干含水率；制备 5 个不同含水率的一组试样，相邻 2 个含水率的差值宜为 2%。湿法：应取天然含水率的代表土样 20 kg（重型 50 kg），碾碎，过 5 mm（重型过 20 mm 或 40 mm）筛，将筛下土样拌匀，并测定天然含水率；根据土的塑限预估最有含水率，分别将天然含水率的土样风干或加水进行制备 5 个不同含水率的一组试样，相邻 2 个含水率的差值宜为 2%。

4）试验步骤：称取一定量试样，倒入击实筒内，分层击实，轻型击实试样为 2～5 kg，分 3 层，每层 25 击；重型击实试样为 4～10 kg，分 5 层，每层 56 击，若分 3 层，每层 94 击。

每层试样高度宜相等，两层交界处的土面刨毛，击实完成时超出击实筒顶的试样高度应小于 6 mm。卸下护筒用直刮刀修平，称筒与试样的总质量，准确至 1 g，计算试样湿密度。取 2 个代表性试样测定含水率，2 个含水率的差值应不大于 1%。不同含水率的试样依次击实。

5）结果整理：

①试样干密度按式（6-21）计算。

$$\rho_d = \frac{\rho_0}{1 + 0.01w_i} \tag{6-21}$$

式中，w_i——某个试样的含水率，%；

ρ_d——试样干密度，g/cm³；

ρ_0——试样湿密度，g/cm³。

②绘制干密度和含水率的关系曲线，取曲线峰值点相应的纵坐标为击实试样的最大干密度，相应的横坐标为击实的最优含水率。

③轻型击实试验中，当试样中粒径大于 5 mm 的土质量小于或等于试样总质量 30%时，应对最大干密度和最优含水率进行校正。

最大干密度按式（6-22）校正：

$$\rho'_{d\max} = \frac{1}{\dfrac{1-P_5}{\rho_{d\max}} + \dfrac{P_5}{\rho_w \cdot G_{s2}}} \tag{6-22}$$

式中，$\rho'_{d\max}$——校正后试样的最大干密度，g/cm³；

P_5——粒径大于 5 mm 土的质量百分数，%；

G_{s2}——粒径大于 5 mm 土粒的饱和面干比重。

最优含水率按式（6-23）校正，计算至 0.1%。

$$w'_{opt} = w_{opt}(1-P_5) + P_5 \cdot w_{ab} \tag{6-23}$$

式中：w'_{opt}——校正后试样的最优含水率，%；

w_{opt}——击实试样的最优含水率，%；

w_{ab}——粒径大于 5 mm 土粒的吸着含水率，%。

（2）压实系数、压实度

压实系数、压实度检测方法分环刀法、灌砂法、灌水法。

1）环刀法：

①目的和适用范围：环刀法适用于细粒土。

②主要仪器设备：

环刀：内径 61.8 mm 和 79.8 mm，高度 20 mm。天平：称量 500 g，最小分度值 0.1 g。天平：称量 200 g，最小分度值 0.01 g。

③试验步骤：环刀取样时，在环刀内壁涂凡士林，刀口向下放在土样上，垂直下压，用切土刀外侧切削土样，用切土刀整平环刀两端土样，擦净环刀外壁，称环刀和土的总质量。取有代表性土样烘干测定含水率。

④结果整理：

试样湿密度按式（6-24）计算。

$$\rho_0 = \frac{m_0}{V} \tag{6-24}$$

式中：ρ_0——试样湿密度，g/cm³，准确到 0.01 g/cm³；

m_0——湿土质量，g；

V——环刀体积，cm³。

试样干密度按式（6-25）计算。

$$\rho_d = \frac{\rho_0}{1+0.01w_0} \tag{6-25}$$

式中，ρ_d——试样湿密度，g/cm³，准确到 0.01 g/cm³；

w_0——试样含水率，%。

测点压实系数按式（6-26）计算。

$$\lambda_c = \frac{\rho_d}{\rho_{d\max}} \tag{6-26}$$

式中：λ_c——压实系数；

$\rho_{d\max}$——击实试验得到的试样最大干密度，g/cm³。

压实度按式（6-27）计算。

$$K = \frac{\rho_d}{\rho_{d\max}} \times 100 \tag{6-27}$$

式中，K——压实度，%。

2）灌砂法：

①适用范围：适用于测定粗粒土。

②主要仪器设备：密度测定器：由容砂瓶、罐砂漏斗和底盘组成。天平：称量 10 kg，最小分度值 5 g。天平：称量 500 g，最小分度值 0.1 g。

③试验步骤：

a. 按表 6-32 挖好试坑尺寸，并称试样质量。

表 6-32　试坑尺寸

试样最大粒径/mm	试坑尺寸/mm	
	直径	深度
5（20）	150	200
40	200	250
60	250	300

b. 向容砂瓶内注满砂，称出罐砂筒和砂的总质量，准确至 10 g；

c. 将罐砂筒倒置于试坑上，打开阀门。当砂注满试坑时关闭阀门，称出罐砂筒和余砂总质量，准确至 10 g。

④结果整理：

试样密度按式（6-28）计算。

$$\rho_0 = \frac{m_p}{\dfrac{m_s}{\rho_s}} \tag{6-28}$$

式中，ρ_0——试样湿密度，g/cm³，准确到 0.01 g/cm³；

m_p——试坑湿土质量，g；

m_s——注满试坑所用标准砂的质量，g；

ρ_s——标准砂密度，g/cm³。

试样干密度按式（6-29）计算.

$$\rho_\mathrm{d} = \frac{\dfrac{m_p}{1+0.01w_i}}{\dfrac{m_s}{\rho_s}} \tag{6-29}$$

式中，ρ_d——试样湿密度，g/cm³，准确到 0.01 g/cm³；

w_i——试样含水率，%。

压实系数、压实度分别按式（6-26）、式（6-27）计算。

3）灌水法：

①适用范围：适用于测定粗粒土。

②主要仪器设备：储水筒：直径应均匀，并附有刻度及出水管；台秤：称量 50 kg，最小分度值 10 g。

③试验步骤：

将选定试验处的试坑地面整平，除去表面松散土层。

按表 6-32 确定试坑直径划出坑口轮廓线，在轮廓线内下挖至要求深度，将挖出的试样装入盛土容器内，并称试样质量，准确至 10 g，并测定试样的含水率。

在试坑上放上相应尺寸的套环，用水准尺找平，将大于试坑容积的塑料薄膜袋平铺于坑内，翻过套环压住薄膜四周。

记录储水筒内初始水位高度，将水缓慢注入塑料薄膜袋中，直至袋内水面与套环边缘齐平时关闭出水管，持续 3～5 min，记录储水筒内水位高度。

④结果整理：

试坑体积按式（6-30）计算：

$$V_P = (H_1 - H_2) \times A_w - V_0 \tag{6-30}$$

式中，V_P——试坑体积，cm³；

H_1——储水筒内初始水位高度，cm；

H_2——储水桶内注水终了时水位高度，cm；

A_w——储水筒断面积，cm²；

V_0——套环体积，cm³。

试样密度按式（6-31）计算.

$$\rho_0 = \frac{m_p}{V_P} \tag{6-31}$$

式中，m_p——试坑内试样质量，g。

试样干密度按式（6-25）计算，压实系数、压实度分别按式（6-26）、式（6-27）计算。

二、地基与基础

1. 地基

建筑地基的土层分为岩石、碎石土、砂土、粉土、黏性土和人工填土。地基有天然地基和人工地基（复合地基）两类。天然地基包括岩石地基、土岩组合地基。人工地基包括素土和灰土地基、砂和砂石地基、土工合成材料地基、粉煤灰地基、强夯地基、注浆地基、预压地基、砂石桩复合地基、高压喷射注浆复合地基、水泥土搅拌桩复合地基、土和灰土挤密桩复合地基、水泥粉煤灰碎石桩复合地基、夯实水泥土桩复合地基等。

（1）主要检测检测项目

表 6-33　地基主要检测项目

地基类型	主要检测项目	检查方法
素土和灰土地基、粉煤灰地基	地基承载力	静载试验
	压实系数	环刀法
砂和砂石地基	地基承载力	静载试验
	压实系数	灌砂法、灌水法
土工合成材料地基	地基承载力	静载试验
	土工合成材料强度、延伸率	拉伸试验
强夯地基、注浆地基、预压地基	地基承载力	静载试验
	处理后地基土强度、变形指标	原位测试
砂石桩复合地基	复合地基承载力	静载试验
	桩体密实度	重型动力触探
高压喷射注浆复合地基、水泥土搅拌桩复合地基	复合地基承载力	静载试验
	单桩承载力	静载试验
	桩身强度	28 d 试块强度或钻芯法
土和灰土挤密桩复合地基	复合地基承载力	静载试验
	桩体填料平均压实系数	环刀法
水泥粉煤灰碎石桩复合地基	复合地基承载力	静载试验
	单桩承载力	静载试验
	桩身完整性	低应变法
	桩身强度	28 d 试块强度
夯实水泥土桩复合地基	复合地基承载力	静载试验
	桩体填料平均压实系数	环刀法
	桩身强度	28 d 试块强度

（2）取样依据及数量

1）地基承载力：

《建筑地基基础工程施工质量验收标准》（GB 50202—2018）规定：每 300 m^2 不应少于 1 点，超过 3 000 m^2 部分每 500 m^2 不应少于 1 点。每单位工程不应少于 3 点。

2）压实系数：

《建筑地基基础设计规范》（GB 50007—2011）规定：应分层取样；对大基坑每 50～100 m^2 面积内不应少于 1 个检验点；对基槽每 10～20 m 不应少于 1 个检验点；每个独立柱基不应少于 1 个检验点。

《建筑地基处理技术规程》（JGJ 79—2012）规定：采用环刀法检验施工质量时，取样点应选择位于每层垫层厚度的 2/3 深度处。条形基础下垫层每 10～20 m 不应少于 1 个点，独立柱基、单个基础下垫层不应少于 1 个点，其他基础下垫层每 50～100 m^2 不应少于 1 个点。

3）土工合成材料强度、土工合成材料延伸率：

《建筑地基基础工程施工质量验收标准》（GB 50202—2018）规定：土工合成材料每 100 m^2 为一批，每批应抽查 5%。

4）处理后地基土的强度、变形指标：《建筑地基处理技术规程》（JGJ 79—2012）做了相关规定。

①强夯地基：对于简单场地上的一般建筑物，按每 400 m^2 不少于 1 个检测点，且不少于 3 点；对于复杂场地或重要建筑地基，每 300 m^2 不少于 1 个检验点，且不少于 3 点。

②注浆地基：按加固土体深度范围每间隔 1 m 取样，注浆检验点不应少于注浆孔数的 2%～5%。

③预压地基：每个处理分区不少于 6 点，对于堆载斜坡处应增加检验数量。

5）复合地基承载力：

《建筑地基基础工程施工质量验收标准》（GB 50202—2018）规定：检验数量不应少于总桩数的 0.5%，且不应少于 3 点。

6）桩体密实度：

《建筑地基处理技术规程》（JGJ 79—2012）规定：检验深度不应小于处理地基深度，检测数量不应少于桩孔总数的 2%。

7）单桩承载力、桩身强度：

《建筑地基基础工程施工质量验收标准》（GB 50202—2018）规定：检验数量不应少于总桩数的 0.5%，且不应少于 3 根。

8）桩体填料平均压实系数：

《建筑地基处理技术规程》（JGJ 79—2012）规定：

①土和灰土挤密桩复合地基：抽检数量不应少于桩总数的 1%，且不得少于 9 根。

②夯实水泥土桩复合地基：抽检数量不应少于总桩数的 2%。

（3）检测方法

1）地基静载试验可依据《建筑地基处理技术规范》（JGJ 79—2012）的相关规定。

①适用范围：适用于确定换填垫层、预压地基、压实地基和注浆加固等处理后地基承压板应力主要影响范围内土层的承载力和变形参数。

②主要仪器设备：千斤顶、百分表、承压板面积应按需检验土层的厚度确定，且应不少于 1.0 m^2，对夯实地基，不宜小于 2.0 m^2。

③试验步骤：试验基坑宽度不应小于承载板宽度或直径的 3 倍。用粗砂或中砂层找平，厚度不超过 20 mm。基准梁及加荷平台支点（或锚桩）宜设在试坑外，且与承压板边的净距不应小于 2 m。

加荷分级不应少于 8 级。最大加载量不应小于设计要求的 2 倍。每级加载后，按间隔 10 min、10 min、10 min、15 min、15 min，以后为每隔 0.5 h 测读一次沉降量，当在连续 2 h 内，每小时的沉降量 0.1 mm 时，则认为已趋稳定，可加下一级荷载。

当出现下列情况之一时，即可终止加载；当满足前三种情况之一时，其对应的前一级荷载定为极限荷载：

a. 承压板周围的土明显的侧向挤出；

b. 沉降 s 急剧增大，压力—沉降曲线出现陡降段；

c. 在某一级荷载下，24 h 内沉降速率不能达到稳定标准；

d. 承压板的累计沉降量已大于其宽度或直径的 6%。

④检测数据分析与判定：

地基承载力特征值确定应符合下列规定：

a. 当压力沉降区线上有比例界限时，取该比例界限所对应的荷载值。

b. 当极限荷载小于对应比例界限的荷载值的 2 倍时，取极限荷载值的一半。

c. 当不能按上述两款要求确定时，可取 s/b=0.01 所对应的荷载，但其值不应大于最大加载量的一半。承压板的宽度或直径大于 2 m 时，按 2 m 计算。

注：s 为静载荷试验承压板的沉降量；b 为承压板宽度。

同一土层统计的试验点不应少于 3 点，各实测值的极差不超过其平均值的 30%时，取该平均值作为处理地基的承载力特征值。当极差超过平均值的 30%时，应分析原因，需要时应增加试验数量并结合工程具体情况确定处理地基的承载力特征值。

2）复合地基静载试验：

①目的和适用范围：适用于单桩复合地基静载荷试验和多桩复合地基静载荷试验。

②主要仪器设备：千斤顶、百分表、承压板：应具有足够刚度。单桩复合地基静载荷试验的承压板可用圆形或方形，面积为一根桩承担的处理面积；多桩复合地基静载荷试验的承压板可用方形或矩形，其尺寸按实际桩数所承担的处理面积确定。

③试验步骤：

单桩复合地基静载荷试验桩的中心（或形心）应与承压板中心保持一致，并与荷载作用点相重合。

试验应在桩顶设计标高。承压板底面宜铺粗砂或中砂垫层，厚度可取 100～150 mm。

试验标高处的试坑宽度和长度不应小于承压板尺寸的 3 倍。基准梁及加荷平台支点（或锚桩）宜设在试坑以外，且与承压板边的净距不应小于 2 m。

加载等级可分为 8～12 级。预压荷载不得大于总加载量的 5%。最大加载压力不应小于设计要求承载力特征值的 2 倍。

每加一级荷载前后均应各读承压板沉降量一次，以后每 0.5 h 读记一次。当 1 h 内沉降量小于 0.1 mm 时，即可加下一级荷载。

当出现下列现象之一时，可终止试验：

a. 沉降急剧增大，土被挤出或承压板周围出现明显的隆起；

b. 压板的累计沉降量已大于其宽度或直径的 6%；

c. 当达不到极限荷载，而最大加载压力已大于设计要求压力值的 2 倍。

卸载级数可为加载级数的一半，等量进行，每卸一级，间隔 0.5 h，读记回弹量，待卸完全部荷载后间隔 3 h 读记总回弹量。

④检测数据分析与判定：

复合地基承载力特征值的确定：

a. 当压力—沉降曲线上极限荷载能确定，而其值不小于对应比例界限的 2 倍时，可取比例界限；当其值小于对应比例界限的 2 倍时，可取极限荷载的一半。

b. 当压力—沉降曲线是平缓的光滑曲线时，可按相对变形值确定。

c. 对沉管砂石桩、振冲碎石桩和柱锤冲扩桩复合地基，可取 s/b 或 s/d 等于 0.01 所对应的压力。

d. 对灰土挤密桩、土挤密桩复合地基，可取 s/b 或 s/d 等于 0.008 所对应的压力。

e. 对水泥粉煤灰碎石桩或夯实水泥桩复合地基，对以卵石、圆砾、密室粗中砂为主的地基，可取 s/b 或 s/d 等于 0.008 所对应的压力；对以黏性土、粉土为主的地基，可取 s/b 或 s/d 等于 0.01 所对应的压力。

f. 对水泥搅拌桩或旋喷复合地基，可取 s/b 或 s/d 等于 0.006～0.008 所对应的压力，桩身强度大于 1.0 MPa 且桩身质量均匀时可取高值。

g. 对有经验的地区，可按当地经验确定相对变形值，但原地基土为高压缩性土层时，相对变形值的最大值不应大于 0.015。

h. 复合地基荷载试验，当采用边长或直径大于 2 m 的承压板进行试验时，b 或 d 按 2 m 计。

i. 按相对变形确定的承载力特征值不应大于最大加载压力的一半。

注：s 为静载荷试验承压板的沉降量；b 和 d 分别为承压板的宽度和直径。

试验点数量不应少于 3 点，当满足其极差不超过平均值的 30%时，可取其平均值为复合地基承载力特征值。当极差超过平均值的 30%时，应分析原因，需要时应增加试验数量并结合工程具体情况确定处理地基的承载力特征值。对桩数少于 5 根的独立基础或桩数少于 3 排的条形基础，复合地基承载力特征值取最低值。

3）复合地基增强体单桩静载荷试验：

①适用范围：适用于复合地基增强体单桩竖向抗压静载荷试验。

②主要仪器设备：千斤顶、百分表、反力装置。

③试验步骤：试验提供的反力装置可采用锚桩法或堆载法。

堆载支点以及试桩锚桩基准桩之间的中心距离应符合表 6-34。

表 6-34　试桩、锚桩和基准桩之间的中心距离

反力系统	试桩与锚桩（或压重平台支座墩边）	试桩与基准桩	基准桩与锚桩（或压重平台支座墩边）
锚桩横梁反力装置 压重平台反力装置	≥4d 且 >2.0 m	≥4d 且 >2.0 m	≥4d 且 >2.0 m

注：d——试桩或锚桩的设计直径，取其较大者（如试桩或锚桩为扩底桩时，试桩与锚桩的中心距离尚不应小于 2 倍扩大端直径）。

试验前应对桩头进行加固处理。百分表架设位置宜在桩顶标高位置。

加荷分级不应少于 8 级，每级加载量宜为预估极限荷载的 1/8～1/10。

测读桩沉降量的间隔时间：每级加载后，每第 5 min、10 min、15 min 时各测读一次，累计 1 h 后每隔半小时读一次。

在每级荷载作用下，桩沉降量连续两次在每小时内小于 0.1 mm 时可视为稳定。

符合下列条件之一时，可终止加载：

a. 当荷载—沉降（$Q-s$）曲线上有可判定极限承载力的陡降段，且桩顶总沉降量超过 40 mm；

b. $\dfrac{\Delta s_{n+1}}{\Delta s_n}\geqslant 2$，且经 24 h 尚未达到稳定；

c. 桩身破坏，桩顶变形急剧增大；

d. 当桩长超过 25 m，$Q-s$ 曲线呈缓变形时，桩顶总沉降量大于 60～80 mm；

e. 验收检验时，最大加载量不应小于设计单桩承载力特征值的 2 倍。

注：Δs_n 为第 n 级荷载的沉降增量；Δs_{n+1} 为第 n+1 级荷载的沉降增量。

④检测数据分析与判定：

单桩竖向抗压极限承载力的确定：

a. 曲线陡降段明显时，取相应于陡降段起点的荷载值；

b. 当出现 $\dfrac{\Delta s_{n+1}}{\Delta s_n}\geqslant 2$，且经 24 h 尚未达到稳定时，取前一级荷载值；

c. $Q-s$ 曲线呈缓变型时，取桩顶总沉降量 s 为 40 mm 所对应的荷载值；

d. 按上述方法判断有困难时，可结合其他辅助分析方法综合判定。

参加统计的试桩，当满足其极差不超过平均值的 30%时，可取平均值为单桩极限承载力；极差超过平均值的 30%时，应分析原因，需要时应增加试验数量并结合工程具体情况确定处理地基的承载力特征值。对桩数少于 5 根的独立基础或桩数少于 3 排的条形基础，应取最低值。

单桩承载力特征值为单桩极限承载力除以安全系数 2。

4）水泥土钻芯法：

①适用范围：适用于检测水泥土桩的桩长、桩身强度和均匀性。

②主要仪器设备：压力试验机、钻机：宜采用液压操纵的高速工程地质钻机，宜采用双管

单动钻具，钻杆直径宜为 50 mm，钻头外径不宜小于 91 mm。

③试验步骤：每根受检桩可钻 1 孔，当桩直径或长轴大于 1.2 m 时，以增加钻孔数量。开孔位置宜在桩中心附近处。钻孔取芯率不宜低于 85%。每回次进尺宜控制在 1.5 m 以内。芯样应由上而下按回次顺序放进芯样箱中，芯样牌上应清晰标明回次、深度。

当桩长大于等于 10 m 时，桩身强度抗压芯样试件按每孔不少于 9 个截取，桩体三等分段各取 3 个；当桩长小于 10 m 时，桩身强度抗压芯样试件按每孔不少于 6 个截取，桩体二等分段各取 3 个。

试验抗压试件直径不宜小于 70 mm，试件高径比宜为 1：1。

④检测数据分析与判定：芯样抗压强度按式（6-32）计算。

$$f_{cu}=\frac{4P}{\pi d^2} \tag{6-32}$$

式中，f_{cu}——芯样试件抗压强度，MPa，精确至 0.01 MPa；

P——芯样试件抗压试验测得的破坏荷载，N；

d—芯样试件的平均直径，mm。

桩身芯样试件抗压强度代表值应按一组三块试件强度值的平均值确定。水泥土芯样试件抗压强度代表值应取各段水泥土芯样试件抗压强度代表值的最小值。

桩身强度应按单位工程检验批进行评价对单位工程统一条件下的受检桩，应取桩身芯样试件抗压强度代表值进行统计，按式（6-33）至式（6-35）分别计算平均强度、标准差和变异系数。

$$\overline{q}_{\mathrm{uf}}=\frac{\sum_{i=1}^{n}q_{ufi}}{n} \tag{6-33}$$

$$\sigma_{\mathrm{uf}}=\sqrt{\frac{1}{n-1}\sum_{i=1}^{n}(\overline{q}_{\mathrm{uf}}-q_{ufi})^2} \tag{6-34}$$

$$\delta_{\mathrm{uf}}=\frac{\sigma_{\mathrm{uf}}}{\overline{q}_{\mathrm{uf}}}\times 100\% \tag{6-35}$$

$$\gamma_s=1-\left\{\frac{1.704}{\sqrt{n}}+\frac{4.678}{n^2}\right\}\delta_{\mathrm{uf}} \tag{6-36}$$

$$\phi_K=\gamma_s\overline{q}_{\mathrm{uf}} \tag{6-37}$$

式中，q_{ufi}——单桩芯样试件抗压强度代表值，kPa；

$\overline{q}_{\mathrm{uf}}$——检验批水泥土桩的芯样试件抗压强度平均值，kPa；

σ_{uf}——桩身抗压强度代表值的标准差，kPa；

δ_{uf}——桩身抗压强度代表值的变异系数；

n——受检桩数；

γ_s——统计修正系数；

ϕ_K——桩身强度标准值。

桩身均匀性宜按单桩并根据现场水泥土芯样特征等进行综合评价。桩身均匀性评价应按表 6-35 进行。

表 6-35　桩身均匀性评价标准

桩身均匀性描述	芯样特征
均匀性良好	芯样连续、完整、坚硬，搅拌均匀，呈柱状
均匀性一般	芯样基本完整、坚硬，搅拌基本均匀，呈柱状，部分呈块状
均匀性差	芯样胶结一般，呈柱状、块状，局部松散，搅拌不均匀

桩身质量评价应按检验批进行。受检桩桩身强度应按检验批进行评价，桩身强度标准值应满足设计要求。受检桩的桩身均匀性和桩底持力层岩土性状按单桩进行评价，应满足设计的要求。

5）压实系数：按土方回填中压实系数检测方法进行。

2. 基础

建筑基础按构造形式分为无筋扩展基础、钢筋混凝土扩展基础、筏形与箱形基础、桩基础（钢筋混凝土预制桩、泥浆护壁成孔灌注桩、干作业成孔灌注桩、长螺旋钻孔压灌桩、沉管灌注桩、钢桩、锚杆静压桩）、岩石锚杆基础、沉井与沉箱等。

（1）主要检测检测项目

混凝土强度、砂浆强度、桩身完整性、基桩承载力、抗拔承载力、锚固体强度。

（2）取样依据及数量

1）混凝土强度：《混凝土结构工程施工质量验收规范》（GB 50204—2015）规定：对同一配合比混凝土，每拌制 100 盘且不超过 100 m^3 时，取样不得少于一次；每工作班拌制不足 100 盘时，取样不得少于一次；连续浇筑超过 1 000 m^3 时，每 200 m^3 取样不得少于一次；每次取样至少留置一组试件。

2）砂浆强度：《砌体结构工程施工质量验收规范》（GB 50203—2011）规定：每一检验批且不超过 250 m^3 砌体的各类、各强度等级的普通砌筑砂浆，每台搅拌机应至少抽检一次。

3）桩承载力：《建筑地基基础工程施工质量验收标准》（GB 50202—2018）规定：设计等级为甲级或地质条件复杂时，应采用静载试验的方法对桩基承载力进行检验，检验桩数不应少于总桩数的 1%，且不应少于 3 根，当总桩数少于 50 根时，不应少于 2 根。在有经验和对比资料的地区，设计等级为乙级、丙级的桩基可采用高应变法对桩基进行竖向抗压承载力检测，检测数量不应少于总桩数的 5%，且不应少于 10 根。

4）桩身完整性：《建筑地基基础工程施工质量验收标准》（GB 50202—2018）规定：抽检数量不应少于总桩数的 20%，且不应少于 10 根。每根柱子承台下的桩抽检数量不应少于 1 根。

5）锚杆承载力：《建筑地基基础设计规范》（GB 50007—2011）规定：同一场地、同一岩层中的锚杆，试验数不得少于总锚杆的 5%，且不应少于 6 根。

6）锚固体强度：检验批最小抽样数量按表 6-36 进行。

表 6-36　检验批最小抽样数量

检验批的容量	最小抽样数量	检验批的容量	最小抽样数量
2～15	2	151～280	13
16～25	3	281～500	20
26～90	5	501～1 200	32
91～150	8	1 201～3 200	50

（3）检测方法

1）单桩竖向抗压静载试验：

①适用范围：适用于检测单桩的竖向抗压承载力。当桩身埋设有应变、位移传感器或位移杆时，可测定桩身应变或桩身截面位移，计算桩的分层侧阻力和端阻力。

②主要仪器设备：液压千斤顶、位移传感器或百分表、加载反力装置。

③现场检测：桩头应加固，试坑底面宜与桩承台底标高一致。

加载反力装置可选择锚桩反力装置、压重平台反力装置、锚桩压重联合反力装置、地锚反力装置等，试桩、锚桩（或压重平台支座墩边）和基准桩之间的中心距离应符合表 6-37。

表 6-37　试桩、锚桩（或压重平台支座墩边）和基准桩之间的中心距离

反力装置	距离		
	试桩中心与锚桩中心（或压重平台支墩边）	试桩中心与基准庄中心	基准桩中心与锚桩中心（或压重平台支墩边）
锚桩横梁	≥4（3）D 且＞2.0 m	≥4（3）D 且＞2.0 m	≥4（3）D 且＞2.0 m
压重平台	≥4（3）D 且＞2.0 m	≥4（3）D 且＞2.0 m	≥4（3）D 且＞2.0 m
地锚装置	≥4D 且＞2.0 m	≥4D 且＞2.0 m	≥4D 且＞2.0 m

注：D 为试桩、锚桩或地锚的设计直径或边宽，取较大者；括号内数值可用于工程桩验收检测时多排桩设计桩中心距离小于 4D 或压重平台支墩下 2～3 倍宽影响范围内的地基土已进行加固处理的情况。

加载分级进行，分级荷载宜为最大加载值或预估极限承载力的 1/10，第一级加载量可取分级荷载的 2 倍；卸载应分级进行，每级卸载量宜取加载时分级荷载的 2 倍，逐级等量卸载。

每级荷载施加后，应分别按第 5 min、15 min、30 min、45 min、60 min 测读桩顶沉降量，以后每隔 30 min 测读一次桩顶沉降量。

试桩沉降相对稳定标准：每一小时内的桩顶沉降量不得超过 0.1 mm，并连续出现两次（从分级荷载施加后的第 30 min 开始，按 1.5 h 连续 3 次每 30 min 的沉降观测值计算）。

卸载每级荷载应维持 1 h，分别按第 15 min、30 min、60 min 测读桩顶沉降量后，即可卸下一级荷载；卸载至零后，应测读桩顶残余沉降量，维持时间不得少于 3 h，测读时间分别为第 15 min、30 min，以后每隔 30 min 测读一次桩顶残余沉降量。

当出现下列情况之一时，可终止加载：

a. 某级荷载作用下，桩顶沉降量大于前一级荷载作用下的沉降量的 5 倍，且桩顶总沉降量超过 40 mm。

b. 某级荷载作用下，桩顶沉降量大于前一级荷载作用下的沉降量的 2 倍，且经 24 h 尚未达到稳定标准。

c. 已达到设计要求的最大加载值且桩顶沉降达到相对稳定标准。

d. 工程桩作锚桩时，锚桩上拔量已达到允许值。

e. 荷载—沉降曲线呈缓变型时，可加载至桩顶总沉降量 60～80 mm；当桩端阻力尚未充分发挥时，可加载至桩顶累计沉降量超过 80 mm。

④检测数据分析与判定：单桩竖向抗压极限承载力应按下列方法确定：

a. 根据沉降随荷载变化特征确定：对于陡降型 $Q-s$ 曲线，取其明显陡降的起始点对应的荷载值。

b. 根据沉降随时间变化特征确定：取 $s-\lg t$ 曲线尾部出现明显向下弯曲的前一级荷载值。

c. 符合终止加载第 b 款时，宜取前一级荷载值。

d. 对于缓变型 $Q-s$ 曲线，取 s 等于 40 mm 对应的荷载值；对 D（桩端直径）大于等于 800 mm 的桩，可取 s 等于 0.05 D 对应的荷载值；当桩长大于 40 m 时，宜考虑桩身弹性压缩。

e. 不满足第 a～d 款情况时，桩的竖向抗压极限承载力宜取最大加载值。

为设计提供依据的单桩竖向抗压极限承载力的统计取值，应符合下列规定：

a. 当极差不超过平均值的 30%时，可取其算术平均值为单桩竖向抗压极限承载力；当极差超过平均值的 30%时，应分析原因，结合桩型、施工工艺、地基条件、基础形式等工程具体情况，综合确定极限承载力；不能明确极差过大的原因时，宜增加试桩桩数量；

b. 试验桩数量小于 3 根或桩基承台下的桩数不大于 3 根时，应取低值。

单桩竖向抗压承载力特征值应按单桩竖向抗压极限承载力的 50%取值。

2）钻芯法：

①适用范围：适用于检测混凝土灌注桩的桩长、桩身桩混凝土强度、桩底沉渣厚度和桩身完整性。当采用本方法判定或鉴别桩端持力层岩土性状时，钻探深度应满足设计要求。

②主要仪器设备：液压高速钻机、切割机、磨平机。

③现场检测：受检桩钻芯孔数和钻孔位置，应符合下列规定：

a. 桩径小于 1.2 m 的桩的钻孔数量可为 1～2 个孔，桩径为 1.2～1.6 m 的桩的钻孔数量宜为 2 个孔，桩径大于 1.6 m 的桩的钻孔数量宜为 3 个孔。

b. 当钻芯孔为 1 个时，宜在距桩中心 10～15 cm 的位置开孔；当钻芯孔为 2 个或 2 个以上时，开孔位置宜在距桩中心 0.15～0.25D 范围内均匀对称布置。

钻机宜采用液压操纵的高速钻机，应采用单动双管钻具钻取芯样。

每回次钻孔进尺宜控制在 1.5 m 内，钻取的芯样应按回次顺序放进芯样箱，芯样侧表面上应清晰标明回次数、块号、本回次总块数（宜写成带分数的形式，如 $2\frac{3}{5}$ 表示第 2 回次共有 5 块芯样，本块芯样为第 3 块）。及时记录孔号、回次数、起至深度、块数、总块数、芯样质量的初步描述及钻进异常情况。

④芯样试件截取与加工：

截取混凝土抗压芯样试件应符合下列规定：

a. 当桩长小于 10 m 时，每孔应截取 2 组芯样；当桩长为 10～30 m 时，每孔应截取 3 组芯样，当桩长大于 30 m 时，每孔应截取芯样不少于 4 组。

b. 上部芯样位置距桩顶设计标高不宜大于 1 倍桩径或超过 2 m，下部芯样位置距桩底不宜大于 1 倍桩径或超过 2 m，中间芯样宜等间距截取。

c. 缺陷位置能取样时，应截取 1 组芯样进行混凝土抗压试验。

d. 同一基桩的钻芯孔数大于 1 个，且某一孔在某深度存在缺陷时，应在其他孔的该深度处，截取 1 组芯样进行混凝土抗压强度试验。

当桩端持力层为中、微风化岩层且岩芯可制作成试件时，应在接近桩底部位 1 m 内截取岩石芯样；遇分层岩性时，宜在各分层岩面取样。

每组混凝土芯样应制作 3 个抗压试件。

⑤芯样试件抗压强度试验：

混凝土芯样试件的抗压强度试验应按《普通混凝土力学性能试验方法标准》（GB/T 50081—2002）执行。

在混凝土芯样试件抗压强度试验中，当发现试件内混凝土粗骨料最大粒径大于 0.5 倍芯样试件平均直径，且强度值异常时，该试件的强度值不得参与统计平均。

混凝土芯样试件抗压强度应按下式计算。

$$f_{cor}=\frac{4P}{\pi d^2}$$

式中，f_{cor}——混凝土芯样试件抗压强度，MPa，精确至 0.1 MPa；

P——芯样试件抗压试验测得的破坏荷载，N；

d——芯样试件的平均直径，mm。

混凝土芯样试件抗压强度可根据本地区的强度折算系数进行修正。

桩底岩芯单轴抗压强度试验以及岩石单轴抗压强度标准值的确定，宜按《建筑地基基础设计规范》（GB 50007—2011）执行。

⑥检测数据分析与判定：每根受检桩混凝土芯样试件抗压强度的确定应符合下列规定：

a. 取一组 3 块试件强度值的平均值，作为该组混凝土芯样试件抗压强度检测值；

b. 同一受检桩同一深度部位有两组或两组以上混凝土芯样试件抗压强度检测值时，取其平均值作为该桩该深度处混凝土芯样试件抗压强度检测值；

c. 取同一受检桩不同深度位置的混凝土芯样试件抗压强度检测值中的最小值，作为该桩混凝土芯样试件抗压强度检测值。

桩身完整性类别应结合钻芯孔数、现场混凝土芯样特征、芯样试件抗压强度试验结果，按表 6-38 和表 6-39 所列特征进行综合判定。

当混凝土出现分层现象时，宜截取分层部位的芯样进行抗压强度试验。当混凝土抗压强度满足设计要求时，可判为Ⅱ类；当混凝土抗压强度不满足设计要求或不能制作成芯样试件时，应判为Ⅳ类。

多于 3 个钻芯孔的基桩桩身完整性可类比表 6-38 的三孔特征进行判定。

表 6-38　桩身完整性判断

<table>
<tr><th rowspan="2">类别
类别</th><th colspan="3">特征</th></tr>
<tr><th>单孔</th><th>两孔</th><th>三孔</th></tr>
<tr><td rowspan="2">Ⅰ</td><td colspan="3">混凝土芯样连续、完整、胶结好，芯样侧表面光滑、骨料分布均匀，芯样呈长柱状、断口吻合</td></tr>
<tr><td>芯样侧表面仅见少量气孔</td><td>局部芯样侧表面有少量气孔、蜂窝麻面、沟槽，但在另一孔同一深度部位的芯样中未出现，否则应判为Ⅱ类</td><td>局部芯样侧表面有少量气孔、蜂窝麻面、沟槽，但在三孔同一深度部位的芯样中未同时出现，否则应判为Ⅱ类</td></tr>
<tr><td rowspan="2">Ⅱ</td><td colspan="3">混凝土芯样连续、完整、胶结较好，芯样侧表面较光滑、骨料分布基本均匀，芯样呈柱状、断口基本吻合。有下列情况之一：</td></tr>
<tr><td>1.局部芯样侧表面有蜂窝麻面、沟槽或较多气孔；
2.芯样侧表面蜂窝麻面严重、沟槽连续或局部芯样骨料分布极不均匀，但对应部位的混凝土芯样试件抗压强度检测值满足设计要求，否则应判为Ⅲ类</td><td>1.芯样侧表面有较多气孔、严重蜂窝麻面、连续沟槽或局部混凝土芯样骨料分布不均匀，但在两孔同一深度部位的芯样中未同时出现；
2.芯样侧表面有较多气孔、严重蜂窝麻面、连续沟槽或局部混凝土芯样骨料分布不均匀，且在另一孔同一深度部位的芯样中同时出现，但该深度部位的混凝土芯样试件抗压强度检测值满足设计要求，否则应判为Ⅲ类；
3.任一孔局部混凝土芯样破碎段长度不大于 10 cm，且在另一孔同一深度部位的局部混凝土芯样的外观判定完整性类别为Ⅰ类或Ⅱ类，否则应判为Ⅲ类或Ⅳ类</td><td>1.芯样侧表面有较多气孔、严重蜂窝麻面、连续沟槽或局部混凝土芯样骨料分布不均匀，但在三孔同一深度部位的芯样中未同时出现；
2.芯样侧表面有较多气孔、严重蜂窝麻面、连续沟槽或局部混凝土芯样骨料分布不均匀，且在任两孔或三孔同一深度部位的芯样中同时出现，但该深度部位的混凝土芯样试件抗压强度检测值满足设计要求，否则应判为Ⅲ类；
3.任一孔局部混凝土芯样破碎段长度不大于 10 cm，且在另两孔同一深度部位的局部混凝土芯样的外观判定完整性类别为Ⅰ类或Ⅱ类，否则应判为Ⅲ类或Ⅳ类</td></tr>
<tr><td rowspan="2">Ⅲ</td><td colspan="2">大部分混凝土芯样胶结较好，无松散、夹泥现象。有下列情况之一：</td><td>大部分混凝土芯样胶结较好。有下列情况之一：</td></tr>
<tr><td>1.芯样不连续、多呈短柱状或块状；
2.局部混凝土芯样破碎段长度不大于 10 cm</td><td>1.芯样不连续、多呈短柱状或块状；
2.任一孔局部混凝土芯样破碎段长度大于 10 cm 但不大于 20 cm，且在另一孔同一深度部位的局部混凝土芯样的外观判定完整性类别为Ⅰ类或Ⅱ类，否则应判为Ⅳ类</td><td>1.芯样不连续、多呈短柱状或块状；
2.任一孔局部混凝土芯样破碎段长度大于 10 cm 但不大于 30 cm，且在另两孔同一深度部位的局部混凝土芯样的外观判定完整性类别为Ⅰ类或Ⅱ类，否则应判为Ⅳ类；
3.任一孔局部混凝土芯松散段长度不大于 10 cm，且在另两孔同一深度部位的局部混凝土芯样的外观判定完整性类别为Ⅰ类或Ⅱ类，否则应判为Ⅳ类</td></tr>
<tr><td rowspan="2">Ⅳ</td><td colspan="3">有下列情况之一：</td></tr>
<tr><td>1.因混凝土胶结质量差而难以钻进；
2.混凝土芯样任一段松散或夹泥；
3.局部混凝土芯样破碎长度大于 10 cm</td><td>1.任一孔因混凝土胶结质量差而难以钻进；
2.混凝土芯样任一段松散或夹泥；
3.任一孔局部混凝土芯样破碎长度大于 20 cm；
4.两孔同一深度部位的混凝土芯样破碎</td><td>1.任一孔因混凝土胶结质量差而难以钻进；
2.混凝土芯样任一段松散或夹泥段长度大于 10 cm；
3.任一孔局部混凝土芯样破碎长度大于 30 cm；
4.其中两孔在同一深度部位的混凝土芯样破碎、松散或夹泥</td></tr>
</table>

注：当上一缺陷的底部位置与下一缺陷的顶部位置标高的高差小于 30cm 时，可认定两缺陷处于同一深度部位。

表 6-39　桩身完整性分类表

桩身完整性类别	分类原则
Ⅰ类桩	桩身完整
Ⅱ类桩	桩身有轻微缺陷，不会影响桩身结构承载力的正常发挥
Ⅲ类桩	桩身有明显缺陷，对桩身结构承载力有影响
Ⅳ类桩	桩身存在严重缺陷

成桩质量评价应按单根受检桩进行。当出现下列情况之一时，应判定该受检桩不满足设计要求：

a. 混凝土芯样试件抗压强度检测值小于混凝土设计强度等级；

b. 桩长、桩底沉渣厚度不满足设计要求；

c. 桩底持力层岩土性状（强度）或厚度不满足设计要求。

3）低应变法：

①适用范围：适用于检测混凝土桩的桩身完整性，判定桩身缺陷的程度及位置。桩的有效检测桩长范围应通过现场试验确定。

②主要仪器设备：基桩动测仪、力锤。

③现场检测：受检桩应符合下列规定：

a. 桩身强度应当采用低应变法或声波透射法检测时，受检桩混凝土强度不应低于设计强度的 70%，且不应低于 15 MPa；

b. 桩头的材质、强度应与桩身相同，桩头的截面尺寸不宜与桩身有明显差异；

c. 桩顶面应平整、密实，并与桩轴线垂直。

检测点和激振点布置：

根据桩径大小，桩心对称布置 2～4 个安装传感器的检测点：实心桩的激振点应选择在桩中心，检测点宜在距桩中心 2/3 半径处；空心桩的激振点和检测点宜为桩壁厚的 1/2 处，激振点和检测点与桩中心连线形成的夹角宜为 90°。

④检测数据分析与判定：桩身波速平均值的确定，应符合下列规定：

a. 当桩长已知、桩底反射信号明确时，应在地基条件、桩型、成桩工艺相同的基桩中，选取不少于 5 根 I 类桩的桩身波速值，按下列公式计算其平均值。

$$c_m = \frac{1}{n}\sum_{i=1}^{n} c_i$$

$$c_i = \frac{2\,000L}{\Delta T}$$

$$c_i = 2L \cdot \Delta f$$

式中，c_m ——桩身波速的平均值，m/s；

c_i ——第 i 根受检桩的桩身波速值，m/s，且 $|c_i - c_m| / c_m$ 不宜大于 5%；

L——测点下桩长，m；

ΔT ——速度波第一峰与桩底反射波峰间的时间差，ms；

Δf ——幅频曲线上桩底相邻谐振峰间的频差，Hz；

n——参加波速平均值计算的基桩数量（$n \geqslant 5$）。

b. 无法满足本条第 a 款要求时，波速平均值可根据本地区相同桩型及成桩工艺的其他桩基工程的实测值，结合桩身混凝土的骨料品种和强度等级综合确定。

桩身缺陷位置应按下列公式计算：

$$x = \frac{1}{2\,000} \cdot \Delta t_x \cdot c$$

$$x = \frac{1}{2} \cdot \frac{c}{\Delta f'}$$

式中，x ——桩身缺陷至传感器安装点的距离，m；

Δt_x ——速度波第一峰与缺陷反射波峰间的时间差，ms；

c ——受检桩的桩身波速，m/s，无法确定时可用桩身波速的平均值替代；

$\Delta f'$ —幅频信号曲线上缺陷相邻谐振峰间的频差，Hz。

桩身完整性类别应结合缺陷出现的深度、测试信号衰减特性以及设计桩型、成桩工艺、地基条件、施工情况，按表 6-39 和表 6-40 中所列时域信号特征或幅频信号特征进行综合分析判定。

表 6-40　桩身完整性判断

类别	时域信号特征	幅频信号特征
Ⅰ	$2L/C$ 时刻前无缺陷反射波，有桩底反射波	桩底谐振峰排列基本等间距，其相邻频差 $\Delta f \approx c/2L$
Ⅱ	$2L/C$ 时刻前出现轻微缺陷反 射波，有桩底反射波	桩底谐振峰排列基本等间距，其相邻频差 $\Delta f \approx c/2L$，轻微缺陷产生的谐振峰与桩底谐振峰之间的频差 $\Delta f' > c/2L$
Ⅲ	有明显缺陷反射波，其他特征介于Ⅱ类和Ⅳ类之间	
Ⅳ	$2L/c$ 时刻前出现严重缺陷反射波或周期性反射波，无桩底反射波； 或因桩身浅部严重缺陷使波形呈现低频大振幅衰减振动，无桩底反射波	缺陷谐振峰排列基本等间距，相邻频差 $\Delta f' > c/2L$，无桩底谐振峰； 或因桩身浅部严重缺陷只出现单一谐振峰，无桩底谐振峰

注：对同一场地、地基条件相近、桩型和成桩工艺相同的基桩，因桩端部分桩身阻抗与持力层阻抗相匹配导致实测信号无桩底反射波时，可按本场地同条件下有桩底反射波的其他桩实测信号判定桩身完整性类别。

4）声波透射法：

①适用范围：适用于混凝土灌注桩的桩身完整性检测，判定桩身缺陷的位置、范围和程度。对于桩径小于 0.6 m 的桩，不宜采用本方法进行桩身完整性检测。

当出现下列情况之一时，不得采用本方法对整桩的桩身完整性进行评定：

a. 声测管未沿桩身通长配置；

b. 声测管堵塞导致检测数据不全；

c. 声测管埋设数量不符合声测管埋设数量。

②主要仪器设备：声波检测仪、钢卷尺。

③声测管埋设：声测管埋设应符合：声测管内径应大于换能器外径；声测管应有足够的径向刚度，声测管材料的温度系数应与混凝土接近；声测管应下端封闭、上端加盖、管内无异物；声测管连接处应光顺过渡，管口应高出混凝土顶面 100 mm 以上；浇灌混凝土前应将声测管有效固定。

声测管应沿钢筋笼内侧呈对称形状布置如图 6-8 所示，并依次编号。声测管埋设数量应符合下列规定：

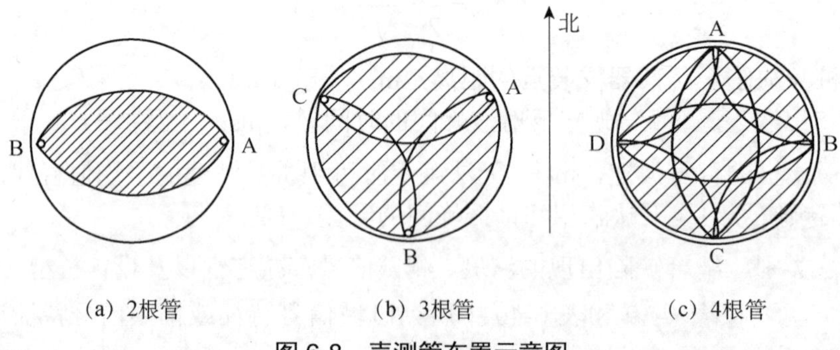

图 6-8　声测管布置示意图

a. 桩径小于或等于 800 mm 时，不得少于 2 根声测管；

b. 桩径大于 800 mm 且小于或等于 1 600 mm 时，不得少于 3 根声测管；

c. 桩径大于 1 600 mm 时，不得少于 4 根声测管；

d. 桩径大于 2 500 mm 时，宜增加预埋声测管数量。

④现场检测：现场检测开始的时间除应符合“桩身强度应当采用低应变法或声波透射法检测时，受检桩混凝土强度不应低于设计强度的 70%，且不应低于 15 MPa”外，尚应进行下列准备工作：

a. 采用率定法确定仪器系统延迟时间。

b. 计算声测管及耦合水层声时修正值。

c. 在桩顶测量各声测管外壁间净距离。

d. 将各声测管内注满清水，检查声测管畅通情况；换能器应能在声测管全程范围内正常升降。

检测采用平测和斜测。平测时，声波发射与接收声波换能器应始终保持相同深度；斜测时，声波发射与接收换能器应始终保持固定高差，且两个换能器中点连线的水平夹角不应大于 30°。声测线间距不应大于 100 mm。

⑤检测数据分析与判定：当采用平测或斜测时，将第 j 检测剖面各声测线的声速值 $v_i(j)$ 由大到小依次排序；对逐一去掉从 $v_i(j)$ 中 k 个最小数值和 k' 个最大数值后的其余数据进行统计计算。

注：$v_i(j)$ 为第 j 检测剖面第 i 声测线声速；k 为拟去掉的低声速的数据个数；k' 为拟去掉的高声速值的数据个数。

受检桩的声速异常判断临界值，应按下列方法确定：

a. 应根据本地区经验，结合预留同条件混凝土试件或钻芯法获取的芯样试件的抗压强度与声速对比试验，分别确定桩身混凝土声速低限值和混凝土试件的声速平均值。

b. 当$v_0(j)$大于v_L且小于v_P时，

$$v_c(j)=v_0(j)$$

式中，$v_c(j)$——第j检测剖面的声速异常判断临界值；

$v_0(j)$——第j检测剖面的声速异常判断概率统计值。

c. 当$v_0(j)$小于等于v_L或$v_0(j)$大于等于v_P时，应分析原因；第j检测剖面的声速异常判断临界值可按下列情况的声速异常判断临界值综合确定：同一根桩的其他检测剖面的声速异常判断临界值；与受检桩属同一工程、相同桩型昆凝土质量较稳定的其他桩的声速异常判断临界值。

d. 对只有单个检测剖面的桩，其声速异常判断临界值等于检测剖面声速异常判断临界值；对具有 3 个及 3 个以上检测剖面的桩，应取各个检测剖面声速异常判断临界值的算术平均值，作为该桩各声测线的声速异常判断临界值。

注：v_L为桩身混凝土声速低限值；v_P为混凝土试件的声速平均值。

当采用信号主频值作为辅助异常声测线判据时，主频-深度曲线上主频值明显降低的声测线可判定为异常。

当采用接收信号的能量作为辅助异常声测线判据时，能量-深度曲线上接收信号能量明显降低可判定为异常。

采用斜率法作为辅助异常声测线判据时，当 PSD（声时-深度曲线上相邻两点连线的斜率与声时差的乘积）值在某深度处突变时，宜结合波幅变化情况进行异常声测线判定。

桩身缺陷的空间分布范围，可根据以下情况判定：

a. 桩身同一深度上各检测剖面桩身缺陷的分布；

b. 复测和加密测试的结果。

桩身完整性类别应结合桩身缺陷处声测线的声学特征、缺陷的空间分布范围，按表 6-40 和表 6-41 所列特征进行综合判定。

表 6-41　桩身完整性判定

类别	特征
Ⅰ	所有声测线声学参数无异常，接收波形正常； 存在声学参数轻微异常、波形轻微畸变的异常声测线，异常声测线在任一检测剖面的任一区段内纵向不连续分布，且在任一深度横向分布的数量小于检测剖面数量的 50%
Ⅱ	存在声学参数轻微异常、波形轻微畸变的异常声测线，异常声测线在一个或多个检测剖面的一个或多个区段内纵向连续分布，或在一个或多个深度横向分布的数量大于或等于检测剖面数量的 50%； 存在声学参数明显异常、波形明显畸变的异常声测线，异常声测线在任一检测剖面的任一区段内纵向不连续分布，且在任一深度横向分布的数量小于检测剖面数量的 50%
Ⅲ	存在声学参数明显异常、波形明显畸变的异常声测线，异常声测线在一个或多个检测剖面的一个或多个区段内纵向连续分布，但在任一深度横向分布的数量小于检测剖面数量的 50%； 存在声学参数明显异常、波形明显畸变的异常声测线，异常声测线在任一检测剖面的任一区段内纵向不连续分布，但在一个或多个深度横向分布的数量大于或等于检测剖面数量的 50%； 存在声学参数严重异常、波形严重畸变或声速低于低限值的异常声测线，异常声测线在任一检测剖面的任一区段内纵向不连续分布，且在任一深度横向分布的数量小于测剖面数量的 50%

续表

类别	特征
Ⅳ	存在声学参数明显异常、波形明显畸变的异常声测线，异常声测线在一个或多个检测剖面的一个或多个区段内纵向连续分布，且在一个或多个深度横向分布的数量大于或等于检测剖面数量的50%； 存在声学参数严重异常、波形严重畸变或声速低于低限值的异常声测线，异常声测线在一个或多个检测剖面的一个或多个区段内纵向连续分布，或在一个或多个深度横向分布的数量大于或等于检测剖面数量的50%

注：完整性类别由Ⅳ类往Ⅰ类以此判定；对于只有一个检测剖面的受检桩，桩身完整性判定应按该检测剖面代表桩全部横截面的情况对待。

5）锚杆承载力：

①适用范围：适用于岩石锚杆基础中锚杆抗拔承载力。

②主要仪器设备：千斤顶、百分表。

③检测步骤：试验采用分级加载，荷载分级不得少于 8 级。试验的最大加载量不应少于锚杆设计荷载的 2 倍。

每级荷载施加完毕后，应立即测读位移量。以后每间隔 5 min 测读一次。连续 4 次测读出的锚杆拔升值均小于 0.01 mm 时，认为在该级荷载的位移已达到稳定状态，可继续施加下一级上拔荷载。

当出现下列情况之一时，即可终止锚杆的上拔试验：

a. 锚杆拔升值持续增长，且在 1 h 内未出现稳定的迹象；

b. 新增加的上拔力无法施加，或者施加后无法使上拔力保持稳定；

c. 锚杆的钢筋已被拔断，或者锚杆锚筋被拔出。

④检测数据分析与判定：符合上述终止条件的前一级上拔荷载，即为该锚杆的极限抗拔力。

参加统计的试验锚杆，当满足其极差不超过平均值的 30%时，可取其平均值为锚杆极限承载力。极差超过平均值的 30%时，宜增加试验量并分析极差过大的原因，结合工程情况确定极限承载力。

锚杆抗拔承载力特征值（ R_t ）为锚杆极限承载力除以安全系数 2。

三、基坑支护

常见基坑支护形式主要有：排桩、板桩围护墙、咬合桩围护墙、型钢水泥土搅拌墙、土钉墙、地下连续墙、重力式水泥土墙、土体加固、内支撑、锚杆、与主体结构相结合的基坑支护等。

1. 主要检测项目

基坑支护主要检测项目见表 6-42。

表 6-42　基坑支护主要检测项目

支护形式	主要检测项目	检查方法
排桩	桩身完整性	低应变法
	混凝土强度	28d 试块强度或钻芯法

续表

支护形式	主要检测项目	检查方法
型钢水泥土搅拌墙	桩（墙）强度	钻芯法
土钉墙	抗拔承载力	土钉抗拔试验
地下连续墙	墙体强度	28 d 试块强度或钻芯法
重力式水泥土墙、土体加固	桩身强度	钻芯法
内支撑	混凝土强度	28 d 试块强度
锚杆	抗拔承载力	锚杆抗拔试验
	锚固体强度	试块强度

2. 取样依据及数量

（1）取样依据

《建筑地基基础工程施工质量验收标准》（GB 50202—2018）。

（2）取样数量

1）混凝土强度：灌注桩每浇筑 50 m^3 必须至少留置 1 组混凝土强度试件，单桩不足 50 m^3 的桩，每连续浇筑 12 h 必须至少留置 1 组混凝土强度试件。有抗渗等级要求的灌注桩尚应留置抗渗等级检测试件，一个级配不宜少于 3 组。截水帷幕采用单轴水泥土搅拌桩、双轴水泥土搅拌桩、三轴水泥土搅拌桩、高压喷射注浆时，取芯数量不宜少于总桩数的 1%，且不应少于 3 根。截水帷幕采用渠式切割水泥土连续墙时，取芯数量宜沿基坑周边每 50 延米取 1 个点，且不应少于 3 个。

2）桩身完整性：灌注桩排桩应采用低应变法检测桩身完整性，检测桩数不宜少于总桩数的 20%，且不得少于 5 根。采用桩墙合一时，低应变法检测桩身完整性的检测数量应为总桩数的 100%；采用声波透射法检测的灌注桩排桩数量不应低于总桩数的 10%，且不应少于 3 根。当根据低应变法或声波透射法判定的桩身完整性为Ⅲ类、Ⅳ类时，应采用钻芯法进行验证。

3）墙体强度：墙体强度宜采用钻芯法确定，三轴水泥土搅拌桩抽检数量不应少于总桩数的 2%，且不得少于 3 根；渠式切割水泥土连续墙抽检数量每 50 延米不应少于 1 个取芯点，且不得少于 3 个。

4）桩身强度：采用水泥土搅拌桩、高压喷射注浆等土体加固的桩身强度应满足设计要求，强度检测宜采用钻芯法。取芯数量不宜少于总桩数的 0.5%，且不得少于 3 根。

5）土钉抗拔承载力：检验数量不宜少于土钉总数的 1%，且同一土层中的土钉检验数量不应小于 3 根。

6）锚杆抗拔承载力：检验数量不宜少于锚杆总数的 5%，且同一土层中的锚杆检验数量不应少于 3 根。

7）锚固体强度：检验批最小抽样数量按进行。

3. 检测方法

（1）桩身完整性、桩身强度检测

详见地基基础部分相关检测方法。

（2）土层锚杆抗拔承载力

1）目的和适用范围：适用于土层锚杆试验，确定锚固体与土层黏结强度特征值、验证杆体与砂浆间黏结强度特征值的试验达到极限状态。

2）主要仪器设备：千斤顶、百分表。

3）试验时机：试验时最大的试验荷载不宜超过锚杆杆体承载力标准值的 0.9 倍。锚固体灌浆强度达到设计强度的 90%后，方可进行锚杆试验。

4）试验步骤：

①基本试验：

试验应采用循环加、卸载法，并应符合下列规定：

a. 每级加荷观测时间内，测读锚头位移不应小于 3 次。

b. 每级加荷观测时间内，当锚头位移增量不大于 0.1 mm 时，可施加下一级荷载；不满足时应在锚头位移增量 2 h 内小于 2 mm 时再施加下一级荷载。

c. 加、卸载等级、测读间隔时间宜按表 6-43 确定。

d. 如果第六次循环加荷观测时间内，锚头位移增量不大于 0.1 mm 时，可视试验装置情况，按每级增加预估破坏荷载的 10%进行 1 次或 2 次循环。

锚杆试验中出现下列情况之一时，可视为破坏，应终止加载：

a. 锚头位移不收敛，锚固体从土层中拔出或锚杆从锚固体中拔出；

b. 锚头总位移量超过设计允许值；

c. 土层锚杆试验中后一级荷载产生的锚头位移增量，超过上一级荷载位移增量的 2 倍。

表 6-43　基本试验循环加载等级与位移观测间隔时间

加荷标准循环数	预估破坏荷载的百分数/%								
	每级加载量				累计加载量	每级卸载量			
第一循环	10				30				10
第二循环	10	30			50			30	10
第三循环	10	30	50		70		50	30	10
第四循环	10	30	60	70	80	70	50	30	10
第五循环	10	30	50	80	90	80	50	30	10
第六循环	10	30	50	90	100	90	50	30	10
观测时间/min	5	5	5	5	10	5	5	5	5

②验收试验：

a. 试验最大荷载值按 0.85Asfy 确定；

b. 试验采用单循环法，按试验最大荷载值的 10%、30%、50%、70%、80%、90%、100%施加；

c. 每级试验荷载达到后，观测 10 min，测计锚头位移；

d. 达到试验最大荷载值，测计锚头位移后卸荷到试验最大荷载值的 10%观测 10 min 并测计锚头位移。

5）检测数据分析与判断：

①基本试验：试验完成后，应根据试验数据绘制荷载-位移（*Q-s*）曲线、荷载-弹性位移（*Q-se*）曲线和荷载-塑性位移（*Q-se*）曲线。

单根锚杆的极限承载力取破坏荷载前一级的荷载量；在最大试验荷载作用下未达到破坏标准时，单根锚杆的极限承载力取最大荷载值。

锚杆试验数量不得少于 3 根。参与统计的试验锚杆，当满足其极差值不大于平均值的 30% 时，取平均值作为锚杆的极限承载力；若最大极差超过 30%，应增加试验数量，并分析极差过大的原因，结合工程情况确定极限承载力。

锚杆抗拔承载力特征值为锚杆极限承载力除以安全系数 2。

②验收试验：锚杆试验完成后，绘制锚杆荷载-位移曲线（*Q-s*）曲线图；符合下列条件时，试验的锚杆为合格：

a. 加载到设计荷载后变形稳定；

b. 锚杆弹性变形不小于自由段长度变形计算值的 80%，且不大于自由段长度与 1/2 锚固段长度之和的弹性变形计算值。

四、钢结构

钢结构工程的分项工程包括：焊接工程、紧固件连接工程、钢零件及钢部件加工工程、钢构件组装工程、钢网架结构安装工程、压型金属板工程、钢结构涂装工程。

1. 主要检测项目

钢结构主要检测项目见表 6-44。

表 6-44　钢结构主要检测项目

分项工程	主要检测项目	检测方法
焊接工程	内部缺陷	超声或射线检测
紧固件连接工程	普通螺栓最小拉力载荷	在万能试验机上进行
	高强度大六角头螺栓连接副扭矩系数	轴力计
	扭剪型高强度螺栓连接副预拉力	轴力计
	摩擦面抗滑移系数	在万能试验机上进行
钢构件组装工程	整体垂直度	经纬仪、全站仪
	整体平面弯曲	经纬仪、全站仪
钢网架结构安装工程	焊接球节点承载力	在万能试验机上进行
	螺栓球节点承载力	在万能试验机上进行
	挠度值	钢尺、水准仪
钢结构涂装工程	防腐涂层厚度	用漆膜测厚仪检查
	防火涂层厚度	用涂层厚度测量仪、测针和钢尺检查

2. 取样依据及数量

（1）取样依据

依据《钢结构工程施工质量验收规范》（GB 50205—2001）中的相关规定。

（2）检测数量

1）内部缺陷（超声探伤、射线探伤）：焊缝质量等级二级探伤比例 20%。探伤比例计数方法：对工厂制作焊缝，应按每条焊缝计算百分比，且探伤长度应不小于 200 mm，当焊缝长度不足 200 mm 时，应对整条焊缝进行探伤；对现场安装焊缝，应按同一类型、同一施焊条件的焊缝条数计算百分比，探伤长度应不小于 200 mm，并应不少于 1 条焊缝。

2）普通螺栓最小拉力载荷：每一规格螺栓抽查 8 个。

3）高强度大六角头螺栓连接副扭矩系数：同批高强度螺栓连接副最大数量 3 000 套；每批抽取 8 套。

4）扭剪型高强度螺栓连接副预拉力：同批高强度螺栓连接副最大数量 3 000 套；每批抽取 8 套。

5）抗滑移系数：以钢结构制造批的工程量每 2 000 t 为一批，不足 2 000 t 的可视为一批。每种处理工艺应单独检验，每批三组试件。

6）整体垂直度：对主要立面全部检查；对每个所检查的立面，除两列角柱外，应至少选取一列中间柱。

7）整体平面弯曲：对主要立面全部检查；对每个所检查的立面，除两列角柱外，应至少选取一列中间柱。

8）焊接球节点承载力：应按设计指定规格的球及其匹配的钢管焊接成 3 个试件。

9）螺栓球节点承载力：应按设计指定规格的球最大螺栓孔螺纹制成 3 个试件。

10）挠度值：钢网架结构总拼完成后及屋面工程完成后应分别测量。跨度 24 m 及以下钢网架结构测量下弦中央一点；跨度 24 m 以上钢网架结构测量下弦中央一点及各向下弦跨度的四等分点。

11）防腐涂层厚度：按构件数抽查 10%，且同类型构件不应少于 3 件。

12）防火涂层厚度：按同类型构件数抽查 10%，且均不应少于 3 件。

3. 检测方法

（1）内部缺陷（超声检测）

按《焊缝无损检测超声检测技术检测等级和评定》（GB/T 11345—2013）、《钢结构超声波探伤及质量分级法》（JG/T 203—2007）进行。

（2）内部缺陷（射线检测）

按《钢熔化焊对接接头射线照相和质量分级》（GB 3323—2005）进行。

（3）螺栓最小拉力载荷

1）适用范围：适用于钢结构连接用高强度大六角头螺栓连接副、扭剪型高强度螺栓连接副、钢网架用高强度螺栓、普通螺栓、铆钉、自攻钉、拉铆钉、射钉、锚栓（机械型和化学试剂型）、地脚锚栓等紧固标准件的最小拉力载荷。

2）主要仪器设备：万能材料试验机、专用卡具。

3）试验步骤：用专用卡具将螺栓实物置于拉力试验机上进行拉力试验，为避免试件承受横向载荷，试验机的夹具应能自动调正中心，试验时夹头张拉的移动速度不超过 25 mm/min。

螺栓实物和抗接强度应根据螺纹应力截面积（A_S）计算确定，其取值应按《紧固件机械性能螺栓、螺钉和螺柱》（GB 3098.1—2010）的规定取值。

进行试验时，承受拉力载荷的末旋合的螺纹长度应为 6 倍以上螺距。

4）检测数据分析及判定：

当试验拉力达到《紧固件机械性能螺栓、螺钉和螺柱》（GB 3098.1—2010）中规定的最小拉力载荷（$A_S \cdot \sigma_b$）时不得断裂。当超过最小拉力载荷直至拉断时，断裂应发生在杆部或螺纹部分，而不应发生在螺头与杆部的交接处。

（4）抗滑移系数

1）适用范围：适用于高强度螺栓摩擦型连接的摩擦面抗滑移系数。

2）主要仪器设备：万能试验机、压力传感器。

3）试件制作：抗滑移系数检验应采用双摩擦面的二栓拼接的拉力试件，如图 6-9 所示。

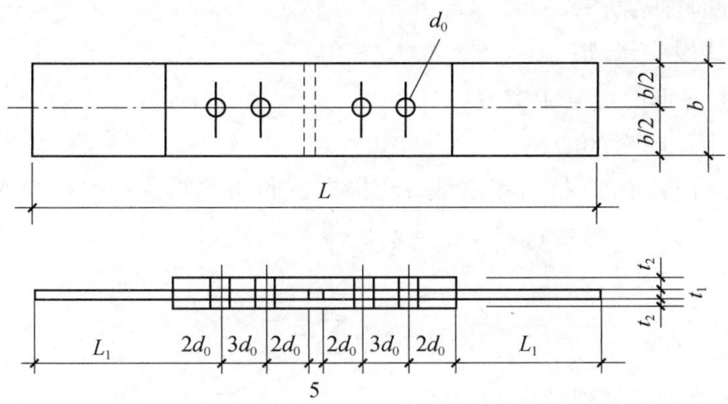

图 6-9　抗滑移系数拼接试件的形式和尺寸

抗滑移系数检验用的试件应由制造厂加工，试件与所代表的钢结构构件应为同一材质、同批制作、采用同一摩擦面处理工艺和具有相同的表面状态，并应用同批同一性能等级的高强度螺栓连接副，在同一环境条件下存放。

试件钢板的厚度 t_1、t_2 应根据钢结构工程中有代表性的板材厚度来确定，同时应考虑在摩擦面滑移之前，试件钢板的净载面始终处于弹性状态；宽度 b 可参照表 6-45 规定取值。L_1 应根据试验机夹具的要求确定。

表 6-45　试件板的宽度

螺栓直径 d/mm	16	20	22	24	27	30
板宽 b/mm	100	100	105	110	120	120

试件板面应平整，无油污，孔和板的边缘无飞边、毛刺。

4）试验步骤：

试件的组装顺序：先将冲钉打入试件孔定位，然后逐个换成装有压力传感器或贴有电阻片的高强度螺栓，或换成同批经预拉力复验的扭剪型高强度螺栓。

紧固高强度螺栓应分初拧、终拧。初拧应达到螺栓预拉力标准值的50%左右。终拧后，螺栓预拉力应符合下列规定：

a. 对装有压力传感器或贴有电的高强度螺栓，采用电阻应变仪实测控制试件每个螺栓的预拉力值在 0.95～1.05P（P 为高强度螺栓设计预拉力值）；

b. 不进行实测时，扭剪型高强度螺栓的预拉力（紧固轴力）可按同批复验预拉力的平均值取用。

试件应在其侧面画出观察滑移的直线。

将组装好的试件置于拉力试验机上，试件的轴线应与试验机夹具中心严格对中。加荷时，应先加 10%的抗滑移设计荷载值，停 1 min 后，再平稳加荷，加荷速度为 3～5 kN/s。直拉至滑移破坏，测得滑移荷载。

在试验中当发生以下情况之一时，所对应的荷载可定为件的滑移荷载：

a. 试验机发生回针现象；

b. 试件侧面画线发生错动；

c. X-Y 记录仪上变形曲线发生突变；

d. 试件突然发生“嘣”的响声。

5）检测数据分析与判定：抗滑移系数，应根据试验所测得的滑移荷载 N_v 和螺栓预拉力 P 的实测值，按下式计算，宜取小数点 2 位有效数字。

$$\mu = \frac{N_v}{n_f \cdot \sum_{i=1}^{m} P_i}$$

式中，N_v ——由试验测得的滑移荷载，kN；

n_f ——摩擦面面数，取 m=2；

$\sum_{i=1}^{m} P_i$ ——试件滑移一侧高强度螺栓预拉力实测值（或同批螺栓连接副的预拉力平均值）之和（取 3 位有效数字），kN；

m ——试件一侧螺栓数量，取 m =2。

三组试件均应满足设计要求。

（5）变形检测

1）适用范围：适用于钢结构或构件变形检测，变形检测分为结构整体垂直度、整体平面弯曲以及构件垂直度、弯曲变形、跨中挠度等。

2）主要仪器设备：水准仪、经纬仪、激光垂准仪或全站仪等。

3）现场检测：设置辅助基准线。

测量尺寸大于 6 m 的钢构件变形，可用拉线、吊线锤的方法，并应符合下列规定：

a. 测量构件弯曲变形时，从构件两端拉紧一根细钢丝或细线，然后测量跨中位置构件与拉线之间的距离，该数值即为构件的变形。

b. 测量构件垂直度时，从构件上端吊一个线锤直至构件下端，当线锤处于静止状态后，测量吊锤中心与构件下端的距离，该数值即为构件的顶端侧向水平位移。

测量跨度大于 6 m 的钢构件挠度，宜采用全站仪或水准仪，按下列方法进行：

a. 钢构件挠度观测点应沿构件的轴线或边线布设，每一构件不得少于 3 点。

b. 将全站仪或水准仪测得的两端和跨中的读数相比较，可得构件跨中挠度。

c. 钢网架总拼完成及屋面工程完成后的挠度检测，对跨度 24 m 及以下钢网架结构测量下弦中央一点；对跨度 24 m 以上钢网架结构测量下弦中央一点及各向下弦跨度的四等分点。

尺寸大于 6 m 的钢构件垂直度、侧向弯曲矢高以及钢结构整体垂直度与整体平面弯曲宜采用全站仪或经纬仪检测。可用计算测点间的相对位置差的方法来计算垂直度或弯曲度，也可采用通过仪器引出基准线，放置量尺直接读取数值的方法。

当测量结构或构件垂直度时，仪器应架设在与倾斜方向成正交的方向线上，且应该距离被测目标 1～2 倍目标高度的位置。

钢构件、钢结构安装主体垂直度检测，应测量钢构件、钢结构安装主体顶部相对于底部的水平位移与高差，并分别计算垂直度及倾斜方向。

4）检测结果判定：钢结构或构件变形应符合设计要求和《钢结构工程施工质量验收规范》（GB 50205—2001）的有关规定。

（6）防腐涂层厚度

1）适用范围：适用于钢结构防腐涂层干燥后的厚度检测。

2）主要仪器设备：涂层厚度仪：最大量程不应小于 1 200 m，最小分辨率不应小于 2 m，示值相对误差不应大于 3%。

3）试验步骤：检测前对仪器应进行校准。应使用与被测构件基体金属具有相同性质的标准片对仪器进行校准，也可用待涂覆构件进行校准。检测期间关机再开机后，应对仪器重新校准。

检测时，测点距构件边缘或内转角处的距离不宜小于 20 mm。探头与测点表面应垂直接触，接触时间宜保持 1～2 s，读取仪器显示的测量值，对测量值应进行记录。

每个构件检测 5 处，每处的数值为 3 个相距 50 mm 测点涂层干漆膜厚度的平均值。

4）检测数据分析与判定：当设计对涂层厚度无要求时，涂层干漆膜总厚度：室外应为 150 μm，室内应为 125 μm，其允许偏差−25 μm，每遍涂层干漆膜厚度的允许偏差−5 μm。

（7）防火涂料涂层厚度

1）适用范围：适用于建筑物及构筑物钢结构防火保护涂层厚度的测试。

2）主要仪器设备：厚度测量仪：由针杆和可滑动圆盘组成，圆盘始终保持与针杆垂直，并在其上装有固定装置，圆盘直径不大于 30 mm，以保证完全接触被测试件的表面。

3）试验步骤：

测点选定：

a. 楼板和防火墙的防火涂层厚度测定，可选两相邻纵、横轴线相交中的面积为一个单元，在其对角线上，按每米长度选一点进行测试。

b. 全钢框架结构的梁和柱的防火涂层厚度测定，在构件长度内每隔 3 m 取一截面，按图 6-10 所示位置测试。

c. 桁架结构，上弦和下弦按第 2 款的规定每隔 3 m 取一截面检测，其他腹杆每根取一截面检测。

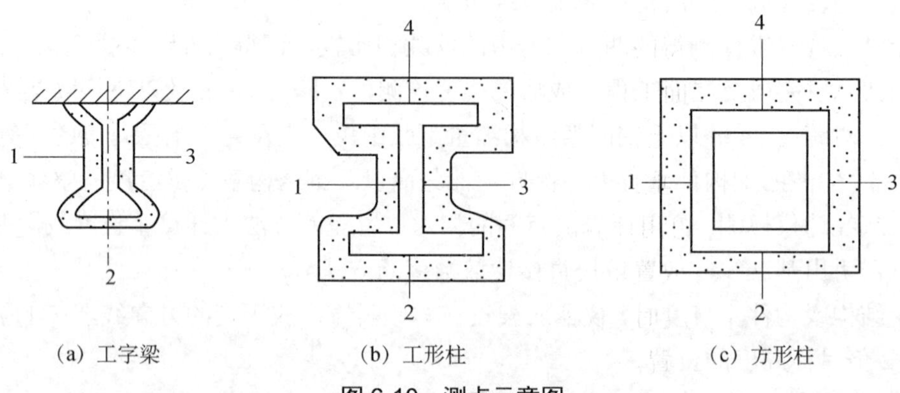

(a) 工字梁　(b) 工形柱　(c) 方形柱

图 6-10　测点示意图

测试时，将测量探针垂直插入防火涂层直径至钢基材表面上，记录标尺读数。

4）检测数据及判定：

测量结果：对于楼饭和墙面，在所选择的面积中，至少测出 5 个点；对于梁和柱梁和柱的所选择的位置中，分别测出 6 个和 8 个点。分别计算出它们的平均值，精确到 0.5 mm。

薄涂型防火涂料的涂层厚度应符合有关耐火极限的设计要求。厚漆型防火涂料涂层的厚度，80%及以上面积应符合有关耐火极限的设计要求，且最薄处厚度不应低于设计要求的 85%。

五、装饰装修

装饰装修工程的子分部工程包括：抹灰工程、外墙防水工程、门窗工程、吊顶工程、轻质隔墙工程、饰面板工程、饰面砖工程、幕墙工程、涂饰工程、裱糊与软包工程、细部工程等。

1. 主要检测项目

抹灰砂浆抗压强度、试块拉伸黏结强度、现场拉伸黏结强度；建筑外窗气密性能、水密性能、抗风压性能、保温性能；后置埋件现场拉拔力；饰面砖黏结强度；幕墙气密、水密、抗风压、层间变形性能；栏杆水平推力、玻璃抗冲击性能；室内空气质量。

2. 取样依据及数量

（1）取样依据

依据《建筑装饰装修工程质量验收标准》（GB 50210—2018）的相关规定。

（2）检测数量

1）抹灰砂浆抗压强度：

①检验批划分：相同材料、工艺和施工条件的室内抹灰工程每 1 000 m^2 应划分为一个检验批，不足 1 000 m^2 时也应划分为一个检验批；相同材料、工艺和施工条件的室内抹灰工程每 50

个自然间应划分为一个检验批，不足 50 间也应划分为一个检验批，大面积房间和走廊可按抹灰面积每 30 m^2 计为 1 间。

②检查数量：同一验收批砂浆试块不少于 3 组。

2）抹灰砂浆试块拉伸黏结强度：

相同砂浆品种、强度等级、施工工艺的外墙、顶棚抹灰工程每 5 000 m^2 应为一个检验批，每个检验批应取一组试件进行检测，不足 5 000 m^2 的也应取一组。

3）抹灰砂浆现场拉伸黏结强度：依据《抹灰砂浆技术规程》（JGJ/T 220—2010）的相关规定。

相同砂浆品种、强度等级、施工工艺的外墙、顶棚抹灰工程每 5 000 m^2 应为一个检验批，每个检验批应取 3 组进行检测。

4）建筑外窗气密性能、水密性能、抗风压性能、保温性能。

检验批划分：同一品种、类型和规格的木门窗、金属门窗、塑料门窗和门窗玻璃每 100 樘应划分为一个检验批，不足 100 樘也应划分为一个检验批；同一品种、类型和规格的特种门每 50 樘应划分为一个检验批，不足 50 樘也应划分为一个检验批。

检查数量：木门窗、金属门窗、塑料门窗和门窗玻璃每个检验批应至少抽查 5%，并不得少于 3 樘，不足 3 樘时应全数检查；高层建筑的外窗每个检验批应至少抽查 10%，并不得少于 6 樘，不足 3 樘时应全数检查；特种门每个检验批应至少抽查 50%，并不得少于 10 樘，不足 10 樘时应全数检查。

5）后置埋件现场拉拔力：依据《混凝土结构后锚固技术规程》（JGJ 145—2013）的相关规定。

检验批划分：以同品种、同规格、同强度等级的锚固件安装于锚固部位基本相同的同类构件为一检验批。

破坏性检验检测数量：选择锚固区以外的同条件位置，应取每一检验批锚固件总数的 0.1%且不少于 5 件。

非破损检验检测数量：对重要结构构件及生命线工程的非结构构件见表 6-46；对一般结构构件，应取重要结构构件抽样量的 50%且不少于 5 件；对非生命线工程的非结构构件，应取每一检验批锚固件总数的 0.1%且不少于 5 件。

表 6-46　重要结构构件及生命线工程的非结构构件锚栓锚固质量非破损检验抽样表

检验批的锚栓总数	≤100	500	1 000	2 500	≥5 000
按检验批锚栓总数计算的最小抽样量	20% 且不少于 5 件	10%	7%	4%	3%

注：当锚栓总数介于两栏数量之间时，可按线性内插法确定抽样数量。

6）饰面砖黏结强度：依据《建筑工程饰面砖黏结强度检验标准》（JGJ/T 110—2017）的相关规定。

带饰面砖的预制构件：以每 500 m^2 同类构件为一检验批，不足 500 m^2 应为一个检验批。每批应取一组 3 块板，每块板应制取 1 个试样对饰面砖黏结强度进行检验。

现场粘贴饰面样板：每种类型的基体上应粘贴不小于 1 m^2 饰面砖样板，每个样板应各制取一组 3 个饰面砖黏结强度试样，取样间距不得小于 500 mm。

现场粘贴饰面砖以每 500 m^2 同类基体饰面砖为一个检验批，不足 500 m^2 应为一个检验批。每批应取一组 3 试样，每连续 3 个楼层应取不少于一组试件，取样宜均匀分布。

7）幕墙气密、水密、抗风压、层间变形性能：

相同设计、材料、工艺和施工条件的幕墙工程每 1 000 m^2 应划分为一个检验批，不足 1 000 m^2 时也应划分为一个检验批；同一单位工程不连续的幕墙工程应单独划分检验批；对于异形或有特殊要求的幕墙，检验批的划分应根据幕墙的结构、工艺特点及幕墙工程规模，由监理单位（或建设单位）和施工单位协商确定。

8）栏杆水平推力、玻璃抗冲击性能：依据《建筑护栏技术规程》（DBJ 50-123—2010）的相关规定。

检测数量按同品种、类型和施工工艺不少于一件。

9）室内空气质量：依据《民用建筑工程室内环境污染控制规范》（GB 50325—2010）（2013 年版）的相关规定。

室内环境质量：应抽检每个建筑单体有代表性的房间室内环境污染物浓度，氡、甲醛、氨、苯、TVOC 的抽检数量不得少于房间总数的 5%，每个建筑单体不得少于 3 间，当房间总数少于 3 间时，应全数检测；凡进行了样板间室内环境污染物浓度检测且检测结果合格的，抽样量减半，并不得少于 3 间。

3. 检测方法

（1）抹灰砂浆抗压强度、试块拉伸黏结强度

按《建筑砂浆基本性能试验方法标准》（JGJ/T 70—2009）进行检测。

（2）抹灰砂浆现场拉伸黏结强度：依据《抹灰砂浆技术规程》（JGJ/T 220—2010）的相关规定

①适用范围：适用于内墙、外墙、混凝土顶棚抹灰砂浆拉伸黏结强度现场检测。

②主要仪器设备：

拉伸黏结强度检测仪：应符合现行《数显式黏结强度检测仪》（JG/T 507—2016）规定。钢直尺：分度值为 1 mm。胶黏剂：黏结强度宜大于 3.0 MPa。手持切割机。

③试验步骤：在抹灰层施工完成后 28 d 后进行拉伸黏结强度取样，取样面积不应小于 2 m^2，取样数量应为 7 个。

按拉拔板（长×宽为 100 mm×100 mm 或直径为 50 mm 圆形板）的尺寸切割试样，试样尺寸与拉拔板的尺寸相同。切割应深入基层，且切入基层的深度不应大于 2 mm。

清除拉拔板及抹灰层表面污渍并保持干燥，粘贴拉拔板用胶带等进行固定。带胶黏剂固化后，在拉拔板上安装带有万向接头的拉力杆。

安装专用穿心千斤顶，拉力杆应通过穿心千斤顶中心，并应于拉拔板垂直。调整千斤顶活塞，使活塞升出 2 mm，并将数字式显示器调零，拧紧拉力杆螺母。匀速摇转手柄升压，直至抹灰层断开，记录黏结力检测值（数字显示器峰值）。

检测后降压至千斤顶复位，取下拉力杆螺母及拉力杆。

测量断面边长，在各边分别距外侧 10 mm 处测量两个数值或相互垂直测量两个直径，取其平均值作为边长值或直径（精确到 1 mm）。

④检测数据处理及判定

抹灰层与基体拉伸黏结强度检测结果的有效性判断：当破坏发生在抹灰砂浆与基层连接界面时，检测结果为有效；当破坏发生在抹灰砂浆层内时，检测结果为有效；当破坏发生在基层内，检测数据大于或等于黏结强度规定值时，检测结果为有效；当破坏发生在基层内，检测数据小于黏结强度规定值时，检测结果为无效；当破坏发生在黏结层，检测数据大于或等于黏结强度规定值时，检测结果为有效；当破坏发生在黏结层，检测数据小于黏结强度规定值时，检测结果为无效。

试样拉伸黏结强度按下式计算：

$$R_i = \frac{X_i}{S_i}$$

式中，R_i——第 i 个试样的黏结强度，MPa，精确到 0.1 MPa；

X_i——第 i 个试样的黏结力，N，精确到 1 N；

S_i——第 i 个试样的断面面积，mm^2，精确到 1 mm^2。

取 7 个试样拉伸黏结强度的平均值为试验结果。当 7 个测定值中有 1 个超过平均值的 20%，应去掉最大值和最小值，并取剩余 5 个试样黏接强度的平均值为试验结果。当 5 个测定值中有 1 个超过平均值的 20%，应再次去掉最大值和最小值，并取剩余 3 个试样黏接强度的平均值为试验结果。

当 5 个测定值中有 2 个超过平均值的 20%，该组试验结果应判定为无效。

试验结果有争议时，应以采用方形拉拔板测定的结果为准。

（3）建筑外窗的气密性能、水密性能、抗风压性能、保温性能

按《建筑外门窗气密、水密、抗风压性能分级及检测方法》（GB/T 7106—2008）、《建筑外门窗保温性能分级及检测方法》（GB/T 8484—2008）进行检测。

（4）后置埋件现场拉拔力

1）适用范围：适用于饰面工程、幕墙工程后置埋件现场拉拔力检测。

2）主要仪器设备：

①拉拔仪：加荷能力应比预计的检验荷载值至少大 20%，且不大于检验荷载的 2.5 倍，测力系统整机允许偏差为全量程的±2%，加荷系统持荷时间不超过 5 min 时降荷值不应大于 5%。

②支撑环：支撑环内径不应小于膨胀性锚栓、扩底型锚栓和发生混凝土锥体破坏的化学锚栓的有效锚固深度的 4 倍，化学锚栓发生混合破坏及钢材破坏时支撑环内径不应小于 12 倍锚栓直径和 250 mm 的较大值。

③百分表等。

3）试验步骤：安装支撑环、拉拔仪，加荷设备所施加的拉力荷载与后锚固构的轴线一致。

非破损检验：连续加载时，以均匀速率在 2～3 min 时间内加载至检验荷载，并持荷 2 min。

分级加载时，将检验荷载均分为 10 级，每级持荷 1 min，直至检验荷载，并持荷 2 min。

破坏性检验：连续加载时，以均匀速率在 2～3 min 时间内加载至锚固破坏。分级加载时，前 8 级，每级荷载增量应取 0.1 倍计算破坏荷载值，且每级持荷 1～1.5 min；自第 9 级起，每级荷载增量应取为 0.05 倍计算破坏荷载值，且每级持荷 30s，直至锚固破坏。

4）检测处理评定：

非破损检验的评定：试样在持荷期间，锚固体无滑移、基材混凝土无裂纹或其他局部损坏迹象出现，且加荷装置的荷载示值在 2 min 内无下降或下降幅度不超过 5%的检验荷载时，评定为合格；一个检验批所抽取的试样全部合格时，该检验批应评定为合格检验批；一个检验批中不合格的试样不超过 5%时，应另抽 3 根试样进行破坏性检验，若检测结果全部合格，该检验批仍可评定为合格检验批。

破坏性检验发生混凝土破坏，检测结果满足下列公式时，其锚固质量应评定为合格。

$$N_{Rm}^{c} \geqslant \gamma_{u,\lim} N_{Rk,*}$$

$$N_{R\min}^{c} \geqslant N_{Rk,*}$$

式中，N_{Rm}^{c} ——受检验锚固件极限抗拔力实测平均值，N；

$N_{R\min}^{c}$ ——受检验锚固件极限抗拔力实测最小值，N；

$N_{Rk,*}$ ——混凝土破坏受检锚固件极限抗拔力标准值，N；

$\gamma_{u,\lim}$ ——锚固承载力检验系数允许值，取 1.1。

锚栓破坏性检验发生钢材破坏，检验结果满足下列要求时，其锚固质量应评定为合格。

$$N_{R\min}^{c} \geqslant \frac{f_{stk}}{f_{yk}} N_{Rk,s}$$

式中，$N_{Rk,s}$ ——锚栓钢材破坏受拉承载力标准值，N；

f_{stk} ——锚栓极限抗拉强度标准值，MPa；

f_{yk} ——锚栓屈服强度标准值，MPa。

（5）饰面砖黏结强度

1）适用范围：适用于建筑工程外墙饰面砖黏结强度检验和水泥基黏结材料满粘内墙饰面砖的黏结强度检验。

2）主要仪器设备：黏结强度检测仪：最大拉力宜为 10 kN，最小分辨力为 0.01 kN；钢直尺：分度值为 1 mm。

3）试验步骤：用切割机从饰面砖表面切割至基体表面，深度应一致。对有加强处理措施的应切割至加强抹面层表面。对带饰面砖的预制构件应从饰面砖表面切割至饰面砖底凸出的面，深度一致。试样切割长度和宽度宜与标准块相同，其中有两道相邻切割线应沿饰面砖边缝切割。

用胶黏剂粘贴标准块，胶黏剂不应粘连断缝，用胶带固定。

在标准块上安装带有万向接头的拉力杆。安装专用穿心式千斤顶，使拉力杆通过穿心千斤顶中心并与饰面砖表面垂直。

使活塞升出 2 mm，并将数字显示器调零，再拧紧拉力杆螺母。

当检测饰面砖黏结力时，匀速摇转手柄升压，直至饰面砖试样断开，记录黏结力值（数字显示器峰值）。

检测后降压至千斤顶复位，取下拉力杆螺母和拉杆。确定试样断开状态，测量试样每对切割边的中部距离（精确至 1 mm)，作为试样边长。当断开状态为胶黏剂与饰面砖或标准块界面断开或饰面砖为主断开且黏结强度小于标准平均值要求时，应分析原因并在其附近重新选点检测。

4）检测数据处理及判定

试样黏结强度按下式计算。

$$R_i = \frac{X_i}{S_i} \times 10^3$$

式中，R_i——第 i 个试样黏结强度，MPa，精确至 0.1 MPa；

X_i——第 i 个试样黏结力，kN，精确至 0.01 kN；

S_i——第 i 个试样面积，mm^2，精确至 1 mm^2。

每组试样平均黏结强度按下式计算。

$$R_m = \frac{1}{3}\sum_{i=1}^{3} R_i$$

式中，R_m——每组试样平均黏结强度，MPa，精确至 0.1 MPa。

现场粘贴的同类饰面砖，当一组试样均符合判定指标要求时，判定其黏结强度合格；当一组试样均不符合判定指标要求时，判定其黏结强度不合格；当一组试样仅符合判定指标的一项要求时，应在该组试样原取样区域内重新抽取两组试样检验，若检验结果仍有一项不符合判定指标要求时，判定其黏结强度。判定指标应符合下列规定：

a. 每组试样平均黏结强度不应小于 0.4 MPa；

b. 每组允许有一个试样的黏结强度小于 0.4 MPa，但不应小于 0.4 MPa。

带饰面砖的预制构件，当一组试样均符合判定指标要求时，判定其黏结强度合格；当一组试样均不符合判定指标要求时，判定其黏结强度不合格；当一组试样仅符合判定指标的一项要求时，应在该组试样原取样区域内重新抽取两组试样检验，若检验结果仍有一项不符合判定指标要求时，判定其黏结强度不合格。判定指标应符合下列规定：

a. 每组试样平均黏结强度不应小于 0.6 MPa；

b. 每组允许有一个试样的黏结强度小于 0.6 MPa，但不应小于 0.4 MPa。

（6）幕墙气密、水密、抗风压、层间变形性能

按《建筑幕墙气密、水密、抗风压性能检测方法》（GB/T 15227—2007)、《建筑幕墙层间变形性能分级及检测方法》（GB/T 18250—2015）的规定进行。

（7）栏杆水平推力

依据《建筑护栏技术规程》（DBJ 50—123—2010）的相关规定。

1）适用范围：适用于重庆地区民用建筑护栏的检测。

2）主要仪器设备：千斤顶或砝码、百分表或位移计。

3）试验步骤：试验前，宜进行预压，以检查试验装置的工作是否正常。预压荷载可取为检验荷载的 20%～30%。

①承载力检测：

试验时应分级加载。当荷载小于荷载标准值时，每级荷载不应大于荷载标准值的 20%；当荷载大于荷载标准值时，每级荷载不应大于荷载标准值的 10%；当荷载接近承载力检验荷载值时，每级荷载不应大于承载力检验荷载设计值的 5%；加载至出现破坏标志时，终止加载。

每级加载完成后，应持续 10 min；在荷载标准值作用下，应持续 30 min。在持续时间内，应观察护栏锚固端的连接情况；在持续时间结束时，观察并记录各项读数。

护栏试验中出现下列情况之一时可视为破坏，应终止加载：护栏挠度达到设计允许挠度值的 2 倍或锚固开裂；在荷载作用下，护栏自身材料发生开裂、断裂。

②验收试验：

检验荷载应采用荷载标准值乘 1.1 系数或由设计单位确定。

每级加载值不宜大于荷载标准值的 20%，达到检验荷载值后分级卸荷，卸荷分级次数不宜少于 3 次。

每级加载完成后，应持续 10 min；在荷载标准值作用下，应持续 30 min。在持续时间内，应观察护栏锚固端的连接情况；在持续时间结束时，观察并记录各项读数。

4）检测数据处理及判定

①承载力检测：

试验完成后，应根据试验荷载数据绘制荷载—挠度曲线。

极限承载力取破坏荷载前一级的荷载值。

②验收试验：

当满足下列所有条件时，试验段的护栏为合格：

a. 加载到检验荷载值后，变形稳定；

b. 在荷载标准值作用下护拦顶点位移未超过允许挠度限值；

c. 在检验荷载作用下护栏锚固端未出现开裂、起拱等异常情况。

（8）玻璃抗冲击性能

依据《建筑护栏技术规程》（DBJ 50—123—2010）的相关规定。

1）适用范围：适用于单块玻璃最小边长不小于 500 mm 的护栏。

2）主要仪器设备：台秤、钢卷尺。

3）试验步骤：

将重 60 kg 的砂袋，用绳索悬挂在吊架上，吊挂点距砂袋中部的长度为 1.5 m，砂袋垂挂时紧贴试验玻璃的中央，向后拉起砂袋，砂袋绳索与垂线夹角 45° 且砂袋重心在绳索延长线上时，突然放掉砂袋，使砂袋的下垂力自然撞击玻璃。

4）检测数据处理及判定：

合格判定：单块玻璃连续 3 次撞击无异常现象为合格。

（9）室内空气质量

依据《民用建筑工程室内环境污染控制规范》（GB 50325—2010）（2013 年版）的相关规定。

1）适用范围：适用于新建、扩建和改建的民用建筑工程室内环境污染控制，不适用于工业建筑工程、仓储性建筑工程、构筑物和有特殊净化卫生要求的室内环境污染控制，也不适用于民用建筑工程交付使用后，非建筑装修产生的室内环境污染控制。

2）主要仪器设备：恒流采样器、热解吸装置、气相色谱仪、分光光度计、环境氡检测仪等。

3）现场应具备的条件：

民用建筑工程室内环境中甲醛、苯、氨、总挥发性有机化合物（TVOC）浓度检测时，对采用集中空调的民用建筑工程，应在空调正常运转的条件下进行；对采用自然通风的民用建筑工程，检测应在对外门窗关闭 1 h 后进行。对甲醛、氨、苯、TVOC 取样检测时，装饰装修工程中完成的固定式家具，应保持正常使用状态。

民用建筑工程室内环境中氡浓度检测时，对采用集中空调的民用建筑工程，应在空调正常运转的条件下进行；对采用自然通风的民用建筑工程，应在房间的对外门窗关闭 24 h 以后进行。

4）检测点数见表 6-47。

表 6-47　室内环境污染物浓度检测点数设置

房间使用面积/m^2	检测点数/个
＜50	1
≥50，＜100	2
≥100，＜500	不少于 3
≥500，＜1 000	不少于 5
≥1 000，＜3 000	不少于 6
≥3 000	每 1 000 m^2 不少于 3

当房间内有 2 个及以上检测点时，应采用对角线、斜线、梅花状均衡布点，并取各点检测结果的平均值作为该房间的检测值。

5）检测方法：按《民用建筑工程室内环境污染控制规范》（GB 50325—2010）（2013 年版）进行。

6）检测结果判定：

当室内环境污染物浓度的全部检测结果符合表 6-48 的规定时，可判定该工程室内环境质量合格。

当室内环境污染物浓度检测结果不符合的规定时，应查找原因并采取措施进行处理。抽取措施进行处理后的工程，可对不合格项进行再次检测。再次检测时，抽检量应增加 1 倍，并应包含同类型房间及原不合格房间。再次检测结果全部符合的规定时，应判定为室内环境质量合格。

表 6-48　民用建筑工程室内环境污染物浓度限量

污染物	Ⅰ类民用建筑工程	Ⅱ类民用建筑工程
氡/（Bq/m^3）	≤200	≤400
甲醛/（mg/m^3）	≤0.08	≤0.1
苯/（mg/m^3）	≤0.09	≤0.09
氨/（mg/m^3）	≤0.2	≤0.2
TVOC/（mg/m^3）	≤0.5	≤0.6

注：表中污染物浓度限量，除氡外均指室内测量值扣除同步测定的室外上风向空气测量值（本底值）后的测量值；表中污染物浓度测量值的极限值判定，采用全数值比较法。

第七章 工程实体质量检测

第一节 混凝土结构实体质量检测

建筑工程是地基基础、主体结构、防水、装饰装修、给排水及采暖、建筑电气、通风空调、智能建筑、节能工程等分部工程构成的。其中，主体结构工程涉及建筑工程的安全。因此，对主体结构工程的质量控制就显得更为重要。主体结构主要以混凝土结构为主，在施工阶段要进行建筑材料进场复验和见证取样送样检测、施工过程中的工序检验、结构工程的实体检验和对结构质量有怀疑的抽样检测。建筑材料进场复验和见证取样送样检测、施工过程中的工序检验在其他章节已有论述，本节主要就新建混凝土结构的结构实体质量检测进行介绍。

一、混凝土结构实体检验

1. 结构实体检验定义

在结构实体上抽取试样，在现场进行检验或送至有相应检测资质的检测机构进行的检验。

2. 相关规定

根据《混凝土结构工程施工质量验收规范》(GB 50204—2015)，对混凝土结构子分部工程结构实体检验的相关规定如下：

1）对涉及混凝土结构安全的有代表性的部位应进行结构实体检验。结构实体检验应包括混凝土强度、钢筋保护层厚度、结构位置与尺寸偏差以及合同约定的项目；必要时可检验其他项目。

对结构实体进行检验，并不是在子分部工程验收前的重新检验，而是在相应分项工程验收合格的基础上，对重要项目进行的验证性检验，其目的是强化混凝土结构的施工质量验收，真实地反映结构混凝土强度、受力钢筋位置、结构位置与尺寸等质量指标，确保结构安全。

2）结构实体检验应有监理单位组织施工单位实施，并见证实施过程。施工单位应制订结构实体检验专项方案，并经监理单位审核批准后实施。除结构位置与尺寸偏差外的结构实体检验项目，应由具有相应资质的检测机构完成。

结构性能检验应由监理工程师组织并见证，混凝土强度、钢筋保护层厚度应由具有相应资质的检测机构完成，结构位置与尺寸偏差可由专业检测机构完成，也可由监理单位组织施工单位完成。为保证结构实体检验的可行性、代表性，施工单位应编制结构性能检验专项方案，并经监理单位审核批准后实施。结构实体混凝土同条件养护试件强度检验的方案应在施工前编制，其他检验方案应在检验前编制。

装配式混凝土结构的结构位置与尺寸偏差检验同现浇混凝土结构，混凝土强度、钢筋保护层厚度检验可按下列规定执行：

①连接预制构件的后浇混凝土结构同现浇混凝土结构；

②进场时不进行结构性能检验的预制构件部位同现浇混凝土结构；

③进场时按批次进行结构性能检验的预制构件部分可不进行。

3）结构实体混凝土强度应按不同强度等级分别检验，检验方法宜采用同条件养护试件方法；当未取得同条件养护试件强度或同条件养护试件强度不符合要求时，可采用回弹-取芯法进行检验。

回弹-取芯法仅适用于混凝土结构子分部工程验收中的混凝土强度实体检验，不可扩大范围使用。

结构实体混凝土强度检验应按不同强度等级分别检验，应优先选用同条件养护试件方法检验结构实体混凝土强度。当未取得同条件养护试件强度或同条件养护试件强度检验不符合要求时，可采用回弹-取芯的方法进行检验。混凝土强度实体检验的范围主要为柱、梁、墙、楼板。

试验研究表明，通常条件下，当逐日累计养护温度达到600℃·d时，由于基本反映了养护温度对混凝土强度增长的影响，同条件养护试件强度与标准养护条件下 28 d 龄期的试件强度之间有较好的对应关系。混凝土强度检验时的等效养护龄期按混凝土实体强度与在标准养护条件下 28 d 龄期时间强度相等的原则确定，应在达到等效养护龄期后进行混凝土强度实体检验，等效养护龄期取按日平均温度逐日累计不小于 600℃·d 对应的龄期。等效养护龄期可按下列规定计算确定：

①对于日平均温度，当无实测值时，可采用为当地天气预报的最高温、最低温的平均值。

②采用同条件养护试件法检验结构实体混凝土强度时，实际操作宜取日平均温度逐日累计达到 560～640℃·d 时所对应的龄期，且等效养护龄期不应小于 14 d，无上限规定要求。

③对于设计规定标准养护试件验收龄期大于 28 d 的大体积混凝土，混凝土实体强度检验的等效养护龄期也应相应按比例延长，如规定龄期为 60 d 时，等效养护龄期的度日积为 1 200℃·d。

④冬期施工时，同条件养护试件的养护条件、养护温度应与结构构件相同，等效养护龄期计算时温度可以取结构构件实际养护温度，也可以根据结构构件的实际养护条件，按照同条件养护试件强度与在标准养护条件下 28 d 龄期试件强度相等的原则由监理、施工等各方共同确定。

4）结构实体检验中，当混凝土强度或钢筋保护层厚度检验检测结果不满足要求时，应委托具有资质的检测机构按国家现行有关标准的规定进行检测。

本条规定的出现不合格的情况是专门针对实体验收阶段。尽管实体验收阶段，结构实体混凝土强度、钢筋保护层厚度等均是第三方检测机构完成的，为在确保质量前提下尽量减轻验收管理工作量，施工质量验收阶段有关检测的抽样数量规定的相对较少。因此规定，当出现不合格的情况时，委托第三方按国家现行相关标准规定进行检测，其检测面将较大，且更具有代表性。检测的结果将作为进一步验收的依据。

二、混凝土实体质量检测方法

1. 结构实体混凝土同条件养护试件强度检验

1）同条件养护试件的取样和留置应符合下列规定：

①同条件养护试件所对应的结构构件或结构部位，应由施工、监理等各方共同选定，且同条件养护试件的取样宜均匀分布于工程施工周期内。

②同条件养护试件应在混凝土浇筑入模处见证取样。

③同条件养护试件应留置在靠近相应结构构件的适当位置，并应采取相同的养护方法。

④同一强度等级的同条件养护试件不宜少于 10 组，且不应少于 3 组。每连续两层楼取样不应少于 1 组；每 2 000 m³ 取样不得少一组。

2）每组同条件养护试件的强度值应根据强度试验结果按现行国家标准《普通混凝土力学性能试验方法标准》（GB/T 50081—2002）的规定确定。

3）对同一强度等级的同条件养护试件，其强度值应除以 0.88 后按现行国家标准《混凝土强度检验评定标准》（GB/T 50107—2010）的有关规定进行评定，评定结果符合要求时可判结构实体混凝土强度合格。

2. 结构实体混凝土回弹-取芯法强度检验

1）回弹构件的抽取应符合下列规定：

①同一混凝土强度等级的柱、梁、墙、板，抽取构件最小数量应符合相关规定，并应均匀分布；

②不宜抽取截面高度小于 300 mm 的梁和边长小于 300 mm 的柱。

2）每个构件应选取不少于 5 个测区进行回弹检测及回弹值计算，并应符合现行行业标准《回弹法检测混凝土抗压强度技术规程》（JGJ/T 23—2011）对单个构件检测的有关规定。楼板构件的回弹宜在板底进行。

3）对同一强度等级的混凝土，应将每个构件 5 个测区中的最小测区平均回弹值进行排序，并在其最小的 3 个测区各取 1 个芯样。芯样应采用带水冷却装置的薄壁空心钻钻取，其直径宜为 100 mm，且不宜小于混凝土骨料最大粒径的 3 倍。

4）芯样试件的端部宜采用环氧胶泥或聚合物水泥砂浆补平，也可采用硫黄胶泥修补。加工后芯样试件的尺寸偏差与外观质量应符合下列规定：

①芯样试件的高度与直径之比实测值不应小于 0.95，也不应大于 1.05；

②沿芯样高度的任一直径与其平均值之差不应大于 2 mm；

③芯样试件端面的不平整度在 100 mm 长度内不应大于 0.1 mm；

④芯样试件端面与轴线的不垂直度不应大于 1°；

⑤芯样不应有裂缝、缺陷及钢筋等其他杂物。

5）芯样试件尺寸的量测应符合下列规定：

①应采用游标卡尺在芯样试件中部互相垂直的两个位置测量直径，取其算术平均值作为芯样试件的直径，精确至 0.1 mm；

②应采用钢板尺测量芯样试件的高度，精确至 1 mm；

③垂直度应采用游标量角器测量芯样试件两个端线与轴线的夹角，精确至 0.1°；

④平整度应采用钢板尺或角尺紧靠在芯样试件端面上，一面转动钢板尺，一面用塞尺测量钢板尺与芯样试件端面之间的缝隙；也可采用其他专用设备测量。

6）芯样试件应按现行国家标准《普通混凝土力学性能试验方法标准》（GB/T 50081—2002）中圆柱体试件的规定进行抗压强度试验。

7）对同一强度等级的构件，当符合下列规定时，结构实体混凝土强度可判为合格：

①3 个芯样的抗压强度算术平均值不小于设计要求的混凝土强度等级值的 88%；

②3 个芯样抗压强度的最小值不小于设计要求的混凝土强度等级值的 80%。

3. 结构实体钢筋保护层厚度检验

1）结构实体钢筋保护层厚度检验构件的选取应均匀分布，并应符合下列规定：

①对非悬挑梁板类构件，应各抽取构件数量的 2%且不少于 5 个构件进行检验。

②对悬挑梁，应抽取构件数量的 5%且不少于 10 个构件进行检验；当悬挑梁数量少于 10 个时，应全数检验。

③对悬挑板，应抽取构件数量的 10%且不少于 20 个构件进行检验；当悬挑板数量少于 20 个时，应全数检验。

2）对选定的梁类构件，应对全部纵向受力钢筋的保护层厚度进行检验；对选定的板类构件，应抽取不少于 6 根纵向受力钢筋的保护层厚度进行检验。对每根钢筋，应选择有代表性的不同部位量测 3 点取平均值。

3）钢筋保护层厚度的检验，可采用非破损或局部破损的方法，也可采用非破损方法并用局部破损方法进行校准。当采用非破损方法检验时，所使用的检测仪器应经过计量检验，检测操作应符合相应规程的规定。

钢筋保护层厚度检验的检测误差不应大于 1 mm。

4）钢筋保护层厚度检验时，纵向受力钢筋保护层厚度的允许偏差应符合表 7-1 的规定。

表 7-1　结构实体纵向受力钢筋保护层厚度的允许偏差

构件类型	允许偏差/mm
梁	+10，−7
板	+8. −5

5）梁类、板类构件纵向受力钢筋的保护层厚度应分别进行验收，并应符合下列规定：

①当全部钢筋保护层厚度检验的合格率为 90%及以上时，可判为合格。

②当全部钢筋保护层厚度检验的合格率小于 90%但不小于 80%时，可再抽取相同数量的构件进行检验；当按两次抽样总和计算的合格率为 90%及以上时，仍可判为合格。

③每次抽样检验结果中不合格点的最大偏差均不应大于规定允许偏差的 1.5 倍。

4. 结构实体位置与尺寸偏差检验

1）结构实体位置与尺寸偏差检验构件的选取应均匀分布，并应符合下列规定：

①梁、柱应抽取构件数量的 1%，且不应少于 3 个构件；

②墙、板应按有代表性的自然间抽取 1%，且不应少于 3 间；

③层高应按有代表性的自然间抽查 1%，且不应少于 3 间。

2）对选定的构件，允许偏差应符合《混凝土结构工程施工质量验收规范》（GB 50204—2015）的相关规定，检验方法应符合规定，精确至 1 mm。结构实体位置与尺寸偏差检验项目及检验方法见表 7-2。

表 7-2　结构实体位置与尺寸偏差检验项目及检验方法

项目	检验方法
柱截面尺寸	选取柱的一边量测柱中部、下部及其部位，取 3 点平均
柱垂直度	沿两个方向分别量测，取较大值
墙厚	墙身中部量测 3 点，取平均值；测定间距不应小于 1 m
梁高	量测一侧边跨中及两个距离支座 0.1 m 处，取 3 点平均值；量测值可取腹板高度加上此处楼板的实测厚度
板厚	悬挑板取距离支座 0.1 m 处，沿宽度方向取包括中心位置在内的随机 3 点平均值；其他楼板，在同一对角线上量测中间及距离两端各 0.1 m 处，取 3 点平均值
层高	与板厚测定相同，量测板顶至上层楼板板底净高，层高量测值为净高与板厚之和，取 3 点平均值

3）墙厚、板厚、层高的检验可采用非破损或局部破损的方法，也可采用非破损方法并用局部破损方法进行校准。当采用非破损方法检验时，所使用的检测仪器应经过计量检验，检测操作应符合国家现行相关标准的规定。

4）结构实体位置与尺寸偏差项目应分别进行验收，并应符合下列规定：

①当检验项目的合格率为 80%及以上时，可判为合格；

②当检验项目的合格率小于 80%但不小于 70%时，可再抽取相同数量的构件进行检验；当按两次抽样总和计算的合格率为 80%及以上时，仍可判定为合格。

第二节　围护结构实体检测

一、相关规定

依据《建筑节能工程施工验收规范》（GB 50411—2007）的相关规定。

1）建筑围护结构施工完成后，应对围护结构的外墙节能构造和严寒、寒冷、夏热冬冷地区的外窗气密性进行现场实体检测。当条件具备时，也可直接对围护结构的传热系数进行检测。

2）外墙节能构造的现场实体检验目的：

①验证墙体保温材料的种类是否符合设计要求；

②验证保温层厚度是否符合设计要求；

③检查保温层构造做法是否符合设计和施工方案要求。

3）严寒、寒冷、夏热冬冷地区的外窗现场实体检测应按照国家现行有关标准的规定执行。其检验目的是验证建筑外窗气密性是否符合节能设计要求和国家有关标准的规定。

4）外墙节能构造和外窗气密性的现场实体检验，其抽样数量可以在合同中约定，但合同中约定的抽样数量不应低于本规范的要求。当无合同约定时应按照下列规定抽样：

①每个单位工程的外墙至少抽查3处，每处一个检查点；当一个单位工程外墙有2种以上节能保温做法时，每种节能做法的外墙应抽查不少于3处。

②每个单位工程的外窗至少抽查3樘。当一个单位工程外窗有2种以上品种、类型和开启方式时，每种品种、类型和开启方式的外窗应抽查不少于3樘。

5）外墙节能构造的现场实体检验应在监理（建设）人员见证下实施，可委托有资质的检测机构实施，也可由施工单位实施。

6）外窗气密性的现场实体检测应在监理（建设）人员见证下抽样，委托有资质的检测机构实施。

7）当对围护结构的传热系数进行检测时，应由建设单位委托具备检测资质的检测机构承担；其检测方法、抽样数量、检测部位和合格判定标准等可在合同中约定。

8）当外墙节能构造或外窗气密性现场实体检验出现不符合设计要求和标准规定的情况时，应委托有资质的检测机构扩大一倍数量抽样，对不符合要求的项目或参数再次检验。仍然不符合要求时应给出“不符合设计要求”的结论。

对于不符合设计要求的围护结构节能构造应查找原因，对因此造成的对建筑节能的影响程度进行计算或评估，采取技术措施予以弥补或消除后重新进行检测，合格后方可通过验收。

对于建筑外窗气密性不符合设计要求和国家现行标准规定的，应查找原因进行修理，使其达到要求后重新进行检测，合格后方可通过验收。

二、方法介绍

1. 外墙节能构造钻芯检验方法

依据《建筑节能工程施工验收规范》（GB 50411—2007附录C）的相关规定。

1）本方法适用于检验带有保温层的建筑外墙其节能构造是否符合设计要求。

2）钻芯检验外墙节能构造应在外墙施工完工后、节能分部工程验收前进行。

3）钻芯检验外墙节能构造的取样部位和数量，应遵守下列规定：

①取样部位应由监理（建设）与施工双方共同确定，不得在外墙施工前预先确定；

②取样部位应选取节能构造有代表性的外墙上相对隐蔽的部位，并宜兼顾不同朝向和楼

层；取样部位必须确保钻芯操作安全，且应方便操作；

③外墙取样数量为一个单位工程每种节能保温做法至少取 3 个芯样。取样部位宜均匀分布，不宜在同一个房间外墙上取 2 个或 2 个以上芯样。

4）钻芯检验外墙节能构造应在监理（建设）人员见证下实施。

5）钻芯检验外墙节能构造可采用空心钻头，从保温层一侧钻取直径 70 mm 的芯样。钻取芯样深度为钻透保温层到达结构层或基层表面，必要时也可钻透墙体。

当外墙的表层坚硬不易钻透时，也可局部剔除坚硬的面层后钻取芯样。但钻取芯样后应恢复原有外墙的表面装饰层。

6）钻取芯样时应尽量避免冷却水流入墙体内及污染墙面。从空心钻头中取出芯样时应谨慎操作，以保持芯样完整。当芯样严重破损难以准确判断节能构造或保温层厚度时，应重新取样检验。

7）对钻取的芯样，应按照下列规定进行检查：

①对照设计图纸观察、判断保温材料种类是否符合设计要求；必要时也可采用其他方法加以判断；

②用分度值为 1 mm 的钢尺，在垂直于芯样表面（外墙面）的方向上量取保温层厚度，精确到 1 mm；

③观察或剖开检查保温层构造做法是否符合设计和施工方案要求。

8）在垂直于芯样表面（外墙面）的方向上实测芯样保温层厚度，当实测芯样厚度的平均值达到设计厚度的 95%及以上且最小值不低于设计厚度的 90%时，应判定保温层厚度符合设计要求；否则，应判定保温层厚度不符合设计要求。

9）实施钻芯检验外墙节能构造的机构应出具检验报告。

检验报告至少应包括下列内容：

①抽样方法、抽样数量与抽样部位；

②芯样状态的描述；

③实测保温层厚度，设计要求厚度；

④按检验目的给出是否符合设计要求的检验结论；

⑤附有带标尺的芯样照片并在照片上注明每个芯样的取样部位；

⑥监理（建设）单位取样见证人的见证意见；

⑦参加现场检验的人员及现场检验时间；

⑧检测发现的其他情况和相关信息。

10）当取样检验结果不符合设计要求时，应委托具备检测资质的见证检测机构增加一倍数量再次取样检验。仍不符合设计要求时应判定围护结构节能构造不符合设计要求。此时应根据检验结果委托原设计单位或其他有资质的单位重新验算房屋的热工性能，提出技术处理方案。

11）外墙取样部位的修补，可采用聚苯板或其他保温材料制成的圆柱形塞填充并用建筑密封胶密封。修补后宜在取样部位挂贴注有“外墙节能构造检验点”的标志牌。

2. 外窗气密性检测

依据《建筑外窗气密、水密、抗风压性能现场检测方法》（JG/T 211—2007）的相关规定。

（1）检测原理及装置

1）现场利用密封板、围护结构和外窗形成静压箱，通过供风系统从静压箱抽风或向静压箱吹风在检测对象两侧形成正压差或负压差。在静压箱引出测量孔测量压差，在管路上安装流量测量装置测量空气渗透量，在外窗外侧布置适量喷嘴进行水密试验，在适当位置安装位移传感器测量杆件变形。

2）检测装置，如图 7-1 所示。

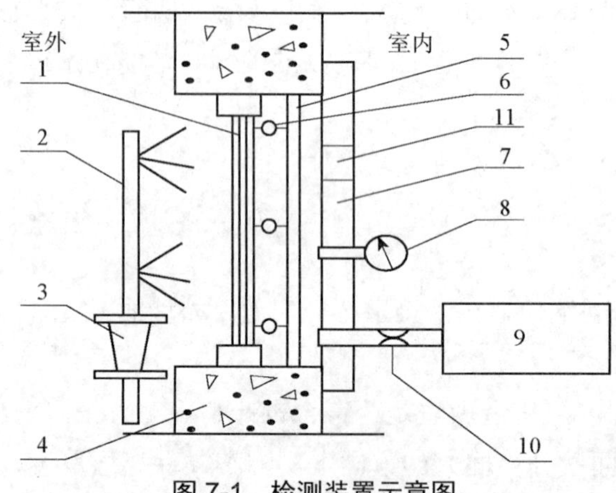

图 7-1　检测装置示意图

1.外窗；2.淋水装置；3.水流量计；4.围护结构；5.位移传感器安装杆；6.位移传感器；7.静压箱密封板（透明膜）；8.差压传感器；9.供风系统；10.流量传感器；11.检查门

（2）试件及检测要求

1）外窗及连接部位安装完毕达到正常使用状态。

2）试件选取同窗型、同规格、同型号三樘为一组。

3）气密检测时的环境条件记录应包括外窗室内外的大气压及温度。当温度、风速、降雨等环境条件影响检测结果时，应排除干扰因素后继续检测，并在报告中注明。

4）检测过程中应采取必要的安全措施。

（3）检测步骤

1）检测顺序宜按照抗风压变形性能（P_1 检测）、气密、水密、抗风压安全性能（P_3' 检测）依次进行。

2）气密性能检测前，应测量外窗面积；弧形窗、折线窗应按展开面积计算。从室内侧用厚度不小于 0.2 mm 的透明塑料膜覆盖整个窗范围并沿窗边框处密封，密封膜不应重复使用。在室内侧的窗洞口上安装密封板，确认密封良好。

3）气密性能检测压差检测顺序如图 7-2 所示，并按以下步骤进行：

①预备加压：正负压检测前，分别施加三个压差脉冲，压差绝对值为 150 Pa，加压速度约为 50 Pa/s。压差稳定作用时间不少于 3 s，泄压时间不少于 1 s，检查密封板及透明膜的密封状态。

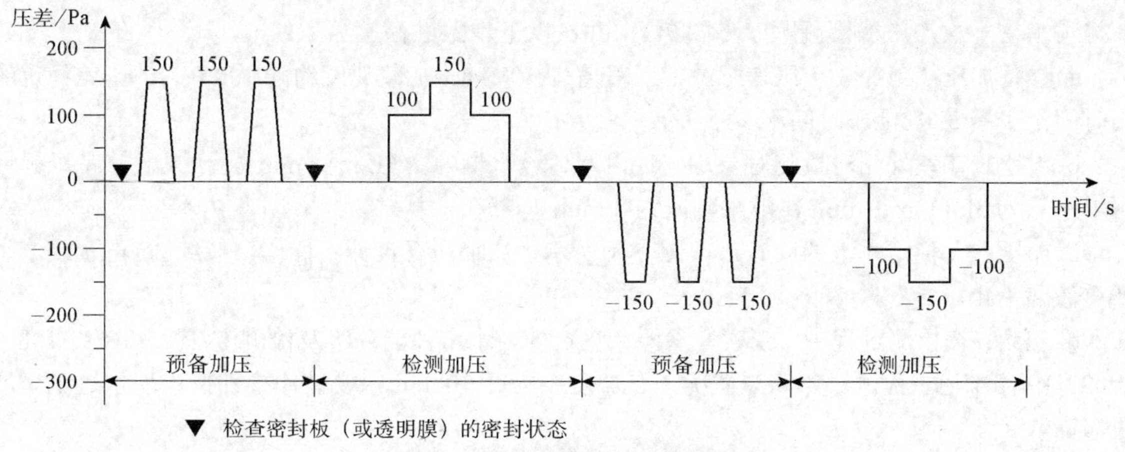

图 7-2　气密检测压差顺序图

②附加渗透量的测定：按照图 7-3 逐级加压，每级压力作用时间约为 10 s，先逐级正压，后逐级负压。记录各级测量值。附加空气渗透量系指除通过试件本身的空气渗透量以外通过设备和密封板，以及各部分之间连接缝等部位的空气渗透量。

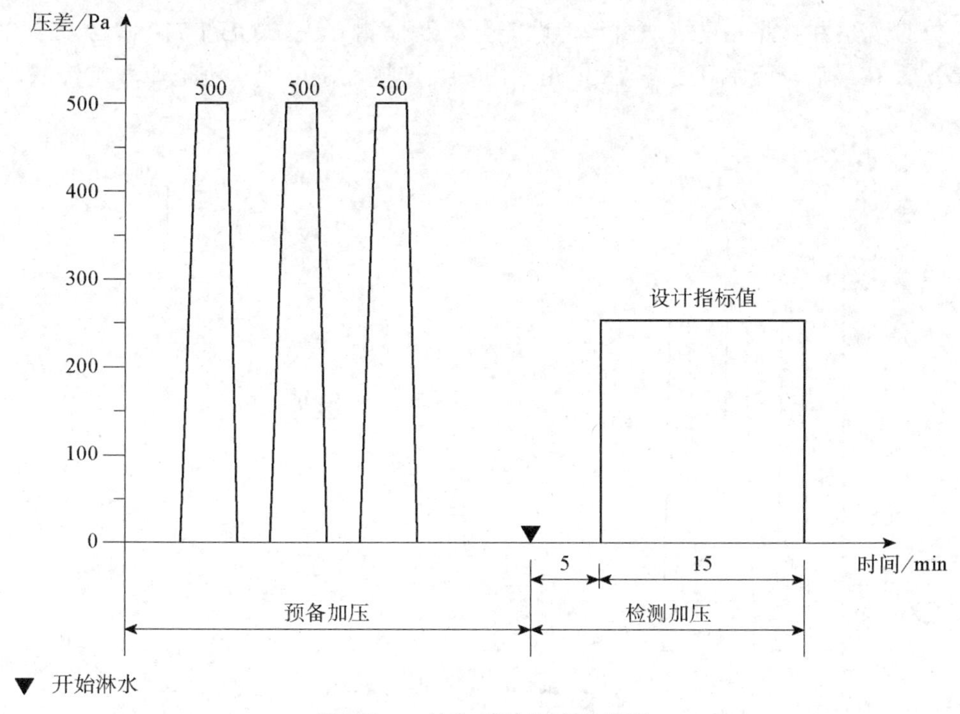

图 7-3　一次加压法顺序示意图

③总空气渗透量测量：打开密封板检查门，去除试件上所加密封措施薄膜后关闭检查门并密封后进行检测。检测程序同①。

4）水密性能检测采用稳定加压法，分为一次加压法和逐级加压法。当有设计指标值时，宜采用一次加压法。需要时可参照《建筑外窗水密性能分级及检测方法》（GB/T 7108—2002）增加波动加压法。

①水密一次加压法检测顺序见图 7-3，并按以下步骤进行：

a. 预备加压：施加 3 个压差脉冲，压差值为 500 Pa。加载速度约为 100 Pa/s，压差稳定作用时间不少于 3 s，泄压时间不少于 1 s。

b. 淋水：在室外侧对检测对象均匀地淋水。淋水量为 2（L/m^2 • min），台风及热带风暴地区淋水量为 3L/（m^2 • min），淋水时间为 5 min。

c. 加压：在稳定淋水的同时，按图 7-3 所示一次加压至设计指标值，持续 15 min 或产生严重渗漏为止。

d. 观察：在检测过程中，观察并参照《建筑外窗水密性能分级及检测方法》（GB/T 7108—2002）中表 4 记录检测对象渗漏情况，在加压完毕后 30 min 内安装连接部位出现水迹记作严重渗漏。

②水密逐级加压法检测顺序见图 7-4，并按以下步骤进行：

a. 预备加压：施加 3 个压差脉冲，压差值为 500 Pa。加载速度约为 100 Pa/s，压差稳定作用时间不少于 3 s，泄压时间不少于 1 s。

b. 淋水：在室外侧对检测对象均匀地淋水。淋水量为 2L/（m^2 • min）。淋水时间为 5 min。

c. 加压：在稳定淋水的同时，按图 7-4 逐级加压至产生严重渗漏或加压至最高级为止。

d. 观察：观察并参照《建筑外窗水密性能分级及检测方法》（GB/T 7108—2002）中表 4 记录渗漏情况。在最后一级加压完毕后 30 min 内安装连接部位出现水迹记作严重渗漏。

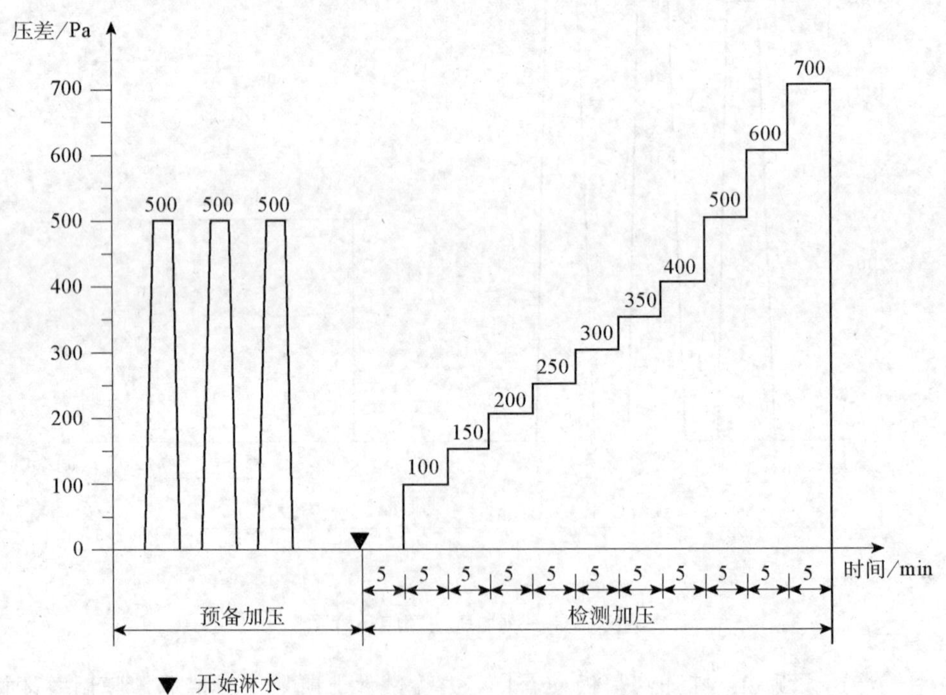

图 7-4 稳定逐级加压法顺序示意图

5）抗风压性能检测前，在外窗室内侧安装位移传感器及密封板（或透明膜），条件允许时也可将位移计安装在室外侧，位移计安装位置应符合《建筑外窗抗风压性能分级及检测方法》（GB/T 7106—2002）的规定。检测顺序见图 7-5，并按以下步骤进行：

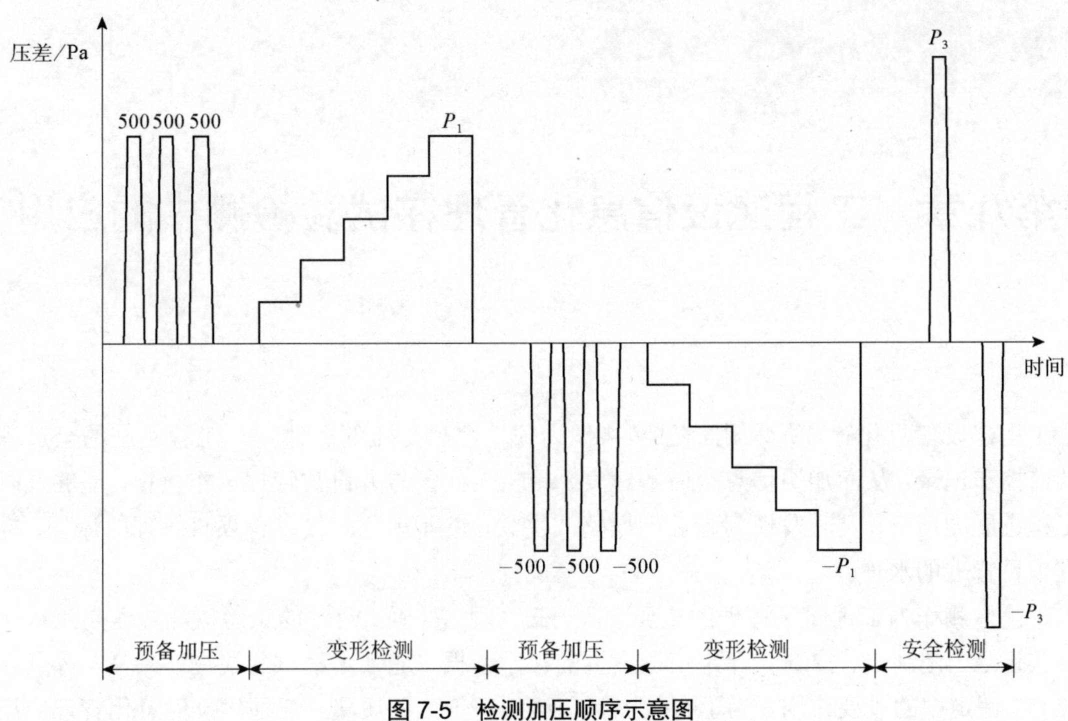

图 7-5　检测加压顺序示意图

①预备加压：正负压变形检测前，分别施加 3 个压差脉冲，压差 P_0 绝对值为 500 Pa，加载速度约为 100 Pa/s，压差稳定作用时间不少于 3 s，泄压时间不少于 1 s。

②变形检测：先进行正压检测，后进行负压检测。检测压差逐级升、降。每级升降压差值不超过 250 Pa，每级检测压差稳定作用时间约不少于 10 s。压差升降直到面法线挠度值达到±1/300 时为止，但最大不宜超过±2 000 Pa，检测级数不少于 4 级。记录每级压差作用下的面法线位移量。并依据达到±1/300 面法线挠度时的检测压差级的压差值，利用压差和变形之间的相对关系计算出±1/300 面法线挠度的对应压差值作为变形检测压差值，标以$\pm P_1$。在变形检测过程中压差达到工程设计要求 P_3' 时，检测至 P_3' 为止。杆件中点面法线挠度的计算按《建筑外窗抗风压性能分级及检测方法》（GB 7106—2002）进行。

③安全检测：当工程设计值大于 2.5 倍 P_1 时，终止抗风压性能检测。当工程设计值小于等于 2.5 倍 P_1 时，可根据需要进行 P_3' 检测。压差加至工程设计值 P_3' 后降至零，再降至$-P_3'$ 后升至零。加压速度为 300～500 Pa/s，泄压时间不少于 1 s，持续时间为 3 s。记录检测过程中发生损坏和功能障碍的部位。

当工程设计值大于 2.5 倍 P_1 时，以定级检测取代工程检测。

④连接部位检查：检查安装连接部位的状态是否正常，并进行必要的测量和记录。

（注：必要时 P_3' 检测完成后重新进行一次气密和水密检测并根据检测结果进行必要修复或更换。）

第八章　工程建设信息化管理在试验检测中的应用

工程建设信息化管理是利用信息网络作为项目信息交流的载体，对工程实施的全过程进行的监控和记录，从而加快信息交流的速度，减轻工程参与者日常管理工作负担，能够及时查询工程进展的情况、及时发现问题并做出整改决策，进而规范建设工程项目管理的流程，提高工程项目管理的水平。

试验检测作为工程质量管理的重要手段。其客观、准确、及时的试验检测数据是工程实践的真实记录，是制定、控制和评定工程质量的科学依据，加强工程试验检测，充分发挥其在质量控制、评定中的重要作用。为了有效控制和科学评价工程质量，工程建设信息化管理应用到试验检测中并建立试验检测管理信息系统成为必然。

试验检测管理信息系统的构建应以过程控制为主线，将试验检测组织机构、检测程序和检测对象整合在一起，主要流程：委托管理、检测管理、报告管理、查询与统计、系统设置、其他管理，其具体内容如下：

一、委托管理

委托管理主要功能对样品信息进行登记、样品复核、委托办理、委托复核、修改等，保证样品信息的准确性。

1. 委托办理

收样人员核对样品后，完成委托单输入、收样凭证打印及样品卡打印，其操作流程：创建工程信息库、检测参数价格表设置、常规参数表设置、输入样品信息、委托单的修改、委托单凭证打印、样品卡打印。

2. 委托复核

委托复核功能为复核收样人员收样后录入系统中的样品信息是否正确，若发现录入错误，需修改系统中错误的委托信息，确保录入信息与委托信息一致。

3. 修改委托单

当委托单位发现委托单填写错误时，委托单位需申请更改，由授权修改人进入系统中修改。

二、检测管理

此环节是对样品进行试验检测、分析，采用信息管理系统中任务单打印、样品检测、数据修改、检测校核等功能，完成对样品试验检测、数据记录和处理。

1. 任务单打印

检测人员在试验前，根据授权检测项目进入任务单打印菜单，系统将自动生成任务单，确认并打印。

2. 样品检测

检测人员根据任务单的信息严格按照相关检测标准、规范进行检测，对自动采集数据管理软件采完数据后，自动会传输到相关的检测项目中。对非自动采集数据的，检测后检测人员录入样品检测数据。

3. 检测结论管理

编辑检测报告时，检测人员根据相关标准、规范进行检测结果判定，并给出是否满足标准或委托的技术要求的结论。系统应提供可人工确定的结论模式，检测员可以选择人工确定检测结论，对简单的也可以选择由系统根据标准技术要求下结论，系统默认自动下结论。

4. 修改检测数据

在试验过程中，可能会出现不可控的因素需要修改检测数据，软件应提供了修改检测数据的功能，使用该功能完成检测数据修改工作。所有针对检测数据的修改，必须记录修改原因，以便进行溯源。对于检测数据修改，系统应设置修改授权人签字功能，只有在修改授权人见证下输入密码后，数据才会取消保护状态，进入修改状态下进行修改。

5. 检测校核管理

检测校核管理主要用于检测数据的校核，由同检测小组的其他成员校核主要检测人员的检测数据，如发现有问题，可启动检测数据的修改程序。

三、报告管理

此环节主要功能有审核报告、报告批准、打印报告、发放报告等，确保检测报告的数据准确、结论清晰明确。

1. 审核报告

当检测完成并经过检测校核后，软件能根据报告模板自动形成检测报告，进入报告审核状态，由授权审核人员审核报告。如果发现当前检测报告有问题需要修改时，则回退到相应的处理阶段，并说明回退理由。

2. 批准报告

当报告审核后，由授权签字人在授权签字领域内对报告进行批准。如果发现当前检测报告有问题，需要修改，则回退到相应的处理阶段。

3. 打印报告

报告经过审批后，即可以进行打印。报告打印授权人打印报告可批量打印，也可单一打印报告。

4. 发放报告

报告打印后，报告发放人员在系统中对报告发放进行记录。

四、查询与统计

此环节主要功能是工作量和业务量的统计与分析、质量控制进行统计，便于管理者对业务量进行分析处理，同时掌握不合格项目及数量和帮助资料管理者统计分析。

1. 综合查询

输入各种查询条件进行查询，典型的查询有按工程信息查询、按委托单编号查询、按样品编号查询、按报告编号查询、按日期查询、按状态查询、按典型特征查询（如不合格，有异常等）、按样品的特定属性查询等。界面上完成相关的查询工作，查询完后可以将查询的结果导出进行加工处理。

2. 综合统计

数据报表统计功能主要包括不合格样品、人员工作量、数据修改、委托检测登记、样品发放登记、报告发放登记报表等。

五、系统设置

此环节主要功能对系统进行设置、系统的运行安全进行管理，帮助信息管理人员对系统的安全稳定运行进行维护与管理。

1. 权限管理

权限管理分为科室权限管理、人员权限管理，系统的权限分为两大类：检测项目权限和操作功能权限。

2. 检测项目参数设置

检测项目参数设置主要包括项目所属类别、检测员数量、检测报告的类别代码等。

3. 系统自动升级目录的设置

为了系统的有效性，软件安装完毕后，在服务器上有一个更新目录，在系统环境参数里，有一个路径记录，其他工作站都是基于该路径进行更新文件的复制与替换的。

六、其他管理

根据机构自身需要，还可增加一些其他管理，比如设备管理、质量体系文件管理、报告模板管理等。

外检管理：

当检测样品需送第三方检测时，需进行样品标识、工程定位、取样操作、修改样品信息、生成委托单、送检等程序。

1. 样品标识

制作试件时将固定座唯一性标拆开分别插入每一试块表面；可成捆或打包的试件用扎带唯一性标识封样，一组一个唯一性标识；整体材料用贴纸唯一性标识，将标识粘贴到送检样品上。

2. 工程定位

打开手机微信端登录“重庆工程质量检测”，点击“工程管理”选择工程，进入地图页面点击定位按钮完成工程定位。

3. 取样操作

点击“取样管理”进入工程列表页面，选择取样检测项目进入唯一性标识扫描页面，扫描试件上唯一性标识扫描，并分别拍摄唯一性标识图片、人员照片、试件照片。

拍照完成后，进入样品信息输入页面输入项目信息并上传。

4. 修改样品信息

当需要对样品信息进行修改时，在PC端监管平台打开样品信息修改对话框完成修改并保存。已见证的样品信息修改需要见证人员进行审核操作。

5. 生成委托单

在取样数据查询界面，勾选需要打印的唯一性标识，点击“生成委托单”按钮，在“委托单列表”选择要打印的委托单并打印。

6. 送检

将已打印的委托单与样品，选择合适的运输工具运送到第三方检测机构完成送检。

试验检测工作信息化管理保证检测数据科学，提升检测机构的工作质量，最终保证工程质量。在试验检测信息化建设中，应不断根据行业要求以及自身情况进行完善。

主要参考文献

[1] 梅进琴，郭正敏. 试验员岗位知识与专业技能［M］. 北京：中国建筑工业出版社，2016.
[2] 刘卓慧. 实验室资质认定工作指南（第二版）［M］. 北京：中国计量出版社，2011.
[3] 卓平，建筑工程中常用的法定计量单位［J］. 建筑知识，1986（4）.
[4] 韩实彬，胡俊. 试验员（第二版）［M］. 北京：机械工业出版社，2010.
[5] 林祖宏. 《建筑材料》［M］. 北京：北京大学出版社，2008.

附录 1　试验员专业知识测试模拟试卷

试卷一

一、单选题（每题 1 分，共计 50 分）

1. 负责工程项目试验计划编制的是（　　）。

A. 技术负责人　　B. 质量员　　C. 试验员　　D. 施工员

2. 根据《重庆市房屋建筑与市政基础设施工程现场施工人员配备标准》（DBJ 50—157—2013）的要求，施工现场至少必须配备（　　）名试验员。

A. 1　　B. 2　　C. 3　　D. 4

3. 施工工艺参数检测试验项目应由（　　）根据工艺特点及现场施工条件确定。

A. 监理单位　　B. 检测机构　　C. 施工单位　　D. 建设单位

4. 涉及结构安全的试块、试件和材料见证取样和送检的比例不得低于有关技术标准中规定应取数量的（　　）。

A. 20%　　B.30%　　C. 40%　　D. 100%

5. 进场材料的检测试样，必须从（　　）随机抽取。

A. 生产厂家　　B. 施工现场　　C. 供应商处　　D. 工程实体

6. 工程质量检测机构是指依法取得检测资质证书，开展质量检测，并承担相应法律责任，具有（　　）资格的技术服务型中介机构。

A. 独立法人　　B. 事业单位　　C. 国营企业　　D. 营业执照

7. 我国的法定计量单位是以（　　）单位为基本，根据我国的情况，适当增加了一些其他单位构成的。

A. 米制　　B. 国际单位制　　C. 公制　　D. 英制

8. 牛顿米正确的书写方式是（　　）。

A. 牛米　　B. 牛•米　　C. 牛-米　　D. mN

9. 对于正态随机变量来说，它落在区间（μ-3σ，μ+3α）外的概率为（　　）。

A. 99.73%　　B. 0.27%　　B. 68.27%　　D. 4.55%

10. 混凝土立方体抗压强度标准件试模的边长是（　　）。

A. 100 mm　　B. 150 mm　　C. 200 mm　　D. 70.7 mm

11. 表示一组试验数据对于其平均值的离散程度的值是（　　）。

A. 标准差　　B. 变异系数　　C. 极差　　D. 中位数

12. 复合硅酸盐水泥的代号为（　　）。

A. P・P　　B. P・F　　C. P・S　　D. P・C

13. 下列（　　）不属于通用硅酸盐水泥的物理指标。

A. 安定性　　B. 烧失量　　C. 强度　　D. 凝结时间

14. 测得某种砂的细度模数是 2.5，则该砂属于（　　）。

A. 特细砂　　B. 细砂　　C. 中砂　　D. 粗砂

15. 对于有抗冻、抗渗要求的混凝土，其所用卵石或碎石中含泥量不应大于（　　）。

A. 0.5%　　B. 1.0%　　C. 1.5%　　D. 2.0%

16. 用于混凝土中的石灰石粉，其碳酸钙含量不得低于（　　）。

A. 75%　　B. 80%　　C. 85%　　D. 90%

17. 测量烧结普通砖外观尺寸所用的砖用卡尺的分度值为（　　）。

A. 2 mm　　B. 1.5 mm　　C. 1 mm　　D. 0.5 mm

18. 同一种原材料配制成，同一工艺生产的相同外观质量等级、强度等级的烧结砖以（　　）块为一检验批。

A. 3.5 万～15 万　　B. 5 万～10 万　　C. 3.5 万～10 万　　D. 5 万～15 万

19. HRB400 钢筋的屈服强度不小于（　　）MPa。

A. 235　　B. 335　　C. 400　　D. 500

20. 冷轧带肋钢筋牌号是由 CRB+（　　）构成。

A. 屈服强度　　B. 屈服强度特征值

C. 抗拉强度　　D. 抗拉强度特征值

21. 用于地下工程的弹性体改性沥青防水卷材可不做（　　）。

A. 拉力　　B. 低温柔性　　C. 耐热性　　D. 不透水性

22. 聚氨酯防水涂料的涂膜不透水性要求（　　）不透水。

A. 0.1 MPa・30 min　　B. 0.3 MPa・24 h

C. 0.3 MPa・30 min　　D. 0.3 MPa・120 min

23. 下列属于改善混凝土耐久性的外加剂的是（　　）。

A. 缓凝剂　　B. 速凝剂　　C. 早强剂　　D. 引气剂

24. 一种在混凝土搅拌之前或搅拌过程中加入的、用以改善新拌混凝土和硬化混凝土性能的材料，其掺量一般不超过胶凝材料用量的 5%的材料，称为（　　）。

A. 增强材料　　B. 减水剂　　C. 早强剂　　D. 外加剂

25. 当采用电渣压力焊时，在现浇钢筋混凝土结构中，应以（　　）个同牌号钢筋接头作为一批。

A. 200　　B. 300　　C. 600　　D. 500

26. 钢筋机械连接接头组批规则是：同钢筋生产厂、同强度等级、同规格、同类型和同型式接头应以（　　）个为一个验收批进行检验与验收。

A. 300　　B. 500　　C. 600　　D. 1 000

27. 钢筋闪光对焊进行弯曲试验其弯曲角度为（　　）。

A. 30°　　B. 60°　　C. 90°　　D. 180°

28. 混凝土立方体抗压强度标准值是指（　　）。

A. 立方体抗压强度平均值　　B. 具有 90%保证率的立方体抗压强度

C. 具有 95%保证率的立方体抗压强度　　D. 具有 100%保证率的立方体抗压强度

29. 进行混凝土配合比设计时，水胶比根据（　　）确定。

A. 强度　　B. 流动性　　C. 工作性　　D. 耐久性

30. 关于水灰比对混凝土拌合物特性的影响，说法不正确的是（　　）。

A. 水灰比越大，黏聚性越差　　B. 水灰比越小，保水性越好

C. 水灰比过大会产生离析现象　　D. 水灰比越大，坍落度越小

31. 砂浆配合比试配时至少应采用 3 个不同的配合比，其中 1 个为基准配合比，其他配合比的水泥用量应按基准配合比分别增加或减少（　　）。

A. 5%　　B. 10%　　C. 15%　　D. 20%

32. 砂浆立方体抗压强度试件每组数量为（　　）。

A. 3 个　　B. 4 个　　C. 5 个　　D. 6 个

33. 在混凝土用砂量不变条件下，砂的细度模数越小，说明（　　）。

A. 该混凝土细骨料的总表面积增大，水泥用量提高

B. 该混凝土细骨料的总表面积减小，可节约水泥

C. 该混凝土用砂的颗粒级配不良

D. 该混凝土用砂的颗粒级配良好

34. 砂浆立方体抗压强度计算中，换算系数 K 值取（　　）。

A. 1.05　　B. 1.15　　C. 1.25　　D. 1.35

35.《土工试验方法标准》(GB/T 50123—1999) 规定：重型击实试样为 4～10 kg，若分 3 层，每层（　　）击。

A. 25　　B. 56　　C. 94　　D. 98

36. 桩径为 1 600 mm 的混凝土灌注桩采用声波透射法检测，声测管数量不得少于（　　）根。

A. 2　　B. 3　　C. 4　　D. 5

37. 压实填土的填料，以粉质黏土、粉土作填料时，其最优含水率采用（　　）试验确定。

A. 击实　　B. 压实　　C. 振捣　　D. 夯击

38. 重型击实试验时，击实锤质量为（　　）。

A. 4.5 kg　　B. 2.5 kg　　C. 5 kg　　D. 5.5 kg

39. 钢结构构件防腐涂层厚度检测时，每个构件检测（　　）处，每处的数值为 3 个相距 50 mm 测点涂层干漆膜厚度的平均值。

A. 2　　B. 3　　C. 4　　D. 5

40. 土钉抗拔承载力检验数量不宜少于土钉总数的（　　），且同一土层中的土钉检验数量不应小于 3 根。

A. 1%　　B. 2%　　C. 3%　　D. 5%

41. 关于建设工程检测试样，试样应有（　　）标识。

A. 普遍性　　B. 统一性　　C. 唯一性　　D. 规范性

42. 材料应在（　　）合格基础上方可使用。

A. 出厂　　B. 进场核查　　C. 进场复检　　D. 监理认可

43. 检验批可根据施工、质量控制和专业验收的需要，按（　　）、楼层、施工段、施工缝进行划分。

A. 单位工程　　B. 工程量　　C. 分部工程　　D. 分项工程

44. 涉及见证检测报告送检信息修改时，除试验员提出申请并经施工项目技术负责人批准外，尚应经

（　　）同意并签字。

A. 资料员　　B. 项目经理　　C. 见证取样员　　D. 建设单位代表

45. 对检测试验结果不合格的材料、设备，施工单位应按规定进行处理，（　　）应对质量问题的处理情况进行监督。

A. 监理单位　　B. 所属片区质量监督部门

C. 施工单位质量部门　　D. 施工单位安全部门

46. 结构实体检验应有监理单位组织施工单位实施，并见证实施过程。施工单位应制定结构实体检验专项方案，并经监理单位审核批准后实施。除（　　）的结构实体检验项目，应有具有相应资质的检测机构完成。

A. 混凝土强度、轴线位置　　B. 钢筋保护层厚度、尺寸偏差

C. 混凝土强度、钢筋保护层厚度　　D. 轴线位置、尺寸偏差

47. 回弹法检测混凝土强度时，相邻两测区的间距不应大于 2 m，测区离构件端部或施工缝边缘的距离不宜大于 0.5 m，且不宜小于（　　）。

A. 0.1 m　　B. 0.2 m　　C. 0.3 m　　D. 0.4 m

48. 以下对外墙节能构造的现场实体检验目的描述，不正确的是（　　）。

A. 验证墙体保温材料的种类是否符合设计要求

B. 验证保温层厚度是否符合设计要求

C. 检查保温层构造做法是否符合设计和施工方案要求

D. 检测外墙维护结构的传热系数是否满足设计要求

49. 桩身强度应当采用低应变法或声波透射法检测时，受检桩混凝土强度不应低于设计强度的（　　），且不应低于 15 MPa。

A. 100%　　B. 90%　　C. 80%　　D. 70%

50. 桩径为 800 mm 的混凝土灌注桩采用声波透射法检测，声测管数量不得少于（　　）根。

A. 2　　B. 3　　C. 4　　D. 5

二、多选题（每题至少有 2 个及以上正确答案。每题 2 分，共计 20 分）

1. 施工过程质量检测试验项目和主要检测试验参数应依据国家现行相关标准、（　　）的需要确定。

A. 设计文件　　B. 试验计划　　C. 合同要求

D. 施工质量控制　　E.施工进度

2. 见证人员应由（　　）具备建筑施工试验知识的专业技术人员担任。

A. 建设单位　　B. 施工单位　　C. 监理单位

D. 检测单位　　E. 质量监督站

3. 法定单位“每米”符号的正确书写方式是（　　）。

A. m^{-1}　　B. 米$^{-1}$　　C. 1/m

D. 1/米　　E. m/1

4. 用于水泥胶砂强度试验的设备有（　　）。

A. 水泥净浆搅拌机　　B. 水泥胶砂搅拌机

C. 水泥胶砂振实台　　D. 水泥抗折抗压试验机

E. 沸煮箱

5. 下列水泥品种的等级中无 32.5、32.5R 的是（　　）。

A. 火山灰质硅酸盐水泥　　B. 普通硅酸盐水泥
C. 粉煤灰硅酸盐水泥　　D. 矿渣硅酸盐水泥
E. 硅酸盐水泥

6. 热轧光圆钢筋的主要检测参数是（　　）。
A. 屈服强度　　B. 抗拉强度　　C. 断后伸长率
D. 冷弯　　E. 化学成分

7. 混凝土配合比设计的主要参数是（　　）。
A. 水胶比　　B. 砂率　　C. 水泥用量
D. 单位用水量　　E. 外加剂掺量

8. 关于混凝土结构工程采用材料、构配件、器具及半成品检验批的划分，以下描述正确的是（　　）。
A. 应按进场批次进行检验
B. 属于同一工程项目且同期施工的多个单位工程，对同一厂家生产的同批材料、构配件、器具及半成品，可统一划分检验批进行验收
C. 属于同一工程项目且同期施工的多个单位工程，对同一厂家生产的不同批材料、构配件、器具及半成品，可统一划分检验批进行验收
D. 获得认证的产品或来源稳定且连续三批均一次检验合格的产品，进行验收时检验批的容量可扩大一倍，且检验批容量仅可扩大一倍。扩大检验批后的检验中，出现不合格时，应按扩大前的检验批容量重新验收，且该产品不得再次扩大检验批容量
E. 对于来自不同厂家数量较少的材料，为了降低检测成本，可统一划分检验批进行验收

9. 关于试验台账，以下说法正确的是（　　）。
A. 试样台账应按照单位工程分别建立
B. 试验员制取试样并做出标识后，应按试样编号顺序登记试样台账
C. 试验台账只用记录检测试验结果为合格与否，对不符合要求时，不用记录处置情况
D. 试样台账应作为施工资料保存
E. 试验台账应按试样编号顺序登记

10. 当出现（　　）情况之一时，不得采用声波透射法对整桩的桩身完整性进行评定。
A. 声测管未沿桩身通长配置　　B. 声测管堵塞导致检测数据不全
C. 声测管埋设数量不符合声测管埋设数量　　D. 声测管材料为 PVC
E. 声测管材料为钢管

三、判断题（每题 1 分，共 20 分）

1. 用混凝土回弹仪可以直接测出混凝土的强度。（　　）
A. 正确　　B. 错误

2. 水泥试验室的温度为 20℃±2℃，相对湿度应不小于 50%，水泥试样、拌合水、仪器和用具的温度应与试验室一致。（　　）
A. 正确　　B. 错误

3. 细度模数相同的砂，其颗粒级配也相同。（　　）
A. 正确　　B. 错误

4. 碎石的强度只能用岩石的抗压强度指标表示。（　　）

A. 正确　　　　　　　　　　B. 错误

5. 拌制砂浆和混凝土的粉煤灰分为 S105 级、S95 级、S75 级 3 个等级。（　　）

A. 正确　　　　　　　　　　B. 错误

6. 烧结多孔砖的孔洞与裂纹相通时，裂纹长度包括孔洞在内一并测量。（　　）

A. 正确　　　　　　　　　　B. 错误

7. 钢筋重量偏差初检不合格，可以双倍取样复检。（　　）

A. 正确　　　　　　　　　　B. 错误

8. 砌筑砂浆试块的制作，应从同盘砂浆或同一车砂浆中取样。（　　）

A. 正确　　　　　　　　　　B. 错误

9. 石子的最大粒径是指石子公称粒径的上限。（　　）

A. 正确　　　　　　　　　　B. 错误

10. 通常情况下，混凝土的水灰比越大，其强度越大。（　　）

A. 正确　　　　　　　　　　B. 错误

11. 桩长、桩底沉渣厚度不满足设计要求，应判定该受检桩不满足设计要求。（　　）

A. 正确　　　　　　　　　　B. 错误

12. 计划检测试验时间应根据工程施工进度计划确定。（　　）

A. 正确　　　　　　　　　　B. 错误

13. 对检测试验结果不合格的报告严禁抽撤、替换，但可修改。（　　）

A. 正确　　　　　　　　　　B. 错误

14. 进场材料在进场核查合格后，复检和使用可同时进行，以便节约时间。（　　）

A. 正确　　　　　　　　　　B. 错误

15. 回弹-取芯法仅适用于混凝土结构子分部工程验收中的混凝土强度实体检验，不可扩大范围使用。（　　）

A. 正确　　　　　　　　　　B. 错误

16. 钻芯法检测混凝土强度宜使用标准芯样试件，其公称直径不宜小于骨料最大粒径的 3 倍；也可采用小直径芯样试件，但其公称直径不应小于 65 mm 且不得小于骨料最大粒径的 2 倍。（　　）

A. 正确　　　　　　　　　　B. 错误

17. 声波透射法适用于桩径大于 600 mm 的混凝土灌注桩的桩身完整性检测。（　　）

A. 正确　　　　　　　　　　B. 错误

18. 声波透射法检测基桩完整性时，声测管底部可不与桩底接触，以便保护声测管。（　　）

A. 正确　　　　　　　　　　B. 错误

19. 高强度螺连接件，在做抗滑移系数检验时，所用的试件应由制造厂加工，试件与所代表的钢结构构件应为同一材质、同批制作、采用同一摩擦面处理工艺和具有相同的表面状态，并应用同批同一性能等级的高强度螺栓连接。（　　）

A. 正确　　　　　　　　　　B. 错误

20. 检测钢结构构件焊缝缺陷时，可用超声探伤仪或射线探伤仪检测。在对焊缝的内部缺陷进行探伤前应先进行外观质量检查。（　　）

A. 正确　　　　　　　　　　B. 错误

四、综合题（每题含判断题 1 题、单选题 2 题、多选题 1 题，共 10 分）

1.［背景资料］某建筑工程，在浇筑某层柱及剪力墙时，采用预拌商品混凝土连续浇筑，设计强度等级为 C50，共浇筑混凝土 280 m³。按照试验计划，此处应进行混凝土标养强度检测、结构实体混凝土强度检测及用于早期拆模混凝土强度检测。混凝土拌合物经现场检查，工作性满足要求，质量证明文件齐全有效。在见证人员的见证下，试验人员现场进行了取样、制作和留置了试件，并对试件进行了唯一性标识和登记了试验台账。经现场养护，到期后送往检验检测机构，获得了其中 1 组数据极限荷载数据为“584.5 kN、665.8 kN、542.6 kN”。请根据以上内容回答下列问题。

（1）（判断题）针对该批混凝土，试验人员应至少制作 3 组混凝土抗压试件，才能满足计划要求。（　　）

A. 正确　　B. 错误

（2）（单选题）C50 混凝土抗压强度试验加荷速率为（　　）。

A. 0.3～0.5 MPa/s　　B. 0.8～1.0 MPa/s　　C. 0.5～0.8 MPa/s　　D. 1.0～1.2 MPa/s

（3）（单选题）极限荷载为“584.5 kN、665.8 kN、542.6 kN”的该组混凝土试件（100×100×100），混凝土强度代表值为（　　）。

A. 59.8 MPa　　B. 56.8 MPa　　C. 53.8 MPa　　D. 55.5 MPa

（4）（多选题）以下描述正确的是（　　）。

A. 混凝土标养强度检测试件的养护温度为 20℃±2℃；用于拆模和结构实体混凝土强度检测的试件养护方式是同条件养护

B. 检测报告的编号应在试样台账上登记，结果可以不登记

C. 同条件试块取样部位应在浇筑入模处

D. 混凝土强度等级必须符合设计要求，是指每组混凝土强度必须符合设计要求

E. 同条件养护试件应留置在靠近相应结构构件的适当位置，并应采取相同的养护方法

2.［背景资料］某检测中心进行热轧带肋钢筋拉伸的委托检测项目，用户委托的热轧带肋钢筋试样技术参数及相关信息见下表。用户要求采用《钢筋混凝土用钢　第 2 部分：热轧带肋钢筋》（GB 1499.2—2018）进行检测。

试样编号	试样名称	检测参数	牌号	规格型号	样品数量
1-1～1-4	热轧带肋钢筋	屈服、抗拉强度、伸长率	HRB400	ϕ16	4（根）

（1）（判断题）热轧带肋钢筋力学性能试验检测参数有屈服强度、极限强度、重量偏差。（　　）

A. 正确　　B. 错误

（2）（单选题）热轧带肋钢筋拉伸试验计算抗拉强度时，取钢筋的（　　）值。

A. 实测横截面面积　　B. 参考横截面面积

C. 公称横截面面积　　D. 理论横截面面积

（3）（单选题）该牌号钢筋的屈服强度不小于（　　）MPa。

A. 540　　B. 400　　C. 450　　D. 500

（4）（多选题）热轧带肋钢筋组批验收，每批热轧带肋钢筋由（　　）的钢筋组成。

A. 同一重量　　B. 同一规格　　C. 同一炉罐号

D. 同一牌号　　E. 每批重量不大于 60 t

试卷二

一、单选题（每题 1 分，共计 50 分）

1. 下列属于试验过程控制职责的是（　　）。

A. 试验计划的编制　　B. 进场材料的取样、试件制作

C. 负责调整试验计划　　D. 负责组织检测试验，记录质量评定情况

2. 负责组织检测试验，记录质量评定情况属于（　　）。

A. 试验计划准备职责　　B. 试验评价控制职责

C. 试验过程控制职责　　D. 试验资料处理职责

3. 建设工程检测分为材料、设备进场检测、（　　）试验和工程实体质量与使用功能检测三个部分。

A. 见证取样检测　　B. 室内环境污染物

C. 施工过程质量检测　　D. 混凝土同条件检测

4. 见证人员由（　　）或监理单位授权开展见证取样送检工作。

A. 施工单位　　B. 建设单位

C. 质量监督机构　　D. 检测机构

5. 建筑工程施工现场应配备满足检测试验需要的试验人员、（　　）、设施及相关标准。

A. 合同文件　　B. 仪器设备

C. 施工组织设计　　D. 台账

6. 检测业务应由工程项目（　　）委托具有相应资质的检测机构进行检测。

A. 建设单位　　B. 施工单位

C. 监理单位　　D. 质量监督机构

7. 在国际单位制的基本单位中表示“长度”的单位符号是（　　）。

A. m　　B. mm　　C. cm　　D. dm

8. 0.002 30 的有效位数是（　　）。

A. 2 位　　B. 3 位　　C. 5 位　　D. 6 位

9. 每次试验结果可以用一个变量 X 的数值来表示，这个变量的取值随偶然因素而变化，但遵循一定的概率分布规律，这种变量称为（　　）。

A. 自变量　　B. 随机变量　　C. 因变量　　D. 连续变量

10. 对批量生产的产品质量进行检查的方法有（　　）和抽样检查两种方法。

A. 全数检查　　B. 随机检查　　C. 监督检查　　D. 分段检查

11. 测量结果与在重复条件下，对同一被测量进行无限多次测量所得结果的平均值之差，称为（　　）。

A. 随机误差　　B. 系统误差　　C. 标准差　　D. 均方差

12. 施工检测试验计划应在工程施工前由施工项目（　　）组织有关人员编制，并应报送监理单位进行审查和监督实施。

A. 监理　　B. 项目经理　　C. 质量负责人　　D. 技术负责人

13. 混凝土分项工程中，混凝土的强度试件应在（　　）随机抽取。

A. 浇筑地点　B. 搅拌地点　C. 养护地点　D. 监理指定地点

14. 根据施工检测试验计划，应制订相应的见证取样、送检计划和（　　）。

A. 采购计划　B. 进度计划　C. 见证计划　D. 安全计划

15. 调整后的检测试验计划应重新报送（　　）进行审查和监督实施。

A. 设计单位　B. 施工单位　C. 建设单位　D. 监理单位

16. 施工检测试验计划应按检测试验项目分别编制，并应包括：检测试验项目名称、（　　）、试样规格、代表批量、施工部位和计划检测试验时间。

A. 检测参数　B. 检测环境条件　C. 检测设备　D. 检测人员

17. 试验计划编制时，材料和设备的检测试验应依据（　　）、进场计划及相关标准规定的抽检率确定抽检频次。

A. 实际用量　B. 进场数量　C. 预算量　D. 出厂数量

18. 工程实体质量与使用功能检测（　　）应制定抽样方案，并经监理批准。

A. 检测单位　B. 监理单位　C. 施工单位　D. 建设单位

19. 关于通用硅酸盐水泥 P・O32.5R，符号 P・O、R 分别代表（　　）。

A. 矿渣硅酸盐水泥、早强型　B. 矿渣硅酸盐水泥、普通型

C. 普通硅酸盐水泥、早强型　D. 普通硅酸盐水泥、普通型

20. 造成水泥体积安定性不良的原因主要是其熟料矿物组成中含有过多的（　　）游离。

A. SiO_2、$A1_2O_3$　B. Fe_2O_3、$A1_2O_3$

C. SiO_2、Fe_2O_3　D. CaO、MgO

21. 砂的粗细程度是指不同粒径的砂子混合在一起的平均粗细程度，用（　　）来表示。

A. 公称粒径　B. 细度模数　C. 颗粒形状　D. 颗粒级配

22. 关于混凝土用骨料含水率，以下描述正确的是（　　）。

A. 水与干骨料的质量之比　B. 水与湿骨料的质量之比

C. 干骨料与湿骨料质量之比　C. 水的质量

23. 以下不属于混凝土外加剂的是（　　）。

A. 减水剂　B. 膨胀剂　C. 早强剂　D. 粉煤灰

24. 检测机构获得的混凝土配合比报告，一般材料是以（　　）计，生产中应转换成生产配合比。

A. 湿料　B. 干料　C. 天然含水料　D. 饱和含水料

25. 烧结普通砖抗压强度检测的试件数量为（　　）块。

A. 15　B. 10　C. 5　D. 20

26. 以下建筑用砖强度表示方法正确的是（　　）。

A. C10　B. M5.0　C. MU5.0　D. S10

27. 以下（　　）为热轧光圆钢筋的牌号。

A. HPB300　B. HRB400　C. CRB500　D. HRB400E

28. 当采用电渣压力焊时，在现浇钢筋混凝土结构中，应以（　　）个同牌号钢筋接头作为一检验批。

A. 200　B. 300　C. 600　D. 500

29. 对于 HRB400E 的钢筋，以下说法不正确的是（　　）。

A. 抗拉强度实测值与屈服强度实测值的比值不应小于 1.25

B. 极限抗拉强度不应小于 400 MPa

C. 屈服强度实测值与屈服强度标准值得比值不应大于 1.30

D. 最大力总延伸率不应小于 9.0%

30. 热轧带肋钢筋测量重量偏差时，试样应从不同根钢筋上截取，数量不少于 5 支，每支试样长度不小于（　　）mm。

A. 1 000　　B. 500　　C. 300　　D. 100

31. 弹性或塑性体改性沥青防水卷材材料性能试验，取样时应将取样卷材切除距外层卷头（　　）mm 后，取 1m 长的卷材。

A. 1 000　　B. 2 000　　C. 2 500　　D. 1 500

32. 防水材料的物理性能检验项目全部指标达到标准规定时，即为合格；若有一项指标不符合标准规定，应在受检产品中重新取样进行（　　）复验，复验结果符合标准规定，则判定该批材料为合格。

A. 全部指标　　B. 该项指标　　C. 重要指标　　D. 不透水性

33. 钢筋机械连接工艺检验不合格时，应进行（　　）调整，合格后方可进行接头批量加工。

A. 钢筋原材　　B. 套筒　　C. 加工人员　　D. 工艺参数

34. 以下属于普通混凝土耐久性指标的是（　　）。

A. 抗渗性　　B. 强度　　C. 流动性　　D. 保水性

35. 混凝土拌合物坍落度试验应分 3 层均匀地装入坍落度筒内，每装一层混凝土拌合物，应用捣棒由边缘到中心按螺旋形均匀插捣（　　）次，捣实后每层混凝土拌合物试样高度约为筒高的 1/3。

A. 15　　B. 25　　C. 20　　D. 30

36. 土的击实试验试验目的是在于求得（　　）。

A. 压实度、含水率　　B. 湿密度、含水率

C. 最大干密度、最佳含水率　　C. 压实度、最佳含水率

37. 可作为结构实体混凝土强度检测方法的是（　　）。

A. 回弹法、钻芯法　　B. 超声回弹法、钻芯法

C. 同条件养护试件法、钻芯法　　D. 同条件养护试件法、回弹钻芯法

38. 同条件养护试件强度检验的等效养护龄期可取平均温度逐日累计达到 600℃・d 时所对应的龄期，且等效护龄期不应小于（　　）。

A. 14d　　B. 3d　　C. 7d　　D. 28d

39. 焊缝质量等级二级探伤比例（　　）。

A. 10%　　B. 15%　　C. 20%　　D. 30%

40. 门窗检测中试件数量要求相同类型、结构及规格尺寸的试件，应至少检测（　　）樘。

A. 二　　B. 三　　C. 四　　D. 五

41. 以下不属于基桩完整性检测方法的是（　　）。

A. 声波透射法　　B. 低应变法

C. 钻芯法　　D. 单桩竖向抗压静载试验

42. 在用声波透射法检测基桩完整性中，关于声测管的埋设，以下说法错误的是（　　）。

A. 声测管应下端封闭、上端加盖、管内无异物

B. 声测管连接处应光顺过渡，管口应高出混凝土顶面 100 mm 以上

C. 浇灌混凝土前应将声测管有效固定

D. 声测管可适当提高，不沿桩身通长配置，以便保护声测管不被破坏

43. 结构实体检验中，当（　　）检验检测结果不满足要求时，应委托具有资质的检测机构按国家现行有关标准的规定进行检测。

A. 尺寸偏差　　B. 混凝土强度或钢筋保护层厚度

C. 轴线位置　　D. 外观质量

44. 钻芯确定单个构件的混凝土强度推定值时，一般情况下有效芯样试件的数量不应少于（　　）个。

A. 2　　B. 4　　C. 5　　D. 3

45. 钻芯确定单个构件的混凝土强度推定值时，单个构件的混凝土强度推定值不再进行数据的舍弃，而应按有效芯样试件混凝土抗压强度值中的（　　）确定。

A. 平均值　　B. 中间值　　C. 最小值　　D. 最大值

46. 回弹法检测混凝土强度时，测强曲线宜按（　　）测强曲线的顺序选用。

A. 统一、地区、专用　　B. 专用、地区、统一

C. 地区、统一、专用　　D. 地区、专用、统一

47. 回弹法检测混凝土强度碳化深度检测时，所用的酚酞酒精溶液浓度为（　　）。

A. 1%～2%　　B. 4%～5%　　C. 2%～3%　　D. 3%～4%

48. 结构实体位置与尺寸偏差项目应分别进行验收，当检验项目的合格率为（　　）及以上时，可判为合格。

A. 70%　　B. 80%　　C. 100%　　D. 90%

49. 当对结构实体质量的抽测结果达不到设计要求或施工验收规范要求时，应进行（　　）现场检测。

A. 结构性能　　B. 工程质量　　C. 沉降观测　　D. 外观质量

50. 对同一强度等级的同条件养护试件，其强度值应除以（　　）后按现行国家标准《混凝土强度检验评定标准》（GB/T 50107—2010）的有关规定进行评定，评定结果符合要求时可判结构实体混凝土强度合格。

A. 0.90　　B. 0.95　　C. 0.85　　D. 0.88

二、多选题（每题至少有 2 个及以上正确答案。每题 2 分，共计 20 分）

1. 进场材料性能复试与设备性能测试的项目和主要检测参数，应依据（　　）要求确定。

A. 国家标准　　B. 设计文件　　C. 合同

D. 试验计划　　E. 施工组织设计

2. 工程建设委托第三方质量检测的规定是（　　）。

A. 应选择检测资质符合要求的检测机构

B. 由施工方与检测机构签订书面的检测合同

C. 在编制建设工程概算时，应单列工程质量检测费用，不得将其挪作他用

D. 检测费用可以由施工方代为支付

E. 检测机构不得与委托单位有隶属关系、股份关系或其他利害关系

3. 下列单位符号（　　）是法定计量单位。

A. MPa　　B. kN　　C. s　　D. T　　E. dm

4. 描述数据集中趋势的特征值是（　　）。

A. 平均值　　B. 标准差　　C. 中位数

D. 极差　　E. 变异系数

5. 对涉及混凝土结构安全的有代表性的部位应进行结构实体检验。结构实体检验应包括（　　）以及合同约定的项目；必要时可检验其他项目。

A. 混凝土强度　　B. 钢筋保护层厚度　　C. 结构位置

D. 外观质量　　E. 尺寸偏差

6. 影响土压实性的因素很多，主要有（　　）。

A. 含水量　　B. 压实功能　　C. 土的种类

D. 土的级配　　E. 土的颜色

7. 试样台账应符合（　　）规定。

A. 试样台账应按照单位工程分别建立

B. 试验员制取试样并做出标识后，应按试样编号顺序登记试样台账

C. 检测试验结果为不合格或不符合要求时，应在试样台账中注明处置情况

D. 对检测试验结果不合格的报告可抽撤、替换或修改

E. 试样台账应作为施工资料保存

8. 施工检测试验计划编制应依据国家有关标准的规定和施工质量控制的需要，并应符合（　　）规定。

A. 试验计划制订后，不能再进行调整

B. 施工过程质量检测试验应依据施工流水段划分、工程量、施工环境及质量控制的需要确定抽检频次

C. 工程实体质量与使用功能检测应按照相关标准的要求确定检测频次

D. 计划检测试验时间应根据工程施工进度计划确定

E. 材料和设备的检测试验应依据预算量、进场计划及相关标准规定的抽检率确定抽检频次

9. 混凝土试件制作，以下描述正确的是（　　）。

A. 取样或拌制好的混凝土拌合物应至少用铁锹再来回拌和 3 次

B. 混凝土试件制作应根据混凝土拌合物坍落度或稠度选择适当的成型方式，成型方式有振动台振实、人工插捣和插入式振捣棒振实

C. 人工插捣成型混凝土拌合物应分两层装入模内，每层的装料厚度大致相等，刮除试模上口多余的混凝土，待混凝土临近初凝时，用抹刀抹平

D. 人工插捣应按螺旋方向从边缘向中心均匀进行。在插捣底层混凝土时，捣棒应达到试模底部；插捣上层时，捣棒应贯穿上层后插入下层 20～30 mm；插捣时捣棒应保持垂直，不得倾斜。然后应用抹刀沿试模内壁插拔数次

E. 振动台振实成型试模应附着或固定在振动台上，振动时试模不得有任何跳动，振动应持续到表面出浆为止，不得过振

10. 可不进行接头弯曲试验的焊接种类为（　　）。

A. 闪光对焊　　B. 气压焊　　C. 电阻点焊

D. 电渣压力焊　　E. 单面搭接焊

三、判断题（每题 1 分，共 20 分）

1. 中位数是通过排序得到的，它受最大、最小两个极端数值的影响。（　　）

A. 正确　　B. 错误

2. 见证人员应由建设单位或该工程的监理单位具备建筑施工试验知识的专业技术人员担任。（　　）

A. 正确　　　　　　　　　B. 错误

3. 委托单位不是建设单位的工程质量检测报告不可作为竣工验收资料。（　　）

A. 正确　　　　　　　　　B. 错误

4. 进场材料性能复试属于施工质量过程质量检测。（　　）

A. 正确　　　　　　　　　B. 错误

5. 建设工程所有检测项目必须委托有资质的检验检测机构完成。（　　）

A. 正确　　　　　　　　　B. 错误

6. 符号"T""kg"都属于质量单位。（　　）

A. 正确　　　　　　　　　B. 错误

7. 一般来说，变异系数越小，说明平均指标的代表性越好；变异系数越大，平均指标的代表性越差。（　　）

A. 正确　　　　　　　　　B. 错误

8. 数 20.1 mm 与数 20.10 mm 的有效数字相同。（　　）

A. 正确　　　　　　　　　B. 错误

9. 回弹仪使用超过 5 000 次后需要保养。（　　）

A. 正确　　　　　　　　　B. 错误

10. 材料检测核查的内容包括：产品的规格、型号、数量、外观质量、产品出厂合格证、准用证以及其他应随产品交付的技术资料是否符合要求。（　　）

A. 正确　　　　　　　　　B. 错误

11. 混凝土结构工程采用的材料、构配件、器具及半成品应按进场批次进行检验。属于同一工程项目且同期施工的多个单位工程，对同一厂家生产的同批材料、构配件、器具及半成品，可统一划分检验批进行验收。（　　）

A. 正确　　　　　　　　　B. 错误

12. 普通硅酸盐水泥的强度等级分为 32.5、32.5R、42.5、42.5R、52.5、52.5R 6 个等级。（　　）

A. 正确　　　　　　　　　B. 错误

13. 烧结普通砖、烧结多孔砖和多孔砌块、烧结空心砖和空心砌块强度的试验结果应符合各自产品标准强度等级的规定，否则判为不合格。（　　）

A. 正确　　　　　　　　　B. 错误

14. 钢筋冷弯或反向弯曲或反复弯曲属于力学性能参数。（　　）

A. 正确　　　　　　　　　B. 错误

15. 桩长、桩底沉渣厚度不满足设计要求，应判定该受检桩不满足设计要求。（　　）

A. 正确　　　　　　　　　B. 错误

16. 回弹法检测泵送混凝土强度时，测区应选在混凝土浇筑面。（　　）

A. 正确　　　　　　　　　B. 错误

17. 钢筋机械连接工艺试验检验项目包括单向拉伸极限抗拉强度和残余变形。（　　）

A. 正确　　　　　　　　　B. 错误

18. 同条件养护试件等效养护龄期日平均温度计算，当无实测值时，可采用当地天气预报的最高温、最低温的平均值。（　　）

A. 正确　　　　　　　　　B. 错误

19. 当涉及结构工程质量的试块、试件以及有关材料检验数量不足时应进行现场施工质量检测。(　　)

A. 正确　　B. 错误

20. 结构实体钢筋保护层厚度检验时，悬挑梁与非悬挑梁的抽检比例相同。(　　)

A. 正确　　B. 错误

四、综合题(每题含判断题 1 题、单选题 2 题、多选题 1 题，共 10 分)

1.［背景资料］ 某住宅小区建设工，单位工程由 1～6 号楼组成。每栋建筑层高 2.8 m，共 28 层。现正在进行主体结构工程施工，根据采购计划和现场需求，5 月 20 日进场钢筋，情况如下表。

生产厂家	牌号	直径/mm	数量/t	备注
A	HRB400E	20	50	同一炉号
		16	45	同一炉号
B	HRB400E	20	10	同一炉号
		16	15	同一炉号
C	HPB300	8	10	同一炉号

请根据以上内容回答下列问题：

(1)(判断题) A、B 两家直径为 20 mm 的 HRB400E 钢筋，由于牌号、规格相同可以组批送检。(　　)

A. 正确　　B. 错误

(2)(单选题) 这几批钢筋共应送(　　)组进行检测。

A. 3　　B. 4　　C. 5　　D. 6

(3)(单选题) 满足(　　)条件下，这几批钢筋才可使用。

A. 进场核查合格　　B. 监理准许　　C. 复检合格　　D. 建设方准许

(4)(多选题) 下列关于钢筋复检的描述，正确的是(　　)。

A. 重量偏差试验取样应从不同的钢筋截取，每支长度不小于 500 mm

B. 拉伸试验取样应从同一根(盘)钢筋切取，长度根据试验设备确定

C. 弯曲试验取样应从不同根(盘)钢筋切取，长度根据试验设备确定

D. HRB400E 钢筋作为纵向受力筋，应作的参数为屈服强度、抗拉强度、伸长率、弯曲性能、重量偏差、强屈比和超屈比

E. 重量偏差初检不合格可以双倍取样复检

2.［背景资料］某结构用钢筋混凝土梁，混凝土的设计强度等级为 C30，施工采用商品混凝土、机械振捣，坍落度为 180 mm±30 mm。试验员依据相关规定制作了标准试件，经 28 d 标准养护，到期后进行了混凝土抗压强度试验。试回答以下问题。

(1)(判断题) 试件制作时，应采用振动台成型。(　　)

A. 正确　　B. 错误

(2)(单选题) 标准养护条件为(　　)。

A. 温度 20℃±5℃、湿度不小于 95%　　B. 温度 20℃±5℃、湿度不小于 90%

C. 温度 20℃±2℃、湿度不小于 95%　　D. 温度 20℃±1℃、湿度不小于 90%

(3)(单选题) 进行混凝土抗压试验时，以下(　　)情况会使所测得的试验值偏大。

A. 试件尺寸偏小　　　　　B. 试件尺寸偏大

C. 试件表面加润滑剂　　　　　D. 加荷速率减小

（4）（多选题）以下有关混凝土抗压试验试件说法正确的是（　　）。

A. 边长为 150 mm 的立方体是标准试件

B. 边长为 100 mm 的立方体是标准试件

C. ϕ100 mm×200 mm 的圆柱体试件是非标准试件

D. 边长为 200 mm 的立方体是非标准试件

E. 特殊情况下，可采用ϕ150 mm×300 mm 的圆柱体试件

附录2　试验员专业知识测试模拟试卷参考答案

试卷一

一、单选题

1. C	2. A	3. C	4. B	5. B	6. A	7. B	8. B	9. B	10. B
11. A	12. D	13. B	14. C	15. B	16. A	17. D	18. A	19. C	20. D
21. C	22. D	23. D	24. D	25. B	26. B	27. C	28. C	29. A	30. D
31. B	32. A	33. A	34. D	35. C	36. B	37. A	38. A	39. D	40. A
41. C	42. C	43. B	44. C	45. A	46. D	47. B	48. D	49. D	50. A

二、多选题

1. ACD	2. AC	3. AB	4. BCD	5. BE
6. ABCD	7. ABC	8. ABD	9. ABDE	10. ABC

三、判断题

1. B	2. A	3. B	4. B	5. B	6. A	7. B	8. A	9. A	10. B
11. A	12. A	13. B	14. B	15. A	16. B	17. A	18. B	19. A	20. A

四、综合题

1.（1）B　（2）C　（3）B　（4）ACE

2.（1）B　（2）C　（3）B　（4）BCDE

试卷二

一、单选题

1. C	2. B	3. C	4. B	5. B	6. A	7. A	8. B	9. B	10. A
11. A	12. D	13. A	14. C	15. D	16. A	17. C	18. C	19. C	20. D
21. B	22. A	23. D	24. B	25. B	26. C	27. A	28. B	29. B	30. B
31. C	32. B	33. D	34. A	35. B	36. C	37. D	38. A	39. C	40. B
41. D	42. D	43. B	44. B	45. C	46. B	47. A	48. B	49. B	50. D

二、多选题

1. ABC	2. ACE	3. ABCE	4. AC	5. ABCE

6. ABCD　　7. ABCE　　8. BCDE　　9. ABCDE　　10. CDE

三、判断题

1. B　2. A　3. A　4. B　5. B　6. B　7. A　8. B　9. B　10. A

11. A　12. B　13. A　14. B　15. A　16. B　17. A　18. A　19. A　20. A

四、综合题

1.（1）B　（2）C　（3）C　（4）ACD

2.（1）B　（2）C　（3）B　（4）ACDE